AUTORES DE GUIAS DE VIAGEM VÃO PARA O INFERNO?

Tradução Leonardo Antunes

AUTORES DE GUIAS DE VIAGEM VÃO PARA O INFERNO?

Thomas Kohnstamm

Este livro segue as normas do novo ACORDO ORTOGRÁFICO

PANDA BOOKS

Diretor editorial
Marcelo Duarte

Coordenadora editorial
Tatiana Fulas

Assistente editorial
Juliana Amato

Assistente de arte
Fernanda Pedroni

Estagiária
Juliana Paula de Souza

Projeto gráfico e diagramação
Divina Rocha Corte
Natália L. B. Ferrari

Capa
Sérgio Campante

Preparação
Alessandra Miranda de Sá

Revisão
Alexandra Fonseca
Andressa Paiva

Impressão
Assahi Gráfica e Editora

CIP – BRASIL. CATALOGAÇÃO NA FONTE
SINDICATO NACIONAL DOS EDITORES DE LIVROS, RJ

K85a

Kohnstamm, Thomas B.
Autores de guias de viagem vão para o inferno? / Thomas B. Kohnstamm; tradução Leonardo Antunes. – São Paulo: Panda Books, 2010. 320 pp.

Tradução de: Do Travel Writers Go To Hell?

ISBN: 978-85-7888-052-1

1. Kohnstamm, Thomas B. – Viagens. 2. Escritores de viajantes americanos. I. Título.

09-3681. CDD: 910.4
CDU: 910.4

2010

Panda Books
Um selo da Editora Original Ltda.
Rua Henrique Schaumann, 286, cj. 41
05413-010 – São Paulo – SP
Tel./Fax: (11) 2628-1323
edoriginal@pandabooks.com.br
www.pandabooks.com.br

Para meu amor, Tábata Silva

Nota do autor

Por bem ou por mal, este livro reconta experiências verdadeiras. Para destilar o caos da vida em uma narrativa clara, foi necessário omitir certos eventos, combinar alguns personagens, bem como reorganizar e comprimir a cronologia. Troquei a maioria dos nomes e detalhes que pudessem identificar os personagens aqui presentes a fim de proteger a privacidade individual. Grande parte dos diálogos e muitos dos e-mails trocados foram recriados, mas todos baseiam-se em conversas e correspondências reais.

Sumário

Antes de partir 13

1 Um na mão, dois voando 17

2 Turbulência 38

3 Desvio de rota 66

4 De acordo com o plano 94

5 Um dia na vida 134

6 A trilha dos gringos 153

7 Rodovia baixa 179

8 Autores descartáveis 208

9 Contravenção 232

10 Emprego dos sonhos 257

11 Férias pagas 288

12 Porta de entrada 299

Ansiedade pelos resultados 314

Vi muitas coisas confusas
para serem aceitas pela minha mente.
Conheci muito,
e não o suficiente.

Louis-Ferdinand Céline
Viagem ao fim da noite

Parece maluquice? Bem... não é.
O fim justifica os meios; assim é o sistema.

Ice-T
New Jack Hustler

A vida é tão misteriosa
quanto vulgar.

Roberto Bolaño
Últimas noites na Terra

Nordeste do Brasil
São Luís
Lençóis Maranhenses
Jericoacoara
Fortaleza
Canoa Quebrada
Teresina
MARANHÃO
CEARÁ
RIO GRANDE DO NORTE
Natal
João Pessoa
PARAÍBA
Olinda
Recife
PIAUÍ
PERNAMBUCO
ALAGOAS
Maceió
SERGIPE
Aracaju
BAHIA
OCEANO ATLÂNTICO
Salvador
0
100 mi
0
200 km

Antes de partir

Meu nome é Thomas. Pelo que me recordo, viajar sempre fez parte de minha vida.

Ao longo dos anos, tentei combater a influência que isso teve sobre mim. Busquei inúmeras estratégias que me ajudassem a retornar à vida civilizada: arrumar um emprego, abrir uma conta bancária e investir tempo ou sentimento, ou mesmo dinheiro, em algo estável – mas a estrada sempre me atraía. Nunca tive carro nem televisão; sequer comprei algum móvel significativo.

Em certo momento, reconheci que não tinha poder algum sobre o meu vício em viagens e fiz a melhor coisa que poderia fazer sob tais circunstâncias: tornei-me um profissional.

Este livro fala sobre essa mudança. Ele relata os eventos que transformaram um burguês com hábito reprimido de viajar em um mercenário escritor de viagens em tempo integral, com tudo de bom, ruim e surreal que o fato possa acarretar. Não é um olhar otimista sobre o emprego dos sonhos, mas uma investigação a respeito da realidade de um autor de guias de viagem profissional em busca de alguns trocados no início do século XXI. É o retrato verdadeiro da vida que tenho levado e da influência que ela exerce sobre as informações turísticas que chegam às mãos do leitor.

Vamos deixar algo claro desde o início: não sou um deprimido ressentido que está tentando se vingar ou insultar aqueles que não o contratariam. Eu já (quase) me sustento com o que recebo como autor de guias de viagem e cultivei bons relacionamentos profissionais com inúmeros editores. Já escrevi guias de países, guias de estados, guias de cidades, livros de frases para turistas, conteúdo sobre viagens para a internet, artigos de viagem, e matérias para jornais e revistas. Fiz trabalhos publicitários, entrevistas e palestras para editores de guias turísticos. Arrumei mais malas nos últimos anos de minha vida do que qualquer outro profissional poderia imaginar. Fiquei semanas em iates sem pagar; avaliei quartos de hotel, refeições, pistas de esqui, aulas de *paragliding* e passeios de mergulho. Já bebi uísque e comi *carpaccio* de salmão com os ministros do Turismo da Argentina, do Chile e do Brasil, e passei noites com damas mais exóticas e atraentes do que um sujeito comum merece. Também fiz amigos extraordinários, alguns dos quais você encontrará nas páginas a seguir.

Contudo, este livro não é uma avaliação bem-educada sobre esse tipo de emprego e provavelmente não me ajudará em nada no meio profissional. Imagino que histórias sobre sexo, drogas, vexames, fraudes, troca de socos, decadência alcoólica, discussões com a polícia e egoísmo niilista por certo não seriam bem-aceitas por aqueles que me contratam. E, ainda que esteja indo um pouco além da maioria dos autores de livros sobre viagem, conheço muitos outros que passaram pelos mesmos testes e dilemas. Todos nós passamos. Mas até agora, ninguém deu voz aos corajosos mineradores de informações sobre viagens, aqueles que cavam o material que depois será polido e vendido aos leitores como evangelho turístico. Ninguém nunca falou sobre os desajustados lá fora com anos de noites hospedadas em albergues sombrios, arrastando-se pelas calçadas, de bares para restaurantes e danceterias, fazendo o seu melhor para ser, ou tentar ser, *expert* em tudo o que acontece ao seu redor. Também aprendi com minha experiência que os editores, nossos colegas de trabalho mais próximos, não sabem exatamente como fazemos o que fazemos. Talvez não queiram saber.

Este livro não foi planejado para se tornar um escândalo nem para desencorajar a compra ou a utilização de guias de viagem. Eu mesmo quase sempre levo um guia comigo quando viajo, e ele invariavelmente me ajuda de alguma maneira que faz jus a seu preço e peso na mala. É meu desejo que estas páginas ajudem a desmistificar as origens dos artigos sobre viagens e mostrem que, enquanto milhares de viajantes seguem cada palavra, cada recomendação de um guia, tal atitude não apenas prejudica as viagens internacionais contemporâneas como ainda pode trazer sérios prejuízos a lugares de países em desenvolvimento. Se as pessoas soubessem a quantidade de porcaria arbitrária que entra na realização de um guia de viagem, talvez percebessem que esse tipo de livro é apenas uma ferramenta com informações básicas, e não necessariamente a maneira mais correta para chegar a um destino.

Escrever sobre viagens tem seus problemas, como qualquer outro emprego. E também pode ser particularmente desorientador, uma vez que você terá de trabalhar em um ambiente turístico construído para o prazer. É preciso encontrar um modo de se tornar eficaz nesse limbo entre trabalho e diversão. Imagino que a diferença entre viajar e escrever profissionalmente sobre viagens é igual à diferença entre transar e trabalhar com pornografia. Embora seja provável que ambos continuem sendo divertidos, tornar-se um profissional traz vários níveis de complicação para o seu interesse original e termina por consumir sua vida pessoal.

Nós, que escrevemos sobre viagens, vivemos em movimento constante. As relações são transitórias e passageiras. As amizades, mais ainda. Sua casa é onde você está naquela noite. É uma rotina ao mesmo tempo glamorosa, patética, excitante e perversa. Quanto mais você a vive, mais difícil é retornar para a vida normal, e um dia você acorda e se dá conta de que a estrada é o seu endereço permanente. Não há retorno. Essa é a vida que tenho levado, e este livro fala sobre o início dessa história.

Deixo a pergunta para você: autores de guias de viagem vão para o inferno? Os projetos e os prazos impossíveis com os quais nos comprometemos e as terríveis condições de vida que enfrentamos parecem insuportáveis? Nossas ações, em geral corruptas e egoístas diante de um leitor confiante, nos condenarão à danação eterna?

Talvez você encontre algumas respostas nestas páginas. Se encontrar, espero que julgue por si mesmo.

Seattle,
agosto de 2007.

1
Um na mão, dois voando

Roebling.
Roe-bliiiing.
Rrrrroe-bling.

Sozinho na sala de conferências do 57º andar, repito o mantra de acordo com a minha respiração. Estou sentado em uma rígida posição de lótus sobre uma mesa de vidro e observo os cabos suspensos da Brooklyn Bridge tremularem contra o céu. O ar do escritório está ácido graças a um desinfetante. Tomo um gole de rum e retorno ao meu mantra.

John Roebling recebeu um chamado. Para o seu azar, após a divulgação, o planejamento, a preparação e a politicagem para a construção da Brooklyn Bridge, o desgraçado logo caiu morto. Seu filho, Washington, concluiu a ponte, mas não sem antes sofrer com uma descompressão e quase morrer no processo. Nenhum dos dois homens hesitou em ter uma vida de dedicação, determinação e cuidado.

Parece ter valido a pena para ambos.

Retiro meus sapatos de couro surrado; os dedos dos pés estão manchados de cinza pelo sal das calçadas úmidas da cidade, e massageio o meu pé esquerdo dentro da meia suada. Centenas de pares de faróis movem-se em fileiras de cá para lá ao longo da ponte.

Ontem, durante uma reunião nesta mesma sala de conferências, um banqueiro quase sem pescoço, com cicatrizes de varíola, ressaltou que os males causados pela descompressão foram, de fato, descobertos durante a construção da Brooklyn Bridge. Centenas de operários trabalharam arduamente nas fundações da ponte, a aproximadamente 25 metros abaixo da superfície do rio. Trabalhavam em caixas de madeira de 2,5 metros de altura que eram bombeadas com ar comprimido e depois levadas às profundezas com os homens dentro. Após retornarem à superfície, diversos trabalhadores sofriam de uma misteriosa doença. Dor forte nas juntas. Deterioração mental. Paralisia. E, para alguns, uma morte agonizante.

Somente após oito anos do início da construção da ponte um médico francês determinou a causa daquela enfermidade. Ao contrário do que se acreditava, o oxigênio é um componente menor no ar que respiramos. Setenta e oito por cento do ar é composto de nitrogênio, que, sob circunstâncias normais, não provoca nenhum malefício ao corpo humano. Ao se respirar o ar em grandes profundidades, no entanto, a pressão da água converte o nitrogênio gasoso presente na corrente sanguínea em líquido, espalhando-o através das veias e artérias. Assim, desde que a pessoa retorne lentamente à superfície, o líquido gradualmente volta a ser gás e é liberado pelo corpo.

Se a mudança de pressão for muito brusca, o líquido se transforma repentinamente, efervescendo ao se tornar gás. De maneira semelhante às milhares de bolhinhas que são liberadas quando se abre uma latinha de refrigerante, as bolhas precipitam-se através da corrente sanguínea. Caso não fiquem alojadas nas juntas, tomam o caminho fatídico do coração. Por isso, se subir muito rápido para a superfície, a pessoa morre.

Retirei um pedaço dobrado de papel de impressora do meu bolso e o abri suavemente:

> Thomas,
>
> Quero saber se você gostaria de escrever para o nosso novo guia sobre o Brasil.
> Se estiver interessado em zarpar nas próximas semanas para lá, me avise imediatamente que eu posso te fazer uma proposta.
>
> ——————— ———————
>
> Editor em serviço – América do Sul e Antártida
> Lonely Planet

Em outra época – talvez logo que saí da escola –, essa oportunidade teria sido o emprego dos sonhos. Ainda é sedutora, porém, mais comparável a uma noitada barata. Agora, minha vida é satisfatória de outras maneiras. Tenho um emprego fixo, um salário decente, uma linda namorada e um apartamento em Manhattan. Finalmente consegui tudo o que deveria ter. Além disso, depois do 11 de Setembro, da Sars (síndrome respiratória aguda grave), de Iraque, Bali e Madri, esta não parece ser uma boa hora para me jogar de cabeça em um trabalho para escrever sobre viagens. Mas não posso mentir: sempre tive uma queda por noitadas baratas.

Deus sabe; posso sentir meu corpo flutuar rapidamente.

Para a maioria das pessoas, 24 de novembro não é um dia especial. É claro que é a data em que, todos os anos, comemora-se o Dia de Ação de Graças, mas eu poderia me preocupar menos com isso. Em Seattle, onde poucas coisas incomuns costumam acontecer e as pessoas lutam, não raro de maneira patológica, para manter uma aparência de tranquilidade, essa data possui um significado diferente.

Em 24 de novembro de 1971, um homem calvo de meia--idade pegou um voo de Portland para Seattle. Ele usava o nome Dan Cooper. Vestia um terno preto, um sobretudo preto, óculos escuros e uma gravata preta estreita com um alfinete de pérola. Cooper sequestrou o Boeing 727 tendo em mãos uma maleta repleta de arames e cilindros vermelhos brilhantes. Os reféns foram trocados por quatro paraquedas e 200 mil dólares no aeroporto Sea-Tac (para dar a dimensão exata, o preço médio de uma casa nova nos Estados Unidos em 1971 girava em torno de 28 mil dólares).

DB Cooper, como a imprensa equivocadamente passou a chamá-lo, exigiu que o avião voasse para o México. Ele saltou de paraquedas da aeronave, em algum local no sul do estado de Washington, e desapareceu. Talvez DB tenha morrido no salto. Talvez tenha fugido com o dinheiro. Ninguém sabe. Mas a lenda conta que DB era um homem tão desencantado com a vida que perdeu todo o dinheiro em apostas. A questão não é se ele realmente fez isso ou não. A questão é que esse pequeno homem careca não gastou nem mais um dia bombeando gasolina em Tallahassee ou administrando reclamações em Denver. Ele não perdeu nem mais um dia se perguntando: "E se?".

Nomeio Cooper o santo patrono dos homens desiludidos, particularmente os que, como eu, nasceram em Seattle em 24 de novembro.

O telefone toca na sala de conferências. É um *staccato*, igual ao de todos os outros telefones de escritório. Sou abruptamente trazido de volta à realidade de que tenho horas de trabalho pela frente. O relógio digital do telefone mostra 21h42.

Enfiando a garrafa de 500 mililitros de rum na cintura, respondo com um cauteloso "Alô".

– Thomas? O QUE VOCÊ ESTÁ FAZENDO NA SALA DE CONFERÊNCIAS, DROGA? Sabia que o encontraria aí. Precisamos ter uma conversa – grunhe minha chefe. – Estarei em sua baia em 15 minutos. É melhor que esteja lá, e com a planilha da WorldCom pronta pra eu dar uma olhada.

Volto sorrateiramente para minha baia, evitando encontrar qualquer pessoa nos corredores. Seguro a cabeça com as mãos; as mangas da camisa estão enroladas e um suor gelado escorre pelas laterais do meu corpo. Minhas palmas pegajosas estão enfiadas nos cabelos das entradas que repentinamente surgiram em minha testa. Após o último gole de um Red Bull com sabor doce-metálico, começo a mastigar um punhado de chicletes e olho por sobre as baias, à procura de outros funcionários. O escritório parece vazio, exceto pelo fraco som de digitação em algum lugar no final do corredor.

Bem-vindo à vida em Wall Street. Com uma posição que define tão bem minha personalidade no mundo profissional, não preciso mais inventar desculpas pela vida que levo. Não preciso mais explicar a minha vida sem rumo pós-faculdade para olhares incrédulos e perguntas repetitivas, como: "O que você fará no ano que vem?", "Você não tem vontade de fazer algo com a sua vida?"; e a minha favorita: "Quando é que você vai arranjar um emprego de verdade?". Não sou mais Thomas, o eterno estudante ou o bundão de mochila, supostamente lerdo. Sou Thomas, o empregado de _____, _____, _____ & _____ Ltda., e sou bem-sucedido.

Ganho mais dinheiro do que deveria colocando papéis em ordem cronológica. Meu conjunto de habilidades também inclui inserir números em planilhas de Excel e operar as máquinas de fax e xerox. Entre tantos projetos, procuro os nomes de antigos colegas de escola no Google; jogo na internet contra o meu parceiro virtual, Jerry; e, de modo geral, gasto as horas da minha vida. Jerry acha que é melhor nos jogos que eu, mas ele é apenas mais rápido com o *mouse*.

Sim, eu sei, tenho consciência. Há pessoas morrendo de fome na África. E existem muitos aqui em Nova York que adorariam ter a chance de ficar em uma baia durante todo o dia para não precisarem mais manusear fritadeiras cheias de óleo, dirigir caminhões de lixo, chupar pintos, ou seja lá o que for. O problema é que eu sou um subproduto mal-agradecido de uma sociedade próspera – o refugo desse mundo de oportunidades. Sou apenas mais um graduado em Ciências Humanas que comprou a ideia de que a vida e a carreira seriam uma viagem intelectual repleta de realizações. Infelizmente, minha vida passou a ser uma versão glorificada do ato de socar o despertador, e as recompensas financeiras não chegam nem perto de preencher o vazio emocional de minhas expectativas subestimadas.

Encaremos os fatos: rebelião está *démodé*. A geração dos meus pais já provou que, com o passar do tempo, os rebeldes passam a se contentar com pouco mais que ser donos de um carro popular e contribuir anualmente com instituições de caridade. Os ícones antigos foram cooptados. José Martí é uma marca de bebida para fazer *mojitos*. Che Guevara virou camiseta. Cherokees são carros utilitários esportivos. E Apaches são helicópteros de guerra.

O sonho americano é para os imigrantes. O resto de nós está mais familiarizado com nossos direitos ou com a monotonia do que com os mecanismos de sobrevivência. E quando deparamos com um dilema entre lutar ou fugir, a segunda opção em geral prevalece. Fugir é a nossa escolha: fugir por meio de medicamentos, da tecnologia, e dar a boa e velha escapada à procura de algo, qualquer coisa. Vasculho nos fundos da gaveta de minha mesa procurando um analgésico ou um calmante perdido. A melhor coisa que consegui encontrar foi um frasco de corretivo, mas não estou tão desesperado assim. Ainda.

Continuamente relembro as palavras de um sociólogo que li na faculdade. Acho que era Weber ou Durkheim. Não tenho certeza. Ele acreditava que a mente moderna é programada para expandir seu repertório de experiências, e que está inclinada a evitar a especialização que ameaça interromper a busca por alternativas e novidades. Muitas pessoas achariam que tal abordagem da vida seria sinal de crise, imaturidade ou perda de contato com a realidade. Também poderia ser chamada de O Novo Sonho Americano. Dane-se a simples busca pela estabilidade financeira. Falamos aqui de encontrar satisfação na novidade, na aventura e na autonomia.

Seguindo a instrução de uma das dinâmicas de integração do nosso escritório, cheguei aos seguintes objetivos de vida e cuidadosamente os escrevi em quadradinhos amarelo-fluorescentes de *post-it*:

Esquiar nos Andes e surfar em Sumatra.

Acordar pelado de um porre de rum no interior de Cuba.

Andar sobre o teto de um ônibus por entre as montanhas no Himalaia.

Ganhar ou perder uma briga de bar em alguma cidadezinha empoeirada da fronteira.

Lançar meu cérebro na estratosfera tomando *ayahuasca*, uma infusão psicotrópica, na Amazônia.

Dormir com pelo menos uma mulher (de preferência mais de uma) de cada continente.

Colei os *post-it*, um a um, ao redor do monitor do meu computador. Separados por espaços uniformes. Eles não são os objetivos profissionais de um John Roebling, mas para mim devem servir.

O telefone da minha mesa toca.

– Sim?

– Ela o encontrou, hã? Ouvi você se arrastando até a mesa – diz Anna. Apesar de ter saído há apenas dois anos da faculdade de Dartmouth, Anna é uma profissional bem madura. Não raro é a última pessoa a deixar o escritório à noite, executa as tarefas com prazer e frequentemente pede mais trabalho. Seu humor e sua simpatia chegaram a levantar suspeitas em nossos colegas de trabalho mais amargos. Anna e eu não poderíamos ser funcionários mais opostos, mas a camaradagem do ambiente de trabalho superou essa diferença.

– Fico feliz que seja você e não eu que está trabalhando pra Marilyn. Não suporto aquela maluca – ela comenta.

– Marilyn está apenas tendo mais uma crise pessoal. Infelizmente, como assistente dela, transformei-me em uma espécie de reservatório onde ela descarrega o ódio.

Gostaria de acreditar que Marilyn não é culpada disso. Antes ela trabalhava para a Organização Nacional de Mulheres, mas logo se cansou de sobreviver com uma ninharia e agora passava os dias defendendo legalmente misóginos e canalhas renomados – misóginos e canalhas que possuíam negócios bem lucrativos.

– Pelo menos você não trabalha com o Allen – diz ela.

Respondo que gostaria que fosse verdade. Se ele não tivesse despejado um monte de trabalho em cima de mim, já teria terminado e estaria em casa agora. Allen é como o irmão gêmeo malvado do Skippy do seriado Caras e Caretas, exibindo uma falsa coragem, tentando afirmar sua superioridade em todas as situações. Apesar de ser advogado (e um dos meus chefes), temos quase a mesma idade. Se tivéssemos estudado na mesma escola, eu teria chutado a bunda dele. O problema é que ele sabe disso e sente prazer em me perseguir. Nesta tarde me ridicularizou por eu não conhecer um atalho do Word e depois despejou uma pilha de folhas de arquivo no meu colo. Tenho certeza de que ele voltou correndo para sua sala com isso na cabeça e se deliciou masturbando-se ferozmente.

Algumas vezes, após o trabalho, vou à academia absurdamente cara na rua Lafayette e soco e chuto o saco de pancadas imaginando que é o Allen. Não é apenas um grande condicionamento físico, mas também um modo confiável de relaxar.

– Allen e Marylin – diz Anna. – Escute, Thomas, posso ficar pra ajudar você.

Às vezes acho que a Anna me vê como uma espécie em extinção, um peixe-boi que entrará de cabeça em alguma hélice caso não seja protegido por alguém. Não consigo acreditar que exista gente como ela em Wall Street. Mas ela não entende que, para mim, o pino da granada já foi puxado. Ela tem coisas melhores para fazer com o seu tempo. Ela possui uma carreira com que se preocupar. Gentilmente recusei a oferta.

Nunca pensei em terminar aqui. Depois da faculdade, viajei e perambulei até chegar ao meio acadêmico e tentar descobrir qual era o meu objetivo na vida. Enquanto estive ocupado sem entender nada, ou pelo menos nada que impulsionasse a minha carreira e o meu futuro, meus amigos se mudaram para a Bay Area, conseguiram os primeiros empregos por 75 mil dólares ao ano, adquiriram centenas de milhares de ações na Bolsa de Valores e compareceram a algumas festas ridículas de lançamento de sites promovidas por capitalistas de risco. Se você não estivesse envolvido com a implantação de uma oferta pública de ações – a primeira oferta na Bolsa de uma empresa que está abrindo seu capital – ou com o financiamento que há por trás de uma oferta pública de ações, você estaria perdendo a maior oportunidade financeira da sua vida.

Foi o despertar de uma era. A tecnologia garantia que nos livraríamos dos trabalhos tradicionais e das expectativas desinteressantes que as gerações passadas haviam colocado sobre nossas costas. Seríamos capazes de construir a carreira e o estilo de vida que quiséssemos. Os negócios eram organizados ao redor de mesas de pebolim e em campos de *paintball*. A *deep house music* tornara-se praticamente um ritmo popular em São Francisco, Los Angeles e Nova York. O *ecstasy* e a agricultura hidropônica fortaleciam a exuberância irracional e o hedonismo contagioso. A imaginação era o único fator limitante. Parecia que os bons tempos existiriam enquanto o otimismo e a energia de nossa geração durassem – a fé no potencial e nas qualidades da tecnologia nos fazia esquecer qualquer problema. Estávamos prestes a mudar o curso da história. Era o *revival* da geração do amor dos anos 1960, embora com objetivos políticos vagos, empregos lucrativos e tênis caros.

Permaneci na periferia desse excesso irresponsável enquanto cursava mestrado em Estudos da América Latina, seguido do doutorado mais curto do mundo no Departamento de Política Social, seja lá o que for isso. Continuei sendo orientado e cursando duas aulas do programa de doutorado antes de resolver abandonar tudo. Naquela época, largar a vida acadêmica não representava grandes riscos. Pelo contrário, éramos até encorajados a fazê-lo. Do outro lado havia um mundo com tantas ofertas de empregos de consultoria, cargos em sites e oportunidades na Bolsa quanto os olhos pudessem enxergar.

Mas, por alguma razão, os bons tempos não duraram para sempre.

Quando entrei no mercado de trabalho, Bush havia tomado a Casa Branca, a economia despencava, os aviões tinham atingido as Torres Gêmeas e as contratações estavam paralisadas. Erroneamente, pensei que ter um mestrado abriria algumas portas, mas eu mal conseguia receber uma resposta das agências de emprego temporário.

No início de 2002, afundei-me como vendedor de loja no Club Monaco – uma versão mais extravagante da Gap –, na esquina da Quinta avenida com a rua 55, no centro de Manhattan. E o que é melhor: eu era responsável pelo provador feminino. Uma parte fundamental do meu trabalho era perguntar às compradoras se elas não precisavam de um tamanho menor. Se elas vinham para o provador com um tamanho 46, eu perguntava:

– Tem certeza de que não preciso pegar o número 44?

Se elas apareciam com um número 44, eu oferecia um 42. Era fácil assim.

Um dia, enquanto dobrava habilmente alguns pares de jeans e camisetas, o subgerente da loja, um garoto de Jersey com corte de cabelo de Los Angeles e um bronzeado artificial, me perguntou:

– Você acha que algum dia vai conseguir se organizar e voltar a estudar?

– Tenho mestrado em Stanford e comecei um doutorado em Filosofia na London School of Economics – respondi, e continuei dobrando as roupas.

– Ah, tá certo, cara. Deixa pra lá esse tal de *doutorado*. Você deveria mesmo é tentar um curso técnico. Me ajudou a conseguir esse emprego – ele afirmou, com toda a autoridade de um subgerente do Club Monaco.

Eu lhe disse que pensaria no assunto.

Todo período de expansão econômica é seguido por um de recessão e, nos Estados Unidos, alguém sempre encontra um jeito de ganhar dinheiro com a falência dos outros – principalmente os advogados. Ao ouvir que um escritório de Wall Street estava contratando pesquisadores para trabalhar em casos importantes e confidenciais, eu estava tão ansioso para largar as vendas que nem parei para pensar sobre o que aquele emprego envolvia. Só me falaram que, entre outros negócios, eles representavam uma empresa pouco conhecida, chamada Cerberus Capital Management, que estava comprando *dívidas difíceis*. O fato de a empresa ter o nome do cão de três cabeças que guardava o Hades e de eles se referirem às tais *dívidas difíceis* como um "investimento predatório" não fez soar o sinal vermelho.

Eu chegava aos 30 anos e a maioria das portas, antes abertas, já tinha se fechado na minha cara. Talvez fosse o momento de fazer um curso de Direito ou Administração e me concentrar em criar uma carreira estável. Esta era a nova realidade. Trabalhar com Direito parecia ser algo bem digno: usaria meu cérebro e teria uma renda sólida. Algo de que pudesse me orgulhar em reuniões com o pessoal da faculdade.

Depois de contratado, trabalhei com a Cerberus em dois casos, mas em seguida me especializei nos problemas legais de um antes proeminente analista de pesquisas que havia sido o mais importante consultor das empresas de telecomunicações, destacadamente da WorldCom. Analistas de pesquisa devem fornecer ao público opiniões imparciais sobre que ações valem a pena ser compradas. Mas durante o período de expansão das telecomunicações, alguns analistas trabalharam de mãos dadas com banqueiros e empresários a fim de promover determinadas companhias. Os banqueiros queriam ter as contas das supervalorizadas ofertas públicas de ações, os empresários de telecomunicações queriam avaliações positivas para aumentar o valor de suas ações, e os analistas de pesquisa simplesmente levavam todos os dólares e mordomias que podiam durante o processo.

Todos estavam indo para a cama juntos, e eram os analistas que animavam a causa. Nosso cliente, uma versão em tamanho maior de Joe Pesci, já havia sido capa da *Business Week* graças a sua incrível habilidade de fazer previsões sobre a Bolsa. Mais tarde, ele apareceria em muitas outras manchetes que falavam de seu envolvimento na falência da WorldCom.

Também foram descobertos alguns e-mails um tanto lascivos trocados com uma "amiga muito próxima", nos quais ele se gabava de como estava fraudando a promoção de umas ações de merda e manipulando o diretor de uma conhecida empresa de telecomunicações a fim de ajudar um banqueiro de Manhattan a orquestrar um golpe corporativo.

O que supostamente ele teria ganhado com isso? Havia obtido uma carta de recomendação e um milhão de dólares para colocar os filhos gêmeos em uma gabaritada escola do Upper East Side, é claro. Todos que valem alguma coisa em Manhattan sabem que uma boa escola é a porta de entrada para Harvard e para a alta sociedade. Já que é um ótimo lugar para os pais criarem sua rede de contatos, não há nada de mais se você precisar extorquir alguns milhares de investidores – especialmente um investidor ingênuo o suficiente para dar ouvidos a um analista de pesquisa.

O argumento em defesa de nosso cliente era que ele estava apenas atuando em uma fantasia cibernética na qual seu poder em Wall Street teria se transformado em fetiche. Um complexo de grandeza, nada mais. Meu trabalho consistia em ler os milhares de e-mails trocados entre nosso cliente e todas as suas amigas íntimas. Depois, eu deveria escrever relatórios que resumissem a natureza de cada relacionamento, à procura de qualquer coisa que pudesse provar algum tipo de fetichismo cibernético. Havia me tornado uma espécie de *voyeur* profissional. A cada noite, ao chegar em casa, tinha vontade de tirar meu cérebro do crânio e lavá-lo com sabão.

Nosso cliente terminou como bode expiatório de uma fraude maior do período de expansão das telecomunicações. Os verdadeiros bandidos eram tão ricos na época em que as coisas ruíram que acabar com milhares de investidores e cortar a cabeça de alguns de seus subordinados não parecia ser um preço tão alto a pagar. Era só incluir as despesas legais como um percentual dos custos anuais de operação e afogar qualquer sentimento de culpa enchendo a cara nas ilhas Virgens.

Escuto o som de saltos altos no corredor e Marilyn repentinamente se materializa em minha baia. Meus 15 minutos acabaram. Posso sentir o cheiro do estresse exalando de seu corpo. Ela morde a pele morta do lábio inferior e não me olha nos olhos. Suas unhas estão roídas até a carne e uma das pernas da meia de náilon está enrugada ao redor da canela.

Ela avança até meus arquivos e começa a arrancar documentos de uma pasta, jogando-a vazia por cima do ombro a fim de criar um efeito dramático. Não encontrará o que procura. Eu organizo os meus arquivos no que chamo de Sistema Babilônia, se é que podemos considerá-lo um sistema de fato. Penso que a natureza enigmática desse sistema faz com que a empresa não possa se livrar de mim facilmente de uma hora para outra. Digamos que seja uma garantia de emprego.

Preciso desesperadamente de outra bebida.

– Onde está a pasta do Nível 3? Não consigo... não consigo encontrá-la – ela diz com voz trêmula. – E aquela planilha... está pronta?

– Posso entregá-la amanhã. Tenho que fazer uma coisa pro Allen e...

– Não me interessa o que você tem que fazer... Pedi que fizesse algo e você precisa fazer. AGORA.

– Mas...

– Sem mas. Não posso confiar em você. Já ouvi desculpas suficientes.

Sinto-me um miserável, como uma prostituta que é chamada de feia por algum cliente do qual ela não aceitaria nem um drinque se não estivesse a trabalho.

Marilyn parece estar cada vez mais longe. Sua voz é monótona e distante. Eu lhe aceno com a cabeça e começo a me lembrar de como é lindo ver as montanhas de Seattle cobertas de neve. Um ônibus de esqui costumava ir para Alpental depois da escola nas sextas-feiras, e outro para o vale Steven nas manhãs de domingo. Mesmo aos domingos era possível encontrar pistas ainda não percorridas no Campina Schim, se fôssemos bem cedo...

– JESUS CRISTO, VOCÊ ESTÁ ME ESCUTANDO? Vou pra casa. É melhor que a planilha e a pasta da WorldCom estejam em minha mesa quando eu chegar aqui amanhã de manhã.

Marilyn marchou para fora da sala sem sequer olhar na minha cara.

Fitei inexpressivamente a tela do computador. Queria perfurar meus olhos com clipes e cortar meus pulsos com pastas de cartolina. Por que estou sentado aqui, trabalhando para esses criminosos de colarinho branco e derretendo na cadeira ergonômica do escritório quando deveria estar em alguma praia do Brasil?

Vinte e seis ou 27 anos são idades de reflexão, principalmente para aqueles caras de espírito livre que não se encaixaram nas expectativas normais. É uma parada estratégica em nosso caminho rumo à crise da meia-idade. Alguns dos sujeitos de espírito verdadeiramente livre, os Hendrixes, Cobains, Morrisons e Joplins, não conseguem deixar de pirar. A maioria desiste ou, como os Steven Tylers, Ice Cubes e Perry Ferrells, precisa fazer concessões, e depara com resultados decepcionantes. Os poucos, os escolhidos, os Keith Richards, Iggy Pops e James Browns, apenas continuam na ativa.

Tento entender onde eu me encaixaria nessas categorias. Minha adrenalina se agita, formigando nas gengivas, esquentando a pele sob o colarinho. Penso em Hemingway: "Inferno da América do Sul! Se você fosse para lá do jeito que está se sentindo agora seria exatamente a mesma coisa". Sim... trabalhar para a Lonely Planet no Brasil daria definitivamente um romance. Meu santo padroeiro, DB Cooper, com certeza teria aceitado. Caramba, ele provavelmente teria feito o avião desabar!

Essa poderia ser a minha oportunidade de experimentar o presente sem me preocupar com o futuro – de existir plenamente no momento. Como Ronnie Biggs, eu zombaria das convenções e viveria livre das responsabilidades de uma sociedade normal. Ronnie, um dos executores do grande assalto ao trem pagador em 1963 na Inglaterra, escapou para o Rio e, para desgosto da Scotland Yard, era abertamente ostensivo, recebendo turistas para jantar em sua casa e vendendo camisetas e canecas de café comemorativas estampadas com seu rosto. Acho que ele chegou a compor algumas músicas *punks* sobre suas peripécias. O Reino Unido não podia extraditar Ronnie porque ele teve um filho brasileiro (um plano confiável que eu deveria considerar melhor). Ronnie só retornou ao Reino Unido aos 70 anos, após ter dois infartos, de modo que pudesse aproveitar o tratamento gratuito do Serviço Nacional de Saúde na prisão. Foi levado para seu país em um jato particular pago por um tabloide inglês.

Ronnie tinha visão. Mas, para colocar a visão em prática, precisava estar disposto a largar tudo, a ser implacável com os próprios sentimentos. E os meus amigos, meu apartamento, minha namorada?

Droga, minha namorada.

Sydney e eu estamos juntos há alguns anos e nos amamos. Em diversos aspectos, ela é a mulher perfeita para mim. E ela diz que sou o homem perfeito para ela. Infelizmente, nosso relacionamento é um lixo. Leva muito tempo para engolir o fato de que a pessoa pela qual você está apaixonado não é necessariamente aquela com quem poderá construir um relacionamento saudável. Nós dois ainda estamos tentando aceitar isso.

Ligo para a casa dela. O telefone toca cinco vezes antes de ela atender:

– Estamos atrasados pro chá de cozinha da Celeste, lembra? O que você ainda está fazendo no trabalho?

– Tentando finalizar algo, tentando achar algum propósito pra minha vida.

– Isso de novo não... – ela suspira. – Por que você não pode só obedecer um pouco, terminar o trabalho e ir pra casa, como todo mundo faz?

Sydney cresceu em uma família da Aeronáutica e passou a vida mudando-se para diferentes bases aéreas nos Estados Unidos. Aos 20 anos, ela se livrou da vida militar e se mudou para a promissora ilha de Manhattan. Com a ajuda de uma língua ferina e de uma beleza impressionante, conquistou seu espaço na metrópole.

– Não tenho certeza se quero obedecer. De qualquer maneira, essa dedicação universal à vida de escritório é um modismo. Só existe há uma geração mais ou menos... O que você acha de eu me tornar um autor de guias de viagem?

– Considerando que você não possui nenhuma experiência significativa como autor, nenhum Pulitzer ou algo parecido, não acho que seja uma boa ideia. E se quisermos ter filhos? Quer dizer, parece ser um ótimo *hobby*, mas sugiro que mantenha seu salário, porque não vou sustentar você... De verdade, Thomas, você é o único *hippie* que conheço que usa colônia Marc Jacobs e relógio Armani.

– É duro ser um narcisista consciente.

– Sinto muito por você. Chame um táxi e venha me pegar; já devíamos estar no chá de cozinha... Espere, isso quer dizer que teremos que começar a rachar os gastos quando sairmos?

– Não sei se consigo sair hoje à noite, eu tenho isso aqui...

– Dane-se. Tá bem... vou sozinha. Mas, honestamente, esperava mais compreensão. Pensei que estivéssemos em um relacionamento de apoio mútuo.

Sydney está acostumada a conseguir tudo o que deseja dos homens. Isso não quer dizer que ela não seja inteligente ou capaz, apenas que prefere recorrer a seus golpes faixa preta de chantagem emocional e sexual quando necessários.

– Sinto muito. Mesmo, Sydney, eu não...

Ela desliga. Todas as nossas conversas têm terminado dessa forma.

Relaxo e sinto todo o calor romântico daquele instante.

Sinceramente, não me sinto confortável em meu apartamento. Semana passada, ao chegar em casa, encontrei um buraco considerável no corredor que dava na parte de trás do *closet*. Meu quarto parecia uma daquelas cenas de filme em que o apartamento é revistado à procura de um microfilme escondido: gavetas reviradas, roupa suja espalhada pelo chão.

A polícia me contou que ladrões profissionais, ao atacar um bairro, reviram bastante os apartamentos para parecer que o crime foi realizado por vândalos eventuais. Provavelmente haviam roubado meu cesto de plástico, minhas cuecas e camisetas sujas para esconder os aparelhos eletrônicos e carregá-los discretamente pela porta da frente.

Eu tinha um laptop de última geração. Ele tinha os recursos mais modernos, ainda que eu o usasse apenas para baixar música e ver pornografia na internet.

Tinha um MP3 player novo que comportava 20 gigabytes de música.

Tinha um toca-CDs que já estava obsoleto.

Tinha um palmtop para guardar todos os contatos e informações importantes – por via das dúvidas.

Um pendrive para fazer o backup do palmtop – que também estava obsoleto.

Haviam levado até mesmo a base do meu telefone sem fio.

Eu estava na crista da onda tecnológica. Praticamente tudo que eu tinha era pequeno, prateado e de design arrojado. Quase alcancei o século XXI – e de repente tudo havia sumido.

Lembro-me de ter ficado paralisado ao ver meu quarto. Tentei justificar o roubo em minha cabeça lembrando-me de que os ladrões não poderiam estar exercendo um impacto negativo tão grande sobre a sociedade quanto aqueles que pagavam meu salário. Mas a sociologia não mascarava o fato de que eu não dormia em meu quarto desde o assalto. Sou o passarinho que não retorna ao ninho após ele ter sido maculado por saqueadores.

A planilha da WorldCom está aberta na minha tela: quilômetros de tabelas que registram decisões de negócios ao lado de datas de e-mails potencialmente criminosos. Olho meu reflexo em meio a todos os *post-it*. Pareço cansado, envelhecido, entediado e, pior de tudo, chato. O sangue borbulha em minhas veias. Efervescendo e pipocando. As bolhas correm para o meu cérebro enquanto começo a escrever um e-mail.

Querida Marilyn,

Não serei capaz de terminar o projeto da WorldCom esta noite. Nem nunca mais.
Saio para abraçar a espontaneidade, a imaginação e outras coisas que não existem por aqui.
Não se preocupe com a planilha da WorldCom. Por mais tabelas que façamos, eles continuarão sendo culpados.

Sinceramente, Thomas.

Aperto ENVIAR. Meu cérebro começa a colapsar como aquelas extravagantes demolições de prédio que a tevê mostra. Explosivos em todas as principais colunas de sustentação. O prédio despenca sobre si mesmo, compactando-se no solo e levantando uma nuvem de poeira.

Não me preocupo em desligar o computador e não bato o ponto na recepção. É muito mais fácil do que imaginei. Simplesmente pego meu paletó e saio porta afora. As três recepcionistas temporárias acenam para mim e voltam a tricotar seus cachecóis de lã preta. Debruçada sobre a enceradeira, a faxineira da Guiana dá uma piscada de olho. Ninguém ali tenta me impedir – apenas caminho até a saída. As cercas mais eficientes só existem em nossas mentes ou, pelo menos, é isso o que repetirei para mim mesmo até o momento em que precisar encarar minhas dívidas.

Meu estômago sofre uma convulsão conforme o elevador se aproxima do térreo. O vômito sobe até a base da garganta, um felino prestes a atacar.

O segurança da recepção sequer levanta os olhos. Não consigo respirar até atravessar as portas de vidro do prédio e sentir o ar lavando meu rosto. De repente, o escritório passa a ser apenas um pequeno quadrado com salas em um favo de mel de escritórios, em uma cidade repleta de edifícios como aquele.

Recebo duas chamadas de Anna no celular e em seguida uma série de ligações de Marilyn. É mais fácil ignorar o telefone após jogá-lo no East River.

2
TURBULÊNCIA

62 DIAS PARA O PRAZO FINAL

– Vamos ferrar com Nova York. – A voz do Doutor crepitava pelo telefone público. São dez da manhã e não tenho nada a perder. Ele tem tudo a perder, mas não está nem aí.

Tomaremos Nova York. Vamos nos vingar de todas as vezes que esta cidade foi injusta conosco: quando arrancou 1.250 dólares por mês de nossas carteiras para pagar uma quitinete microscópica com vista para paredes de tijolos; quando nos fez seguir mulheres inalcançáveis por três quarteirões apenas para que pudéssemos ter uma visão melhor de suas bundas; quando destruiu nossos sonhos de frequentar a alta sociedade com a realidade de mais de sessenta horas por semana sob as luzes frias do escritório. Nós, o Doutor e eu, assaltaremos essa cidade de surpresa, em um bombardeio movido a álcool como jamais se viu.

Meu emprego se foi. Meu telefone se foi. Minha namorada praticamente se foi, e meu apartamento está prestes a ir também. Estou a caminho de destruir qualquer possibilidade de cancelar meus planos de fugir da cidade.

Devo admitir que cortar os laços com Nova York foi mais fácil do que eu imaginava. Foi deprimentemente fácil. Você diz à cidade que está revendo o seu relacionamento com ela, e a cidade contra-ataca dizendo que nunca o amou. Ela nunca gostou de você de fato e já até esqueceu o seu nome.

A lenda conta que Hernán Cortés, o conquistador espanhol do México, tomou uma decisão heroica ao ordenar que seus navios fossem queimados em Veracruz. Foi uma declaração a seus homens de que assumiriam uma posição inflexível contra o Império Asteca. Uma retirada seria impossível. A única opção era a vitória. É o tipo de história que dá origem a cartazes e pesos de papel com frases motivacionais. Essa história é contada por treinadores de beisebol em decisões de campeonatos estudantis e por gerentes de média importância que tentam incentivar os funcionários a atingir metas de campanhas de mala direta. Infelizmente essa história é uma grande besteira.

Cortés nunca queimou os navios, ainda que os tenha danificado. E não fez disso um espetáculo, mas provavelmente realizou tudo em segredo enquanto os homens marchavam para Tenochtitlán, a capital asteca. A maneira como os navios foram destruídos pode ser um pequeno detalhe, mas o motivo por trás da destruição é mais esclarecedor. Cortés – um clássico oportunista – buscava a glória e as riquezas que viriam com a conquista de um dos maiores impérios das Américas. Ele não queria mais ter de responder aos seus superiores da colônia ou trabalhar de acordo com as restrições burocráticas. Mais especificamente, estava executando um rompimento tático com seu cunhado e superior, Diego de Velázquez, o governador de Cuba. Cortés sabia que não poderia contar com a lealdade de todos os seus homens, portanto, sabotou os navios de modo que os simpatizantes de Velázquez (aqueles que respeitavam as regras da colônia e obedeciam às leis estabelecidas) não pudessem se reportar ao governador. Essa era a chance de Hernán definir seu destino de acordo com os próprios desejos. Estava cansado de se subordinar a pessoas que lhe diziam como dar o próximo passo e como enxergar o mundo.

É óbvio que meu empreendimento é patético se comparado à ocupação de Tenochtitlán e à conquista de um império milionário, mas acho que posso criar minha pequena história de sucesso com base na estratégia de Cortés. Não estou tentando queimar meus navios metafóricos como um ato magnífico de tomada de decisão, motivação e liderança. Apenas quero colocar a minha vida no caminho certo para depois não me arrepender ou me sentir responsável por mais ninguém.

Já que me transformarei numa espécie de autor de viagem, quero poder ficar totalmente sem dinheiro e bagunçar com toda a minha vida, fazendo tudo que quero ou preciso sem ter de dar satisfações à minha namorada, ao meu patrão, aos meus amigos ou a qualquer outra pessoa. Estou farto de fazer concessões aos outros. Ficarei livre de expectativas e limitações. Largarei tudo, exceto as posses mais essenciais. Se não me engano, foi Tyler Durden, personagem de *O clube da luta*, quem disse: "Somente depois de perdermos tudo ficamos livres para fazer tudo". Viverei de acordo com as minhas vontades e criarei meu próprio caminho no universo. Serei como um cometa.

Tento explicar as minhas ideias ao Doutor pelo orelhão, mesmo tendo certeza de que ele não está me escutando. O Doutor saiu recentemente da clínica de reabilitação – referida publicamente como clínica de *aconselhamento*, de modo a não comprometer sua carreira – e, após alguns meses concluindo a faculdade, será liberado no insuspeito meio da medicina. Por que eu telefonei para ele, não sei. É alguém bem pouco confiável em épocas de necessidade. Ele já tem problemas demais enfrentando a própria vida caótica. Suas recomendações médicas geralmente incluem o consumo de grandes quantidades de drogas e álcool, e o conselho para "não se tornar um fresquinho".

O Doutor finge me ouvir por um ou dois minutos e depois responde com uma intencional entonação de médico:

– Sei exatamente do que você precisa: uma boa garrafa de rum Captain Morgan que sobrou da festa do pessoal da universidade na semana passada. É de graça, portanto, uma opção sensata, tendo em vista seu plano de saúde. Infelizmente, teremos que tomar um procedimento mais agressivo em seu caso. Acho que uma terapêutica múltipla é a nossa melhor opção. Veja, também precisarei prescrever os oito papelotes que pegarei antes de encontrá-lo na Union Square. Com um pouco de sorte, você conseguirá se recuperar.

É evidente que o conceito de "tomar" Nova York é como "tomar" o oceano Pacífico. Sabemos quem perde no final, mas nenhum de nós se intimida com a autodestruição. Na verdade, nós dois somos campeões nisso. Quando começo a caminhar em direção à Union Square, experimento um instante de apreensão. Pego uma lata grande de cerveja da *delicatéssen* Sunny & Annie na esquina da Sexta avenida com a avenida B e a bebo enquanto atravesso o Tompkins Square Park. Sim, o Doutor é um gênio da medicina; já estou me sentindo melhor.

Quanto à minha instável vida afetiva, não tinha a intenção de terminar com Sydney. Eu realmente a amava. Se por um lado eu não poderia culpá-la por ser prática ou querer ficar com alguém de futuro financeiro garantido, por outro, eu não sabia se era, ou se algum dia poderia vir a ser essa pessoa. Expliquei a ela o que havia ocorrido no trabalho e, quando deixei claro que não me desculparia com Marilyn nem retornaria ao emprego, ela me disse:

– Sou eu ou o trabalho sem futuro no Brasil. Você precisa aprender a lidar com um emprego de verdade, tem que aprender a ser um homem.

– Que tipo de homem desperdiça seus melhores anos sentado numa cadeira?

Contei-lhe que eu havia sido talhado para um outro estilo de vida. Ela respondeu:

– Sim, um estilo de vida de pobreza em que você vai morar no porão da casa dos seus pais... Thomas, pensei que nos casaríamos. Já falei pra minha família e pros meus amigos que você era o cara. Não percebeu que, ao lhe contar sobre como sempre quis ter um diamante em formato de gota, com duas safiras incrustadas em ouro branco, estava lhe dando uma dica séria?

– Bem, eu acho... quer dizer, pensei que... você sabe, nós poderíamos esperar. Existem coisas que preciso fazer antes. Não estou preparado...

– Quer saber? Pare! Dá pra ver que você já tomou uma decisão.

Ela soltou um adeus entre os dentes cerrados e pontuou com uma batida destruidora do telefone. Não soube mais dela desde então, e ela nunca responderá meus e-mails e telefonemas.

Seria difícil me classificar como um otimista teimoso, mesmo que eu acredite firmemente que – com o nível correto de empreendimento – uma vantagem pode ser obtida diante de qualquer situação ruim. Quanto a abandonar o meu apartamento, antes do assalto eu já havia reclamado duas vezes com a proprietária – uma *supermodel* dos anos 1980 viciada em drogas – que a porta da frente do edifício não fechava apropriadamente e que seria apenas uma questão de tempo até alguém ser roubado. Imaginei que ela se preocuparia de verdade, uma vez que morava em um dos três apartamentos do prédio. Enviei as reclamações por e-mail ao pai dela, que administrava o edifício (ela vivia tão chapada que raramente atendia ao telefone ou abria a porta do seu apartamento no último andar). Após o assalto, consegui convencer o pai dela, com algumas palavras cuidadosamente escolhidas, de que seria melhor me deixar quebrar o contrato e pagar apenas metade do aluguel do último mês do que lidar com qualquer possível drama que eu pudesse causar a eles. Trabalhar com o meu analista de telecomunicações corrupto favorito me ensinou as vantagens e os perigos de manter informações permanentemente gravadas nos meios eletrônicos. Ainda gostaria de saber como alguém abriu um buraco na parede em pleno dia sem que ninguém notasse, mas isso é passado.

O processo físico da mudança acabou sendo auxiliado pela invasão. Todos os meus objetos de valor provavelmente estavam em alguma loja de penhores na região leste de Nova York, de modo que eu tinha somente algumas poucas coisas de valor sentimental, como fotos, para enviar para a casa dos meus pais em Seattle. Encaixotei minhas roupas de inverno e as deixei com meus parentes em Long Island. Todo o resto abandonei numa esquina qualquer, e – ainda que eu não possa imaginar o que as pessoas viram naquelas coisas – tudo desapareceu em poucas horas.

Dos objetos de valor que sumiram durante o tal assalto, a única coisa que estava coberta pelo seguro era o meu laptop. Como o preço dos laptops havia baixado consideravelmente nos últimos anos, pude comprar um computador novo menor, mais leve, mais durável e melhor para ser levado em viagens do que o meu antigo. É claro que perdi toda a coleção de MP3 que havia baixado (o que vem fácil, vai fácil: o carma da pirataria musical), minha coleção de fotos digitais (incluindo alguns nus deliciosos de uma antiga namorada) e tudo que já escrevi, mas agora tenho um resistente Toughbook da Panasonic. Embora "resistente" não tenha nada a ver com o assunto – o ato de escrever é tão vigoroso quanto operar uma caixa registradora. Mas com esse laptop, eu poderia ser um autor aventureiro que relata a revolta maoísta no Nepal, os rituais de acasalamento ianomâmi ou a sobrevivência na selva em Papua-Nova Guiné sem nem sair de Manhattan. Bem, havia acabado de receber pelo correio meus cartões pessoais da Lonely Planet, de modo que estaria basicamente sendo sincero.

Uma mochila com camisetas, shorts e o laptop estava sobre o piso de madeira do meu apartamento agora vazio. Enfrentei uma correria para obter meu passaporte novo e meu visto brasileiro. O voo de última hora para o Rio de Janeiro, extremamente caro, partiria no dia seguinte, pouco antes do almoço.

O Doutor não tomou banho nem escovou os dentes; veste calças de um traje de hospital com uma camisa havaiana de poliéster. Calça um par de sandálias velhas que, de alguma forma, sobrevivem desde que o conheço. O cabelo loiro encaracolado não tem corte; está naquele ponto estranho a que as pessoas chegam quando deixam o cabelo crescer. Ele mantém os cachos longe dos olhos com um par de óculos escuros de plástico preso no alto da cabeça. Um minúsculo alfinete prende a haste direita à lente. Somente um lugar como a Los Angeles da década de 1970 poderia dar origem a tal criatura.

Sentado em um dos bancos de madeira da Union Square, o Doutor parece sedado, com as bochechas cada vez mais inchadas e coradas. O cheiro do porre do dia anterior emana de seus poros, revelando uma baita ressaca, mas seus olhos vidrados denunciam uma ansiedade provocada. Sei quanto suas ressacas são fortes e não é possível que ele esteja na rua neste momento sem ter se afundado na cocaína. A garrafa de Captain Morgan surge de uma pequena sacola preta de *delicatéssen*; a tampa já havia se perdido.

Embora o rum seja subestimado – sendo em geral utilizado para fazer cubas-libres e *mojitos* –, ele é, na verdade, uma criação genial. O rum e seus primos latinos, aguardente, cachaça e o antiquado *ron* ("*mi amigo*, Ron", como o Doutor gosta de falar), são as nobres bebidas que inspiraram gerações de piratas a saquear cidades portuárias, incendiando-as e carregando tudo que havia nelas. George Washington, ele próprio um malandro, encomendou um barril de rum de Barbados para a sua posse em 1789. Hoje, o rum nos acompanhará enquanto tentamos pilhar a costa oeste desta ilha conhecida como Manhattan.

Por outro lado, permita-me ser careta por um instante e dizer que acho a cocaína uma porcaria. Se você não acredita em mim e é fascinado por todo o romantismo que envolve o pó, eu o desafio a se manter sóbrio (ou somente bebendo, pelo menos) em um quarto pequeno com pessoas cheirando suas carreiras. Elas terminam como um punhado de anormais de rosto vermelho e olhos esbugalhados em busca de atenção. É verdade que, ao cheirar cocaína, você se sente confiante, alerta e sexy, mas é apenas uma questão de horas até que esteja fazendo caretas e tendo paranoias enquanto seu pinto se encolhe para dentro da barriga. Ao acordar na manhã seguinte, você se dá conta de que passou a melhor parte da noite encontrando desculpas novas e criativas para ir ao banheiro, tentando perseguir a excitação que teve com a primeira carreira e nunca mais conseguiu atingir de novo.

Não estou dizendo que nunca cheirei. Morei na América do Sul. Cheirei, fumei, bebi, o que mais você pensar eu já fiz com cocaína – só não injetei –, e levei um tempo até aceitar o fato de que nunca gostei tanto daquilo. Todo o culto sobre a cocaína – com todos os banqueiros, acionistas e moderninhos achando que são homens com oito bolas – é um grande equívoco. A atração pelo exotismo estrangeiro e a obsessão nos Estados Unidos por estimulantes aumentou o valor dessa substância, que, de um derivado barato de planta, transformou-se em fenômeno social. Acontece o mesmo quando um cara do Leste Europeu leva a sua elegante namorada para o T.G.I. Friday's de Moscou e passa a se achar um babaca. Até aquele momento, é provável que ele tenha sido mesmo o cara. Mas quando ele experimenta o T.G.I. Friday's em O'Hare, ou quando um viciado em cocaína vai ao Peru e vê a droga sem toda a sua mística, fica claro que foram feitos de otário. T.G.I Friday's é um McDonald's disfarçado de restaurante, e o pó mágico é um punhado de folhas esmagadas e tratadas com produtos químicos que você poderia encontrar nas estantes da garagem do seu avô.

Se o rum inspirou personagens tão extraordinários e imortais como Barba Negra, Capitão Kidd e George Washington, a quem a cocaína inspirou? Andy Gibb, Corey Haim e Roger Clinton?

– Tome o seu remédio como um bom garoto.

O Doutor estende uma chave; na ponta há um monte daqueles flocos brancos. Meus olhos a percorrem rapidamente e me inclino para dar o tiro.

Tanto tempo gasto com solilóquios.

– Quem disse que não me importo com o seu bem-estar? – ele pergunta.

– Quem disse que me importo com o meu bem-estar? – então retruco.

Havia escrito uma lista de prós e contras da oferta da Lonely Planet e começo a lê-la em voz alta. Posso afirmar que o Doutor não está me escutando. Ele ainda está sob o efeito da noite anterior e havia tido uma discussão com a namorada, Sandra. O bate-boca esquentou a ponto de ela ter socado a cara dele três vezes. O Doutor e eu estamos escorrendo pelo bueiro no mesmo estado mental e isso é sempre perigoso, já que nenhum de nós é do tipo que falaria: "Não, obrigado, é só uma noite, isso passa".

Continuo com minha lista, a voz trêmula. Leio em minha cabeça enquanto leio em voz alta.

Pró: Cobrirei os estados de Pernambuco, Paraíba, Rio Grande do Norte, Ceará, Piauí e Maranhão.

Contra: Terei que escrever aproximadamente cem páginas e atualizar uma dúzia de mapas.

Pró: É recomendado que eu viaje pelo Brasil durante quatro semanas.

Contra: Não há possibilidade de realizar toda essa pesquisa em quatro semanas.

Pró: Terei que ficar no Brasil por pelo menos sete semanas.

Faço umas contas rápidas na folha de papel e comparo o adiantamento oferecido pela Lonely Planet com o que será exigido de mim. Então acrescento mais um item à minha lista:

Contra: não haverá dinheiro suficiente para sete semanas de pesquisa.

E mais um:

Contra: Não haverá tempo suficiente para sete semanas de pesquisa e aproximadamente uma centena de páginas escritas.

– Parece ser um puta negócio atraente – diz o Doutor antes de voltar a falar sobre o drama do seu relacionamento. Agora é a minha vez de fingir que o estou escutando enquanto faço uma avaliação profissional. Se a única coisa que quero é viajar, talvez seja melhor trabalhar por dois ou três meses no Starbucks, aproveitar o plano de saúde, fumar maconha todo dia e depois usar o meu salário para passar férias no Brasil. Os empregados do Starbucks começam ganhando quase 9 dólares por hora, mais os benefícios médicos e odontológicos, depois o salário começa a aumentar.

A Lonely Planet, uma empresa que vende algo em torno de seis milhões de livros ao ano e se intitula a única editora global independente, afirma que, se compararmos o montante de trabalho de cada autor com o seu cachê, dá uma média de 600 dólares por semana. Isso significa que, ao trabalhar as básicas quarenta horas semanais, os escritores ganham 15 dólares por hora. É óbvio que, se eu ler as entrelinhas daquilo que esperam de mim para esse projeto, não será difícil perceber que o trabalho ocupará praticamente todas as horas do meu dia, desde as semanas de preparação antes da viagem até a data de entrega. E é claro que depois da entrega haverá etapas adicionais de edição, perguntas, esclarecimentos sobre os mapas, a necessidade de reescrever trechos do livro que tomarão muitos dias extras, senão semanas. Esse arranjo coloca o valor por hora abaixo do salário mínimo, e o salário mínimo norte-americano não é nada bacana. Também posso esquecer o plano de saúde.

Além disso, um empregado do Starbucks não tem grandes despesas, enquanto toda a minha viagem de pesquisa (hotéis, restaurantes, bares, transporte – incluindo o já mencionado visto, o passaporte novo e o voo de última hora de mil dólares para o Rio) deverá ser paga com o adiantamento. Que já ficou reduzido a uma quantia ridícula. E não podemos esquecer que o trabalho que farei exige boa redação, conhecimento de língua estrangeira, habilidade para lidar com viagens internacionais e orçamentos, capacidade de suportar muitos dias de viagem em um país em desenvolvimento e longos períodos de solidão. Tenho um monte de arquivos em PDF que devo ler para aprender como se escreve para a Lonely Planet, e centenas de páginas de opiniões dos leitores que devo levar em consideração. Parece bem mais fácil, e aparentemente mais lucrativo, preparar *macchiatos* de caramelo.

Alguns amigos não entendem por que tenho lutado tanto contra essa decisão. Eles falam: "É o emprego dos sonhos... você recebe para viajar". E você recebe mesmo para viajar, como um louco. Posso realmente considerar essa uma viagem prazerosa quando sei que será preciso cobrir uma área do tamanho da costa oeste dos Estados Unidos em um ou dois meses de pesquisa? Serão mais de 1,5 milhão de quilômetros de costa que deverão ser explorados por barco, ônibus e jegues. Ao longo do percurso, espera-se que eu pesquise aproximadamente sessenta cidades e vilas: algumas em ilhas, algumas em montanhas, e outras escondidas dentro de parques nacionais. Escreverei aproximadamente 150 resenhas sobre hotéis e mais de 150 resenhas sobre bares e restaurantes. E isso não chega nem perto do número de lugares que terei de visitar a fim de decidir se vale a pena ou não incluí-los no livro. Também precisarei reunir inúmeros detalhes sobre parques, trilhas, itinerários de ônibus, de voos e de barcos, livrarias, hospitais, bancos, correios, cibercafés, lavanderias, agências de viagem, escritórios de turismo, serviços de fronteira, passeios e lojas.

É verdade: poderia fazer um trabalho de pesquisa rápido e vagabundo em quatro semanas. Mas imagine ter um mês para colher informações tão diversas como os preços das lavanderias de Seattle, os detalhes da fronteira de Tijuana, os melhores sanduíches de Bakersfield, uma visão geral da vida noturna de Los Angeles, as trilhas de caminhada em Yosemite, os horários dos museus em Portland, os itinerários de ônibus em São Francisco e a localização de um escritório de turismo decente em Boise.

Agora imagine fazer tudo isso em um lugar com itinerários de transporte pouco confiáveis, conexões discadas de internet (isso quando existe conexão, ou mesmo telefone), milhares de quilômetros de estrada não asfaltada e o português, cheio de sotaque do Nordeste brasileiro, como língua. Seria praticamente impossível, e a qualidade do produto final seria tão pobre que eu nunca seria contratado para escrever de novo. Há muita coisa em risco aqui, e preciso fazer isso direito. Posso garantir que o editor que teve a ideia de quatro semanas de pesquisa nunca esteve naquela parte do Brasil. Sete semanas de pesquisa me deixariam com apenas uma semana e meia para escrever antes do prazo de entrega. Acho que terei de ser disciplinado na estrada para reservar um tempo para escrever todas as noites.

Tentei negociar um cachê maior, um prazo maior e a possibilidade de ter parte nos direitos autorais. Recebi três negativas e, quanto aos direitos, me disseram que é um "livro da Lonely Planet, não um romance da lista dos mais vendidos". Pergunto se eles podem cobrir o meu voo para o Brasil, mas respondem que os escritores não trabalham para a empresa, são apenas *freelancers*. Tenho de cuidar sozinho de todas as despesas. A única concessão que me dão é que eu poderei ganhar mais um cachê pequeno se escrever os capítulos "Meio ambiente" e "Guia da vida selvagem", que aparecem no início do livro. Os dois capítulos dobrarão o meu número de páginas e adicionarão algumas semanas extras de pesquisa em bibliotecas. Sim, parece ser um puta negócio atraente.

Então, estou fazendo isso pelo simples amor por viajar, como um *viajante independente dedicado*, ou seja lá como a Lonely Planet chama os seus autores? Sou um fornecedor altruísta de informações sobre viagens para os meus amigos mochileiros do globo? Estou fazendo isso para arranjar um jeito de transar? Julgando pelo meu adiantamento, com certeza não estou nessa por dinheiro.

– Três socos? – perguntei.

Caminhamos até o Meatpacking District e embarcamos numa jornada pelos bares em direção à zona norte, que terminaria por nos levar ao chão sagrado do Bellevue Bar em Port Authority.

– Ouça isso, cara. Ontem à noite, depois que enchi o saco de ficar um tempão na casa dela, decidi que precisava sair pra me divertir. Que droga nós faríamos? Ficaríamos a noite toda abraçados na cama? Ela tinha que trabalhar no hospital hoje de manhã, mas isso não é motivo pra ir pra cama às onze da noite.

– Verdade.

– Bem, como ela não quis sair, esperei até que dormisse, levantei da cama, me vesti e catei a nova colega de quarto dela, Amber, que estava assistindo à tevê na sala. Você já viu essa mina?

– Ainda não. Ela tem uns 22, não é?

– Sei lá, cara, só sei que ela é muito gostosa. De qualquer forma, a Amber tem andado deprimida porque terminou com o namorado da época de escola em Jersey, com quem estava junto desde os 7 anos. Ela acabou de se mudar para a cidade grande e precisa curtir um pouco a vida, e, caramba, estou aqui pra ajudá-la.

O Doutor faz uma pausa para cheirar casualmente uma carreira de cocaína sobre a ponta da chave do apartamento de Sandra. E continua:

– Bebemos tequila e Jägermeister para mostrar um pouco de Manhattan pra Amber, mas sem deixá-la muito distante de Jersey. Cruzamos o Chelsea. Ela falou alguma porcaria sobre não estar acostumada a beber durante a semana. Ela tem muito que aprender, mas, seja como for, é muito gostosa. Então, voltei cambaleando pro quarto da Sandra depois das quatro, não lembro exatamente a hora, vomitei dentro da gaveta aberta da cômoda e apaguei.

– Não espero menos de você, Doutor.

– De qualquer modo, acordei esta manhã com a minha namorada psicopata berrando em cima de mim. Ela estava toda vermelha, com as veias saltando ao redor dos olhos e no pescoço.

Isso estava longe de ser um acontecimento isolado. Durante quase quatro anos ela permitiu que ele fosse assim, passando as anotações das aulas às quais ele faltava e lembrando-o de compromissos dos quais ele fugia. Mas finalmente o Doutor havia cruzado algum limite que ninguém acreditava que existisse.

Ele prossegue:

– Mal conseguia responder. Só queria voltar a dormir e ficar sozinho por um tempo. Pensei que ela tinha ficado chateada por causa das roupas de trabalho que estavam na gaveta. Mas ela nem falou das roupas; ela queria saber se eu tinha traído ela com a Amber.

– E você traiu? – perguntei, sabendo que, mesmo fingindo ser um sedutor, ele era um monógamo sem coragem de pegar qualquer mulher que não fosse namorada de muitos anos.

– Não, cara, quer dizer... não estou dizendo que não tentei, mas você sabe... E falei isso pra Sandra, mas também mencionei que a Amber é uma puta mina gostosa, e isso me custou três socos na cara e uma batida de porta quando ela saiu.

– Você é o mestre da sutileza, meu amigo.

– Então eu me enrolei e voltei a dormir até que você me acordou com seu telefonema. A Sandra também ligou algumas vezes, mas eu apenas disse que ela é uma sádica e que tinha me deixado com um olho roxo. Aquela garota tem sérios problemas para administrar a raiva.

Não há uma marca sequer no rosto dele. Tomo uma dose de rum e o calor irradia pela minha garganta e por meu peito. Penetra o meu estômago. Minha visão fica turva como aquelas imagens de tevê com sombras e abro a boca à procura de um pouco de ar fresco.

Continuamos a percorrer todos os clássicos: Tortilla Flats, The Village Idiot (o melhor de todos), Hogs & Heifers, Passerby (que não estava tecnicamente aberto, mas cujo gentil zelador equatoriano deixou que completássemos nossos drinques desde que o pagássemos em dinheiro) e uma cadeia de inferninhos em North Chelsea com nomes tão medíocres e insignificantes quanto esses que citei. Nos primeiros bares, ainda mantivemos a garrafa de Captain Morgan sob a mesa entre os nossos pés, mas chegando a North Chelsea, decidimos que ela merecia ter seu próprio banco no bar. E ela ainda estava enrolada na sacola preta da *delicatéssen*. De repente, cheirar cocaína em público sobre a pele esticada entre o dedo polegar e o indicador parece ter se tornado uma atividade aceitável socialmente. Um terço do rum já tinha ido embora e os bares nos forneceram doses de tequila, copos de cerveja gelada e banheiros onde pudemos nos humilhar por completo. Agora, a última parada está diante de nós, o lar da bebedeira decadente da velha Manhattan no último bastião da mais pura imundície de Port Authority: o sempre glorioso Bellevue Bar.

A um quarteirão do Bellevue Bar, Sandra telefona mais uma vez para o Doutor e ele faz seu número de menino assertivo de porre.

– Não, não quero falar com você. Só quero falar contigo depois que se acalmar. Você me deixou com um olho roxo. É... um *puta olho roxo*. Você tem problemas. Tenho um congresso amanhã e agora terei que explicar pra cada um dos médicos e professores por que estou com um olho roxo. Você... você... me agrediu fisicamente. – Ele a escuta por um segundo e continua: – Não, não aceito as suas desculpas. Você deveria ver o que fez em meu rosto.

Entramos no paraíso sórdido da Nona avenida entre as avenidas 39 e 40. Eu me esparramo sobre uma cadeira de estofamento mofado, depois de checar se não há nenhuma seringa exposta ao redor das almofadas. O teto cintila fracamente com milhares de faixas de metal manchadas de fumaça. Alternamos entre grandes goles de rum, que agora parece apenas um xarope forte, e alguns copos de Budweiser choca. Da *jukebox* ouve-se o som de *Rambli'n man*.

O Doutor passa um tempo vomitando no banheiro antes de retornar com um largo sorriso.

– Agora estou bem de novo... Vamos deixar de ser mulherzinhas e ir fundo nesse negócio.

Julgando pelo sol na janela da frente, já estamos no fim da tarde. O salão começa a se inclinar e a escorregar em direção à rua. Minha visão embaralha todos os anúncios de néon de cerveja e meu pulso acelera e desacelera alternadamente. Minha cabeça é uma massa de carne paralisada, um bloco de presunto rosado de padaria, do nariz até a medula. A mandíbula e a língua presas ao meu rosto parecem ter desenvolvido personalidades ansiosas com vida própria. Minha língua roça pelos meus dentes, se enrola, desce pela bochecha e volta para trás.

Estou realmente neste bar por uma espécie de ato irônico consciente ou estou me enganando? Sinto-me mais como o mendigo inconsciente da esquina do que como um pirata fanfarrão. Meu diálogo interior se acelera em um jogo de gritos internos.

Estamos "tomando" Nova York ou somos apenas uma dupla de "tomados" bêbados?

Tomar Nova York? Ou tomados bêbados?

Tomar ou tomados?

Tomados tomados.

O que significa mesmo tomar Nova York? Os velhos bêbados no bar nem percebem que estamos aqui. Por que alguém se importaria com o que eu faço?

Não é isso o que eu quero – que ninguém se importe? Pelo menos parei de pensar na Sydney por enquanto.

O Doutor tem uma mancha cremosa de vômito na parte da frente da camisa e marcas da sujeira do chão do banheiro nos joelhos da calça.

– Tem certeza de que está bem? – perguntei.

– A pergunta é: *você* está bem? Dê-me algum crédito. Só estava fazendo as pazes com a minha namorada pelo telefone. Está tudo bem agora – ele declara, fedendo a vômito.

Ela havia nos convidado para uma festa com alguns de seus colegas de classe em um *loft* no Flower District. Ainda que o Doutor não tenha certeza de que já a desculpou completamente, vale a pena ir à festa porque haverá bebida de graça. Nesse ponto, é continuar ou entrar em colapso, e não seremos capazes de continuar somente com as nossas contas bancárias. Já gastei muito dinheiro e preciso de todos os dólares restantes para ter certeza de que poderei viajar para o Brasil. Assim como os fazendeiros franceses, precisamos de subsídios.

Ele me dá uma olhada rápida e checa o meu pulso, depois o pescoço. Posso sentir que estou suando; meus ossos tremem.

– Este homem precisa de outra bebida, IMEDIATAMENTE. – O Doutor se levanta e grita para ninguém e ao mesmo tempo para todos no bar: – Ele está se mudando para a Bolívia e precisa de tratamento especializado. Tenho medo de que possa ficar mais DOENTE, ou, *pior ainda*, SÓBRIO. PELO AMOR DE DEUS, ALGUÉM COMPRE UMA CERVEJA PRA ELE.

Ninguém vira o olhar para nós. O *barman* toma isso como uma deixa para se dirigir ao outro canto do bar e olhar pela janela.

Decidimos ir à festa. Fica a apenas vinte quadras. E após rum suficiente para diminuir o efeito do pó, somos novamente invencíveis. Policiais? Lei sobre garrafas abertas em público? Porte de drogas? Deixe que eles tentem me prender. Uma noite atrás das grades seria uma experiência definidora de caráter. Perdemos a sacola plástica e agora a garrafa é carregada abertamente, em todo o seu esplendor. Sou incapaz de beber e andar simultaneamente, de modo que paramos a cada dez passos para tomar um gole de Captain Morgan. Realmente preferiria uma boa tequila, talvez uma Havana Club Añejo Reserva, mas o Captain Morgan dará conta. De qualquer modo, a essa altura, mal consigo sentir seu sabor.

A cerca de meio caminho da festa, o Doutor vira-se para mim e suplica com uma voz séria e serena:

– Thomas, você sabe que eu normalmente não lhe pediria isso, mas preciso de um grande favor...

– Mano, estou quebrado. Viajo amanhã. Não posso gastar mais dinheiro.

– Não, cara... Não preciso de dinheiro. Preciso que você me deixe com um olho roxo.

– Na sua cara?

– Onde mais você me deixaria com um olho roxo? Escute, estou numa situação péssima. Ela vai achar que sou um mentiroso se chegar a essa festa sem pelo menos um olho roxo.

– Nunca.

– Faça isso por mim, como um favor de amigo. Como um favor para seu *melhor* amigo. É um pedido de um profissional da medicina.

– Nunca, seu filho da mãe depravado.

Ele não deixa por menos – nunca deixa nada por menos. A cada quadra de nossa caminhada, o Doutor se vira para mim e me pede para socá-lo.

– Apenas faça – ele me repreende. – Não seja uma mulherzinha. Vem cá, seu babaca. Eu pago você. Prometo. Faça-me esse favor. Ajude seu amigo. Lembra o quanto *eu* ajudei você quando aquela mina hipocondríaca o acusou de passar herpes pra ela?

Na verdade, ele havia mais debochado de mim do que me ajudado, portanto, sabia que essa provocação receberia uma boa resposta.

Depois que recuso pela oitava vez, ele dá um cruzado trêmulo no próprio olho direito. É uma tentativa corajosa, mas não deixa nenhuma marca. Conforme viramos a esquina diante do apartamento, eu me canso das suas súplicas e sou tomado por uma mistura de pena, confusão e raiva. É agora ou nunca.

Tomo um gole de rum, um passo para trás, e lanço meu punho direito em seu rosto. A cabeça do Doutor gira para o lado e ele cambaleia para a frente, caindo sobre os joelhos e afundando o rosto nas mãos. Escuto um gemido baixo e come-ço a pedir desculpas. Não tenho certeza de que ele está realmente machucado ou somente rindo. Ele volta a ficar de pé, gritando:

– VOCÊ NÃO ACERTOU MEU OLHO, SEU RETARDADO DE MERDA.

Recuo dois passos.

– Cara, sinto muito. Cara, não estou acostumado a socar a cara dos meus amigos... – Preparo-me para brigar, mas então adoto uma outra estratégia. – Sério, acho que está bem perto. Vai funcionar.

– Melhor que nada, acho. Obrigado, BABACA – ele diz.

Passo a garrafa para ele; toma um bom gole e deixa que ela escorregue de sua mão, espatifando-se na calçada. O Doutor vira-se para admirar seu reflexo no retrovisor de um caminhão estacionado.

– Tem certeza de que vai funcionar?

– Parece bem verdadeiro – minto. Está bem mais vermelho do que roxo, mas tem potencial. – Além do mais, o que ela sabe sobre traumas faciais? Ainda está na residência para se tornar cirurgiã ortopédica, certo?

– Bem lembrado. Mas, seja como for, sei como lidar com isso. Confie em mim.

– Confiar em você? Isso é problema seu, cara. Fiz minha parte. Podemos beber agora?

– Certo. Te devo uma.

É com isso que estou preocupado.

Subimos as escadas até o vasto espaço comercial transformado em apartamento. Felizmente, o lugar é grande o suficiente para que eu possa me manter distante do Doutor e de Sandra. Um rápido pensamento sobre a psicologia por trás disso tudo me deixa enjoado. Vou direto para a geladeira e fico feliz ao preparar um drinque em um copo com gelo para mim. Não há rum... era de esperar. Acho que é hora de mudar para vodca.

– Tá vendo? Tá vendo o que você fez, Buster Douglas? – escuto o Doutor chamando a atenção de Sandra.

– Sinto muito. Sinto muito mesmo – ela lamenta.

– Tudo que fiz foi tentar ser hospitaleiro com sua pobre colega de apartamento e apresentá-la a Nova York, e você fez isso comigo. Bem, muito obrigado, Laila Ali.

Ele a apanhou em um golpe emocional e irá saborear a vitória. Minutos depois, eu o vejo pegando umas notas de vinte com ela para ter fundos para a próxima parte da noite. A culpa, aplicada apropriadamente, pode ir bem longe. Sinto-me bem mal por ser cúmplice disso tudo, mas não tão mal a ponto de rejeitar o dinheiro ou de encerrar a noite.

Gostaria de poder relatar as façanhas da noite durante e após a festa, mas os detalhes são nebulosos. Sei que ficamos na festa por muitas horas e, durante a maior parte do tempo, tentei evitar o Doutor e a namorada. Não acho que a cocaína tenha sido suficiente para aquela balada repleta de universitários e suas narinas sedentas. Em dado momento, no entanto, minha tartaruga de álcool ultrapassou a lebre de cocaína. Eu raramente desmaio, mas perdi algumas horas lá. Então alguém enfiou um Red Bull na minha boca que me tirou do torpor. Agora estamos na fila de um clube *lounge* pseudochique do SoHo, originalmente batizado com o número de seu endereço.

Todos nos abandonaram. Havia mais gente conosco antes? Fito a ponta dos meus sapatos e tento deixar o corpo estável enquanto termino o Red Bull. O Doutor, ainda com a mancha de vômito na camisa havaiana, está conversando com um cara que ele parece conhecer de Los Angeles e que controla a portaria do lugar. O *promoter* tem sobrancelhas finas aparadas e está com um chapéu de beisebol esculpido em vime, o que o faz parecer um fã andrógino de críquete. E mais: esta noite, ele decide quem é rico ou moderno o suficiente para entrar no clube. São quase quatro da manhã e nós precisamos entrar logo nesse lugar ou pegar mais bebida no mercado. Não há mais ninguém na fila e provavelmente ninguém dentro do clube. Escuto o Doutor contar a história de como sua namorada lhe deixou com o olho ou a bochecha roxa depois que ele habilmente seduziu sua nova colega de apartamento. A colega de apartamento repentinamente se transforma em uma aspirante a modelo australiana – menos, amigo.

Não, nós não estamos com um sapato de couro apropriado para o lugar, mas somos o máximo da moda arrojada e independente. Nossa aparência desalinhada está além de intencional. Somos seres futurísticos genuinamente livres das preocupações estéticas dos nova-iorquinos mortais. O Doutor passa a última nota de vinte para seu amigo e faz um trato de que nós entraremos desde que peguemos uma mesa, o que exige o consumo de alguma garrafa de bebida.

– Aquele cara é um bundão. Caiu na minha conversa. Quer rum ou vodca? – o Doutor berra, mais alto que a *house music* bombando.

Somos levados para um camarote forrado de couro nos fundos do lugar. Ainda é difícil dizer se há mais alguém no clube. Tenho certeza de que duas mulheres solteiras altamente atraentes estão por perto, esperando encontrar homens como nós; homens que não seguem convenções; homens que chegaram aos 30, mas que têm a coragem e a visão para começar a beber logo depois do café da manhã de uma quinta-feira. Não é quase obrigatório que uma mulher deva dormir comigo na noite anterior da minha partida para a América do Sul? Talvez eu possa dizer a ela que me tornarei um escritor. Mesmo sem um Pulitzer ou uma experiência significativa como autor, estou prestes a fazer uma espécie de híbrido entre escrever e coletar dados. De qualquer modo, falarei a ela que estou prestes a publicar e a caminho do Brasil, e então ela entenderá a importância dessa oportunidade única e passageira de fornicar comigo.

– Rum, vodca, tanto faz. Mal consigo enxergar. Que horas são mesmo?

São 3h25 da manhã, de acordo com o celular dele.

A garçonete chega à mesa e o Doutor berra:

– Uma garrafa de rum para mim e para o meu paciente... Consegue ver que estou desesperadamente tentando salvá-lo de si mesmo?

Ela concorda com a cabeça e sai. É tudo negócio.

O Doutor se inclina para a frente, o pescoço mal conseguindo suportar a cabeça.

– Tomarei conta disso. Meu... meu... hã... meu empréstimo escolar já está em 200 mil dólares, então o que são mais alguns trocados? Ah, dane-se, agora vou ficar mesmo... mal.

A garrafa custa 200 dólares. Mais o serviço obrigatório de 25%. Como não parecemos muito confiáveis e é quase hora de fechar, eles trazem a conta junto com a garrafa.

O Doutor dá o seu cartão de crédito à garçonete e vai ao banheiro vomitar mais um pouco. As luzes começam a se acender no bar, um brilho suave primeiro. A garçonete retorna, acompanhada de um enorme leão de chácara, para me dizer que o cartão foi recusado. Peço que eles esperem meu amigo ou que me deixem ir buscá-lo no banheiro, mas não há nem espera nem acordo nessa situação. Pego meu cartão de crédito e sinto-me dando mais um passo em direção à completa ruína financeira e me tornando um dos velhos bêbados do Bellevue Bar. Estou agindo sem margem de segurança e não há espaço para erros. O leão de chácara fica de pé ao lado de nossa mesa enquanto a garçonete processa a transação.

O Doutor volta cambaleando do banheiro e coloca os óculos escuros, uma vez que agora as luzes estão totalmente acesas.

– Vamos pro Vynil... não, certo, o Shelter então. – Ele grunhe as palavras e cambaleia para trás. Eu lhe devolvo seu cartão de crédito sem valor e tento explicar a situação da conta, mas ele não responde mais. Retiro os óculos escuros e vejo seus olhos revirarem para trás como uma máquina caça-níqueis de Atlantic City.

Os seguranças começam a limpar o clube. Não há a menor chance de eu largar uma garrafa de rum de 250 dólares (18,99 em uma loja de bebidas) ali. Eu a escorrego para dentro da calça, aperto o cinto de modo a segurar o gargalo da garrafa e saio andando pela porta da frente. Em cinco minutos, o Doutor é ejetado pela porta lateral por um dos leões de chácara.

Grito com ele enquanto se levanta, embora eu pudesse estar gritando com o hidrante ao meu lado ou com a parede de tijolos atrás de nós que daria no mesmo. Ele olha através de mim como se estivesse fitando algum ponto de fuga no fim da rua.

– Não imaginava que chegaria a esse ponto, mas teremos que tomar medidas drásticas. – Ele começa a babar. Com isso, dá um soco desajeitado em meu pomo de adão.

A adrenalina percorre a minha cabeça, as pontas dos meus dedos das mãos e dos pés. Ela se concentra em uma bola de raiva no centro do meu peito. Eu me transformo em um guerreiro escandinavo, incontrolável em minha ira. Meu ódio, exacerbado por tudo, por minhas derrotas profissionais e minhas falhas de relacionamento, é canalizado para fora, através dos meus punhos, em direção à cabeça grande e loira do Doutor.

Aproximadamente uma dúzia de socos são trocados e os dois levam uma baita surra. Os golpes não fazem aqueles estalos secos da televisão e dos filmes, mas sons surdos de osso batendo em carne e osso batendo em osso. A garrafa cai e se espatifa em grandes cacos. Eu mando dois ganchos certeiros em sua cabeça – e até mesmo um cruzado de esquerda que foi aprimorado em minha fantasia de um dia socar meu ex-chefe Allen. O Doutor cai para o lado e depois se encolhe. Mesmo prostrado, continua a me xingar. Fico de pé ao lado dele, punhos cerrados, sobre uma poça de rum derramado.

Não quero saber aonde essa situação ainda pode chegar e estou mais do que satisfeito em reconhecer que esse é o fundo do poço. Começo a andar; tenho um avião para pegar. De repente, o Doutor já está de pé me perseguindo. Eu corro. Corro como costumava correr quando os policiais nos perseguiam nas festas de bebida da escola ou quando, na infância, meu amigo Greg e eu jogávamos bolas de neve nos carros de homens frustrados de meia-idade. Após uma ou duas quadras, olho para trás e o Doutor está fora de vista. Melhor assim; melhor terminar aquilo antes que algo realmente ruim aconteça.

Acordo de rosto virado para baixo, com um líquido marrom grudento ao redor das minhas orelhas, bochechas e nariz. Está espalhado pelo chão à minha volta. Fico aliviado ao encontrar uma caixa vazia de um litro de achocolatado em minha mão direita. É aquele troço orgânico com baixa gordura e baixos níveis de açúcar. Leite integral achocolatado faz muito mal.

Depois de retomar a compostura para andar pela rua até o orelhão, chamo o serviço de limusine de meu ex-empregador.

– Sim, precisaremos de um serviço pra esta ocasião, sim, com um bar completo... É, meu nome é Dan Fielding, Esquire, sim, F-I-E-L-D-I-N-G, número da conta: 7-7-7-5-2-4.... Sou novo na empresa, é a primeira vez que uso o seu serviço... É, é por isso que não estou no banco de dados... Não, este não é o número do meu escritório... Não, também não é um celular. Estou cumprindo uma tarefa especial, confidencial, pra diretoria da empresa. Questões de segurança nacional... Não, não me pegue no escritório, pegue-me na esquina da Houston com a avenida C em uma hora.

O motorista hesita em me deixar entrar ao encontrar um bêbado em farrapos, cheirando vagamente a leite azedo, com nada mais do que uma mochila e de pé na esquina, mas ele não faz muitas perguntas, já que o número da conta da firma é legítimo. Tento convencer o motorista a beber comigo, mas ele recusa. É contra a sua religião.

Um Vicodin seguido de uma bebida gelada diminui a minha ressaca e a minha consciência. Observo o sol morno e cinzento da manhã enquanto passamos pela ponte Williamsburg em direção ao Brooklyn.

Ao esperar pelo meu voo no aeroporto JFK, sinto vontade de telefonar para Sydney, mas decido ligar para o Doutor para saber se ele já está sóbrio. Ele atende ao telefone com uma estranha mistura de prazer e choque:

– Cara, estou no hospital agora, só tenho um segundo pra falar.

– Não sabia que você tinha que trabalhar hoje.

– Não, cara, estou no hospital. Estou na droga da UTI... como paciente.

– Não soquei você tanto assim, não é?

– Você me socou? *Mesmo?* Bem, de algum modo, quase perdi o dedo polegar.

Ele não se lembra de nada. Teria sido a garrafa quebrada, uma briga de facas, ratos do esgoto, arame farpado, um simples tropeção enquanto ele me perseguia pela rua? Nunca saberemos. Mas ele não me culpa.

Todos os meus barcos encalharam e não posso dizer que tenho qualquer sensação de realização. Talvez as pessoas precisem de apoio e estrutura social. Será que tenho romantizado a minha necessidade de escapar das péssimas escolhas que fiz? Talvez precisemos viver dentro das normas sociais, uma vez que elas são realmente vantajosas para nós. Eu provavelmente deveria abrir uma loja em alguma cidade agradável, conseguir um emprego agradável e me cercar de amigos agradáveis, de uma namorada agradável, e ter uma vida agradável.

Fito o longo corredor acarpetado do JFK, todos andando de um lado para o outro, todos em uma zona-limite, andando sozinhos e às vezes em duplas: dirigem-se para casa; dirigem-se para o exterior.

Estou apavorado. Estou exultante. Estou livre.

3
DESVIO DE ROTA

60 DIAS PARA O PRAZO FINAL

Embora eu não tenha a menor ideia do que farei para este guia, não sou inexperiente em viagens internacionais e conheço bem o universo dos mochileiros. Meus pais eram obcecados por viajar e percorreram o mundo todo durante dois anos e meio logo depois de se casarem, em 1967. Anos depois, em Seattle, minha mãe tornou-se professora escolar e meu pai foi contratado como fotógrafo da Universidade de Washington, de modo que ambos tinham certa flexibilidade durante o verão. E eles levavam meu irmão James e eu para viajar durante boa parte do período de férias.

Vivíamos modestamente na zona norte do University District, onde ele se transformava em Lake City, uma área mais pobre que abrigava principalmente concessionárias de carros usados e galpões de armazenamento. Éramos a única família que eu conhecia a ter um aparelho de televisão preto e branco e andávamos em um trailer laranja cujas janelas laterais eram cobertas por adesivos fofinhos do *Cavaleiro solitário*, seriado da década de 1950, e de robôs japoneses. Não éramos pobres, mas definitivamente não éramos ricos. Apesar disso, meus pais sempre davam um jeito de levar meu irmão e eu para a estrada. Pelo que me recordo, fizemos viagens de carro durante todo o verão pelo Canadá e pela Europa, e até passamos pelo norte da África algumas vezes. Viajávamos de carro, navio, trem e camelo – perambulando por cidadelas marroquinas, dormindo em albergues nas montanhas suíças, acampando próximo ao Mediterrâneo e alugando casas em vilas de pescadores croatas.

A primeira vez que viajei sozinho foi aos 17 anos. Trabalhei no Festival Folclórico dos Pirineus em Jaca, na Espanha, a alguns quilômetros da fronteira com a França. Fiquei hospedado em um quarto estreito de albergue com mais três colegas: Carlos, um guitarrista espanhol que fazia uma parada durante sua peregrinação pelo Caminho de Santiago; outro espanhol, Diego, grande fã do Morrisey, cujo cabelo era igual ao do cantor, além de insistir em fazer a sesta pelado e pedir à mãe que depilasse suas axilas; e Josef, de Munique, um cara com rabo de cavalo que viajava por toda a Espanha em uma ambulância da década de 1960 que parecia ter saído do filme *Caçadores de fantasmas*. Ela havia sido reformada: tinha *futons*, cartazes de Buju Banton e de Claudia Schiffer, e era abarrotada de *mountain bikes* e pranchas de windsurfe.

Minha função, como voluntário oficial do Festival Folclórico dos Pirineus, era traduzir a programação diária dos eventos do festival para o inglês e lê-la pelo sistema de alto-falante da cidade. O equipamento de som ficava em uma minivan estacionada ao lado da praça Municipal. No primeiro dia, eu com minha melhor voz de locutor: "Hoje, às nove da noite, na praça Municipal, haverá um grupo *mariachi* representando o México, seguido de uma banda escocesa de gaita de fole às dez, percussionistas de Gana...". Estava indo bem até olhar pela janela da minivan e perceber as pessoas parando na rua, virando o pescoço para ouvir aquela estranha voz estrangeira que saía pelos alto-falantes pretos. Perdi completamente a calma, engasguei as palavras, e tive de pedir desculpas e começar de novo com as mãos trêmulas e suadas.

Com o tempo, o trabalho ficou mais fácil, meu espanhol melhorou dramaticamente e eu fiz algumas grandes amizades. As noites eram repletas de festas barulhentas com gente do mundo todo, seguidas de sangria em pequenas bodegas, café da manhã ao nascer do sol e, após, cama por algumas horas antes de voltar ao trabalho. No final do verão, cruzei a Espanha na ambulância com Josef, uma garota francesa chamada Anne, uma húngara chamada Érika e outra amiga bávara chamada Susanne. Paramos em pequenas cidades medievais e acampamos fora de Barcelona. Nem é preciso dizer que depois desse verão foi difícil retornar à escola norte-americana, com as leis que proíbem bebidas para menores e multidões de adolescentes se amontoando ao redor de barris clandestinos de cerveja. Algo havia mudado em mim – para sempre.

No final do penúltimo ano da faculdade, estava em uma encruzilhada. Depois da Espanha, viajei em todas as ocasiões que pude. Estudei em Buenos Aires por um semestre, e aquele foi meu último grito de liberdade antes de me lançar em uma carreira sensata. Estava me qualificando em Estudos Legais e Governamentais. Havia acabado de conseguir um A em Direito Constitucional I, e havia arrumado um estágio em Direito em Bay Area. Estava pronto para investir nisso quando me falaram sobre uma vaga como guia de alunos norte-americanos do ensino médio que fariam uma espécie de trabalho voluntário na América Latina durante o verão.

Praticamente não havia salário ou qualquer possibilidade de crescer profissionalmente, mas havia uma passagem de avião grátis e eu poderia permanecer no país depois que os alunos voltassem para casa. Não foi um engajamento desinteressado nem da parte dos alunos, nem da minha – a maioria dos garotos queria comprovar algum tipo de trabalho comunitário em sua solicitação de ingresso nas universidades americanas. Eu queria continuar viajando.

Poderia escrever um livro inteiro sobre minhas experiências como guia daqueles grupos ao longo dos três verões seguidos em que trabalhei na Costa Rica e no Equador. Seja como for, acabei me distanciando ainda mais de alguma escolha profissional sensata que um dia eu pudesse ter imaginado. Continuei a emendar uma viagem na outra, com pequenas pausas para visitar a família e tentar ganhar dinheiro a fim de viajar mais.

Percebi que eu me destacava como viajante. Era um especialista nisso, se é que podemos chamar assim. Talvez tal habilidade seja tão útil no "mundo real", o mundo profissional, quanto ser bom na mesa do bar ou na cama, mas foi algo que veio facilmente para mim; era uma capacidade da qual, apesar da facilidade, eu me orgulhava.

A transformação de guia de alunos e desbravador de estradas em uma forma embrionária de autor de viagem foi surpreendente e repentina. Estava na Índia hospedado por um mês na casa de uma família e visitava o meu irmão, que na época fazia intercâmbio para estudar Arqueologia na cidade de Madurai, no sul do país. Eu morava com um gentil casal de octogenários. O pequeno homem, que não tinha mais que 1,60 metro, havia sido diretor regional de criação de animais e me divertia com suas histórias sobre cirurgias sem anestesia em elefantes. Tudo era excelente em relação à família, exceto que eles iam para a cama às oito e meia da noite e trancavam todos os portões da casa por volta das oito. Normalmente vou dormir entre uma e três da manhã, de maneira que lá terminei com uma enorme quantidade de tempo livre. No meu quarto não havia nada além de uma lâmpada e uma cama. Eu tinha três livros: *Lonely Planet Índia*, *Um estranho no ninho* e *A praia*. Li cada um deles da primeira à última página – algumas vezes. Ficava acordado fumando maconha e imaginava o que aconteceria comigo em um futuro distante.

Enquanto folheava a lista de publicações ao final do *Lonely Planet Índia*, notei que eles possuíam apenas um único livro de frases para todo o espanhol da América Latina. Depois da estadia na Costa Rica, havia aprendido que o espanhol da América Central e o espanhol da Argentina, por exemplo, eram línguas praticamente diferentes. Tive a ideia de escrever um livro de frases específico para o espanhol da Costa Rica (completo, com gírias usadas no surfe, nas paqueras e na noite). Não tinha grandes ambições para o livro de frases; até pensei que ele pudesse ser uma seção extra no guia sobre a Costa Rica. Meu verdadeiro intuito era arranjar dinheiro suficiente para fazer outra viagem antes de finalmente encarar uma carreira profissional ou talvez voltar para a universidade. Contatei a Lonely Planet por meio do e-mail de atendimento ao consumidor e, dentro de algumas semanas, vendi o livro para eles de um cibercafé em Tamil. Acabara de completar 23 anos.

A negociação levou bastante tempo. Era 1998. Só finalizamos o contrato no início de 1999, e eu retrabalhei o livro ao longo da primavera de 2000. A economia crescia rapidamente naqueles anos. As pessoas tinham diversas fontes de renda disponíveis e os editores de guias de viagem não conseguiam produzir livros tão rapidamente. A Costa Rica despontava como o destino do momento, e deixava de ser um local visitado somente por surfistas e biólogos para tornar-se o ponto turístico preferido dos norte-americanos na América Central. Acho que se hoje em dia eu enviasse um e-mail semelhante para a seção de atendimento ao consumidor, provavelmente não receberia resposta alguma, muito menos uma proposta de publicação.

Mas naquela época, a Lonely Planet era uma pequena empresa em expansão. Estava explodindo com ideias e possibilidades, mas também parecia ser inchada e ineficiente – uma adolescente atrapalhada que ainda não estava no pleno comando do seu recém-adquirido tamanho. Ainda mantinha a personalidade alternativa dos primeiros anos, mas claramente não era mais um negócio caseiro. Enquanto eu me recusava a fazer uma tradução de *Onde posso encontrar uma clínica com metadona?*, eles insistiam que o livro tivesse traduções para frases como:

Você vende seringas?

Eu uso (cocaína) ocasionalmente.

Por favor, não pare!

Você não pode dormir aqui hoje à noite.

O projeto todo sofreu com ineficiências enlouquecedoras, problemas de comunicação com os editores na Austrália, atraso no pagamento e incompreensíveis sistemas de formatação. Colocar um dicionário manualmente em ordem alfabética foi uma das coisas mais tediosas que fiz em toda a minha vida.

Apesar dessas questões, o livro tornou-se um grande sucesso. "Uma aposta bem-sucedida" foi o título de um e-mail que celebrava o livro cuja cópia o editor me enviou depois. No outono de 2000, a Lonely Planet me ofereceu a chance de começar a escrever para seus guias de viagem, mas eu já tinha começado o mestrado em Estudos sobre a América Latina. O Departamento Norte-Americano de Educação havia me oferecido uma bolsa integral, mais ajuda de custo, desde que eu estudasse português. Escrever sobre viagens parecia ter sido um passatempo da juventude e optei por investir no meio acadêmico e finalmente entrar no mundo profissional dos adultos.

Alguns meses antes de ir para o Brasil, enquanto eu evitava o trabalho que precisava realizar para os investidores-abutres e meus analistas vigaristas favoritos, enviei um e-mail para a Lonely Planet dizendo que teria interesse em voltar a escrever algo. Não foi uma resolução séria; tratava-se mais de uma fantasia escapista. Tinha esquecido que já os havia contatado antes ao receber um telefonema casual do escritório na Austrália sugerindo que eu escrevesse um capítulo-teste para ver se eu era capaz de fazer os guias de viagem deles. Passei algumas noites escrevendo sobre o meu bairro, Alphabet City, certificando-me de que o teste estava dentro do limite de palavras, e enviei. Mais tarde me disseram que o teste estava de acordo com os padrões exigidos, mas depois não recebi mais notícias deles. Então, de repente, surge a oferta para o Brasil e eu passo algumas semanas tentando mudar completamente de vida.

A fim de me preparar para essa nova escolha profissional, comecei a ler uma seleção de literatura contemporânea sobre viagens. Algo que eu sentia que deveria fazer: pesquisar material para ter uma inspiração apropriada. Devo ter lido ou folheado cerca de duas dúzias de livros diferentes, e devo admitir que a maioria não me disse nada. A maior parte dos livros de viagem se divide em três grupos básicos:

1. Existem os escritores sérios que são iluminados ao ter contato com a vida simples e honesta dos camponeses mexicanos ou com a tranquilidade do interior da Toscana. Uma abordagem mais holística da vida é descoberta e o universo se equilibra. Para aproveitar apropriadamente esse tipo de leitura, você deve estar vestido com uma camiseta de dizeres ecológicos, bebendo café comercializado honestamente e relaxando ao som de um CD de *world music* de Putumayo.

2. No lado oposto do espectro estão os escritores convencidos que zombam de como o transporte e o encanamento em qualquer lugar fora da América do Norte são atrasados. *Aqueles estrangeiros são tão bizarros, assim como os seus banheiros! Isso não é hilário?* Com um verniz de exotismo estrangeiro, preconceitos mesquinhos e um humor de banheiro de quarto ano escolar ganham a chance de expor suas vidas bem-humoradas. Nas próximas férias, deveriam experimentar Orlando ou Long Island, já que ambos são repletos de carros novos e toaletes funcionais com papel higiênico macio de folha dupla.
3. Por último, mas não menos importantes, estão os escritores "Charles Bronson", que tentam escalar montanhas sem contar a ninguém para onde estão indo, são forçados a amputar os membros com um garfo e depois esperam que admiremos o triunfo do espírito humano. São tão dominados pela emoção que deveriam escrever um livro sobre isso.

Paul Theroux uma vez disse que livros sobre viagens são de fato sobre as pessoas que viajaram, portanto, talvez eu apenas não consiga me relacionar com os escritores contemporâneos. Existem outras coisas lá fora. Coisas melhores. Clássicos. Existe Chatwin. Existem outros: Hemingway e Kerouac; ambos podem ser considerados autores de viagem.

Tudo que eu poderia desejar era ser igual a Chatwin, Hemingway ou Kerouac (exceto pela Aids, o ferimento por um tiro autoinfligido e a bebedeira até a morte). Eles eram verdadeiros escritores se reconciliando com a batalha das pessoas, com a história viva, com os desafios de sua geração – tudo isso enquanto refletiam sobre a condição humana universal com nada menos que um jornal, um drinque e uma caneta na mão.

Minha situação não chega nem perto da experiência de Chatwin, Hemingway ou Kerouac. Serei um escritor estreante de guias de viagem e, na melhor das hipóteses, um personagem secundário em um romance de Carl Hiaasen ou Elmore Leonard. Isso não significa que não esteja encarando esse projeto com seriedade. Sou muito sério sobre isso. É a minha grande oportunidade na Lonely Planet, minha chance de fazer algo grande, de influenciar outros viajantes. Arrancarei a vida desse projeto com minhas próprias mãos. Aprenderei sobre hotéis, restaurantes e itinerários de ônibus, mas farei isso de um jeito que contribuirá para que todos nós entendamos um pouco melhor a humanidade e seus desejos e necessidades comuns. Meu trabalho poderia até favorecer as relações internacionais e ajudar os países em desenvolvimento.

De qualquer maneira, esse é o plano.

Minha primeira manhã no Rio. Estou nu, deitado sobre uma cama estreita, enquanto minha vista volta a se focar. O ventilador de teto gira vagarosamente, fora do eixo. A pintura descasca junto das manchas cinzentas de bolor. Esta não é Alphabet City. Um monte macio de espuma se estende para fora do rasgo na superfície do colchão revestido de vinil. Meu rosto está cercado por um emaranhado de cabelo loiro suado – cabelo loiro unido a uma mulher em estado catatônico. Passo o braço sobre a pele pálida, sentindo um toque pegajoso. A umidade tropical sobrecarrega o quarto e os raios de sol do final da manhã atravessam as venezianas de madeira. Mesmo nesse horário, é uma radiação genuína, cruel.

Meu cérebro está inchado demais para ficar dentro do crânio – o sangue pulsa em seu interior, pressiona meus tímpanos, mas nem uma gota parece sair. Não aprecio muito momentos como este, após uma bebedeira prolongada. Faço algumas inspirações profundas, controladas, e minha mente começa a retomar força. O lençol surrado foi chutado para o chão. Ao lado dele estão duas camisinhas usadas, com uma fileira de formigas vermelhas correndo para dentro e para fora, saindo da toca por alguma rachadura no chão de cimento. Concentro-me no zumbido silencioso daquele trabalho frenético.

A mulher nua ao meu lado é Inga: uma aeromoça da Lufthansa cuja vida cruzou com a minha em algum local entre o aeroporto JFK e o Rio. Estamos próximos da praia de Copacabana. Os assuntos da discussão regada a cachaça da noite anterior incluíram planos futuros para visitar a cabana de sua família nos Alpes, a união saborosamente excêntrica entre uma aeromoça e um escritor de viagem, e a importância de criar filhos bilíngues, particularmente para falarem alemão e inglês. Se não é amor, está bem no caminho de se tornar um, ou pelo menos nós dois tentaremos manter as aparências por mais um ou dois dias.

Preciso jogar aquelas camisinhas fora agora. Fizemos um progresso significativo tentando elevar um pouco nossa experiência de sexo barato. Insetos e sêmen não contribuirão com a nossa ilusão.

As pessoas, quando deslocadas de seu ambiente costumeiro, podem se libertar de noções preconcebidas de comportamento. No exterior, aquilo que anteriormente era inaceitável pode se tornar comum. Aquilo que era normal em casa pode ser tomado como algo ultrapassado. Não há nada de "Em Roma, faça como os romanos". As pessoas, de fato, tendem a fazer do jeito que sempre quiseram fazer – ninguém (pelo menos ninguém que verão de novo) está observando ou julgando, e elas têm permissão para recriar a própria realidade.

Quando um ser humano está fora do seu hábitat natural isso também afeta sua percepção do tempo. Os sentidos são inundados com novos estímulos, cheiros e sons. O fluxo de detalhes novos, com frequência chocantes, deixa-nos mais parecidos com crianças de olhos arregalados do que com adultos entediados. Há mais concentração, reconhecimento e apreciação dos detalhes durante o dia. Sem apego a um lugar e sem base de referência, as relações e os planos podem se hiperacelerar. Novos melhores amigos são feitos e depois nunca mais vistos. Romances se desenvolvem com a velocidade de um ônibus espacial *Challenger*. Para a minha geração, a primeira que passou a ter um computador em casa e que considera os videogames um passatempo normal da infância, a vida na estrada é uma das poucas coisas que realmente supera a nossa tolerância aos estímulos e nos choca com o aqui e o agora.

Como no caso de Inga. Eu não pretendia terminar aqui com ela, nem ela pretendia terminar aqui comigo. Essa é a natureza imprevisível da viagem. Ela tinha planos de vir ao Rio com seu ex-namorado, que era copiloto.

– Todas as jovens aeromoças querem os copilotos – ela me contou. – Os pilotos são muito velhos e já passaram anos fazendo sexo com várias aeromoças.

Mas ela descobriu que o seu copiloto estava bem próximo de receber o brevê, uma vez que já possuía uma namorada em cada rota. Declarou que aproveitaria sua viagem independentemente dele e queria "cair na balada" no Rio. Aqui ela é uma nova mulher.

O senso comum diria que nossa relação é casual e fugaz. Por que então conversar sobre crianças bilíngues e visitas à sua família na Áustria? Gostaria de acreditar que foi tudo uma sedução otimista, resultado da excitação e da intoxicação sexual – nenhum tipo de fraude calculada por nenhuma das partes. Duas pessoas que acabaram de sair de relacionamentos são uma combinação incendiária. Nessa condição, algumas pessoas conseguem se tornar completamente casuais em relação a sexo casual, mas talvez nenhum de nós se encaixe no perfil.

Eu sustentaria que o sexo é um objetivo razoavelmente fácil; a intimidade e o amor é que são bem mais difíceis de encontrar. Além de serem bem mais perigosos do que um simples ato sexual. Minha conexão com Inga pode ser tão próxima da verdadeira intimidade como uma luta profissional é da minha experiência de socar a cara do meu melhor amigo, mas, de qualquer forma, parece ser a coisa certa a fazer – pelo menos, por enquanto.

Começou muito inocentemente. Ela tirava alguns dias de férias em Nova York antes de viajar para o Carnaval. Nós nos encontramos enquanto esperávamos para embarcar no JFK, e eu não a vi mais até a hora de pegar a bagagem no Rio. Ela é alta e esbelta, e tem a aparência limpa e saudável de uma juventude passada no ar fresco e nas montanhas verdes dos Alpes. Na verdade, ela nasceu e foi criada em Viena, mas todas as minhas noções preconcebidas sobre os austríacos envolvem caminhadas, jogos de inverno e Red Bulls.

Batemos um papo descontraído sobre viagens enquanto esperávamos nossas mochilas serem paridas da barriga do avião e reaparecerem na esteira do aeroporto. Logo, ela me contou que não havia planejado fazer a viagem desacompanhada; que, como aeromoça, estava sempre fazendo tudo sozinha, em horários diferentes do resto do mundo. Essa viagem deveria ser diferente.

– E você? – ela perguntou. – O que aconteceu com seu rosto?

Minha mandíbula estava tão inchada que eu não conseguia morder direito.

– Frustração mal direcionada, eu acho... provavelmente a minha mesmo – respondi.

Felizmente sua mochila apareceu na esteira antes que eu precisasse me explicar mais. Ela passou pela multidão, agarrou a mochila e me acenou um adeus.

– Talvez nos vejamos por aí – ela falou.

As horas conspiravam contra o meu prazo final. Não havia tempo para distrações. Precisava pegar um voo para Recife ou Fortaleza nas próximas duas horas, se possível. Inga e eu nos separamos de modo sem graça. Não nos abraçamos. Nem apertamos as mãos.

Minha mochila foi uma das últimas a aparecer na esteira de bagagem. Decidi procurar com rapidez um caixa eletrônico no aeroporto antes de tentar arranjar um voo para o Nordeste. No caixa, encontrei Inga de novo. Estava desesperada por não conseguir retirar nenhum real.

– Tive vários problemas em Nova York com este cartão, mas pensei que já estava resolvido – ela disse. – Não sei o que fazer.

– Bem, podemos resolver isso. Vou pegar um táxi pra Copacabana ou Ipanema. Você pode pegar uma carona e tentar outros bancos quando chegar lá. – Senti as palavras saírem da minha boca enquanto meu cérebro ainda tentava justificar a decisão.

Fez sentido dividir um táxi – decisão inteligente, responsável e, ouso dizer, gentil. Além disso, uma noite no Rio me ajudaria a relaxar um pouco, a me acostumar com a ideia de estar no Brasil e de ser um autor de guias de viagem. Chegaria descansado ao Nordeste e estaria pronto para começar o trabalho. No Rio, poderia começar a desenvolver a versão mais nova e aprimorada de mim mesmo: fazendo cada coisa de uma vez, metodicamente, como mamãe sempre sugeriu.

Não consigo determinar se houve de fato algum flerte durante a carona pelas ruas e túneis em direção à praia. Inga e eu tentávamos permanecer calmos: comparávamos suas histórias sobre os voos entre a Alemanha e o norte da África com as minhas, sobre os dias como guia na Costa Rica e no Equador. Falamos de países que gostaríamos de visitar no futuro. A Líbia seria um deles. Albânia. Suriname. Moçambique. Conforme conversávamos, a paisagem inigualável da Cidade Maravilhosa passava em uma enxurrada de cintilantes prédios de escritório, quarteirões enormes com casas e montanhas cobertas por vegetação tropical e barracos de favelas. Havia certo potencial entre mim e Inga, mas tudo em nossa interação foi casual até o instante em que chegamos ao albergue Villa Copacabana.

Mostramos nossos passaportes a Sueli, a moça da pequena recepção sem janelas. Ela se sentia muito à vontade para conversar com os turistas e nos contou uma bem ensaiada história sobre sua vida e como trabalhava 14 dias seguidos no Villa com somente dois dias de folga. Ficou surpresa ao encontrar um norte-americano. Eles recebem poucos mochileiros dos Estados Unidos no Rio, e eu era o segundo no albergue – uma verdadeira raridade.

Então, Sueli me fez a pergunta. Deveria ter preparado a resposta antes, mas deixei para depois, como sempre.

– Vocês dois querem ficar no dormitório ou em um quarto duplo? – ela perguntou.

Silêncio.

Pude escutar minha respiração.

– No dormitório, *talvez*. Não sei. Quer dizer... – olhei para Inga. – O que você acha?

– Pra mim tanto faz.

– Ok. Tem certeza?

– Sim.

– Ah, então vamos ficar com um quarto. É mais econômico, você sabe. E, além disso, pode ser arriscado deixar as coisas em dormitórios. – Mantive o olhar fixo em Sueli.

Assinamos alguns papéis e eu paguei a conta. Inga disse que dividiria comigo assim que sacasse dinheiro no banco. Seguimos pelo corredor sinuoso e enfumaçado, passando por uma área comum sem janelas, uma cozinha suja com três surfistas australianos sorridentes que ferviam miojo em panelas escurecidas, banheiros coletivos e dormitórios que pareciam ter saído de uma escola reformatória.

Nos fundos do prédio existiam três ou quatro quartos duplos ao redor de uma varanda simples de cimento, cercada por paredes de concreto rachado e coroada com um arco-íris de fundos de garrafas quebradas sobre o topo dos muros que nos protegiam da propriedade vizinha. Entramos em nosso quarto, que abrigava duas camas pequenas com colchões de couro falso sobre o estrado, um armário com cheiro de mofo e venezianas de ripas de madeira com uma pintura azul descascada. O ventilador de teto lutava para vencer o ar úmido.

Abrimos as janelas para que o ar fresco entrasse no quarto e colocamos todas as nossas coisas dentro do armário como se fôssemos os novos proprietários daquele lugar. Organizamos e reorganizamos tudo. Coloquei uma pilha de camisas dobradas sobre uma das camas para ver onde ela havia colocado as coisas dela. *Na outra cama*... Estávamos escolhendo camas diferentes ou ela pensou que eu já havia escolhido a outra para mim? Não sabia o que fazer em seguida, então dobrei algumas calças pela segunda vez. Novamente, o ambiente ficou silencioso. Estávamos comprometidos a fazer sexo em algum momento ou éramos apenas dois viajantes modernos dividindo um quarto e dando apoio um ao outro durante a viagem? E, além do mais, ela é austríaca. Eu realmente não sabia o que isso significava. Mas tinha certeza de que os austríacos eram avançados o suficiente para que homens e mulheres viajassem juntos sem que houvesse nenhuma conotação sexual nisso. Ou talvez fossem modernos o suficiente para fazerem sexo como se estivessem passando um fio dental ou cortando as unhas dos pés, e considerassem essa uma função normal do ser humano, algo que não merecia nenhum tipo de estresse excessivo. Deveríamos nos beijar? Dar as mãos? Talvez a situação pedisse algo mais sutil, como afastar lentamente os cabelos dela dos olhos com as costas da minha mão.

Lembro-me de ter estado na ilha de Bastimentos, próximo à costa caribenha do Panamá, alguns anos antes. Tinha acabado de me formar na faculdade e viajara dois dias com uma aluna formada em Chapel Hill. Estávamos em quartos separados. Não havia nenhuma conexão entre nós, ainda que ela fosse uma ótima companhia para viajar. Um dos caras mais velhos da cidade me perguntou sobre o meu relacionamento com ela e depois me criticou:

– O que há de errado com vocês, seus branquelos? Vocês chamam isso de civilizado? Se eu ficar no mesmo hotel que uma garota e não houver sexo, não consigo fechar os olhos durante a noite toda. Não durmo. Não consigo fazer mais nada, cara.

Ele ficou bravo comigo. Disse a ele que não estava interessado nela sexualmente, que nosso relacionamento era platônico.

Ele retrucou:

– *Platônico*? Quer dizer que você...

– Não, quero dizer com ela. Não estou interessado. Somos mais amigos que qualquer outra coisa.

– Quer dizer que *você* está aqui sozinho na ilha, *ela* está sozinha, e você não está interessado porque ela é sua amiga? Sempre ouço que o homem branco é inteligente, que devemos tentar ser como o homem branco. Homem branco é maluco.

Comecei a me preocupar, achando que sofria de alguma forma crônica de complexo de bom garoto, alguma castração induzida socialmente por uma juventude passada no sistema de educação pública de Seattle – onde o movimento exagerado do politicamente correto assolava o cotidiano e se aproximava perigosamente de um fascismo puritano. Andar de bicicleta sem capacete, atravessar a rua sem prestar atenção ao tráfego, não reciclar o lixo e um olhar mais sugestivo para uma mulher eram vergonhosos, atos criminosos dignos de acarretar culpa, raiva de si mesmo e, talvez, algum tipo de aconselhamento corretivo. O meu medo de ofender os outros teria me levado a negar meus naturais impulsos masculinos? Aposto que Bukowski nunca havia passado por esse tipo de questão.

Inga e eu ficamos parados por um minuto, discutindo vagamente sobre como era excitante estar no Rio, enquanto ela tirava as cutículas e eu olhava o muro do vizinho pela janela. Decidimos testar o seu cartão de banco e em seguida ir para a praia de Ipanema, beber um pouco e aproveitar o sol. Coloquei minha bermuda de surfista no banheiro masculino no fim do corredor. Ela se trocou no quarto e vestiu um biquíni por baixo do short e da camiseta. Substituí os tênis por papetes, e partimos.

O Villa ficava a apenas algumas quadras do centro da praia de Copacabana. Copacabana é uma Oitava avenida no Trópico de Capricórnio: 10 mil pessoas por quilômetro quadrado, e um odor de sexo, escândalo e decadência no ar. Acredite ou não, essas ainda não são as melhores atrações: Copacabana está situada entre gigantescas montanhas de pedra e se estende por 4 quilômetros de areia fina. A mistura entre natureza tropical e alta urbanização resulta em uma união perturbadora, mas de algum modo funcional.

Andamos pela calçada pavimentada da praia – o calçadão – que acompanha toda a extensão da orla na Zona Sul do Rio.

Com um mosaico sinuoso de pedras e pontuado por quiosques que vendem água de coco, picolé e cerveja gelada, o calçadão é a principal artéria da região praiana da cidade. A faixa pavimentada vibra com o fluxo constante de turistas, corredores, traficantes de drogas, artistas de rua, prostitutas, turistas atrás de sexo, famílias, garotos de rua, atletas, modelos, pessoas que não deveriam usar roupa de praia (tanto homens como mulheres), aeromoças austríacas e norte-americanos perdidos que fingem ser escritores de guias de viagem. Inga e eu finalmente chegamos à famosa praia de Ipanema, mas não antes que o cartão dela tivesse sido rejeitado em quatro bancos. Bancos com o sistema Cirrus. Bancos com o sistema Plus. O caixa eletrônico especial para cartões internacionais no Banco do Brasil. Chegamos a esperar em um deles e pedimos ajuda a um gerente que falava inglês. Sem sucesso.

Pelas janelas dos bancos com ar-condicionado, eu observava o sol redondo do meio-dia transformar-se em uma chama suave. Sabe aquelas vezes em que você está se segurando para não mijar, mas quando avista um banheiro quase perde o controle? Foi exatamente assim que me senti ao olhar a praia do outro lado da rua me chamando. Precisava desesperadamente sair do banco e não podia mais esperar. Mas não podia abandoná-la, mesmo porque ainda havia uma forte possibilidade de sexo. Então, fiz o que qualquer homem razoável que já queimou metade de seu parco pagamento adiantado – em um projeto cujo começo ele nem havia tecnicamente alcançado – faria: emprestei dinheiro a ela. Uma quantia considerável. Somente até que ela conseguisse resolver os problemas com o banco ou que sua mãe pudesse lhe enviar algum dinheiro.

Era hora de relaxar, de me livrar da ansiedade dos Estados Unidos, aproveitar a estadia no Rio e passar um tempo com uma aeromoça em seu insinuante biquíni vermelho com listrinhas douradas. Precisava fazer isso a fim de assumir a perspectiva necessária para escrever um guia de viagem – a perspectiva do viajante, não o ponto de vista de um paranoico funcionário de escritório de Manhattan que acabou de saltar do avião.

A areia dourada de Ipanema se comprimia contra os meus dedos dos pés conforme o sol, ainda potente no fim da tarde, castigava a minha pele branca de inverno. Os morros Dois Irmãos agigantavam-se no fim de Ipanema e se estendiam em sombras infinitas sobre a praia. Bebemos latas de cerveja, conversamos a respeito de viagens, conversamos sobre nada, e fizemos um joguinho de flerte em que ela lançava areia sobre meu peito e nós fingíamos que isso era engraçadinho. O sol escondeu-se atrás das montanhas, a bebida aliviou o cansaço e a ressaca, e nós nos beijamos para coroar um novo começo em uma nova terra. Queria que este fosse o primeiro dia de um calendário sem história.

Retornamos da praia e perambulamos pela cacofonia de uma festa no corredor da Villa que se estendia até a varanda dos fundos. Os turistas – alguns bronzeados, outros queimados de sol, todos suados e com shorts, camisetas e biquínis – enchiam copos plásticos com cerveja Skol de garrafas largas. Também havia uma ou duas garrafas de cachaça, a aguardente brasileira feita de cana-de-açúcar – semelhante ao rum, mas pela metade do preço e potente o bastante para provocar uma ressaca duas vezes pior. E eu podia também sentir o cheiro forte de maconha emanando da multidão.

A maconha da América do Sul tem um aroma inconfundível. A coisa é tratada fortemente com produtos químicos (alguns dizem que usam petróleo), pressionada em tijolinhos finos com algum tipo de máquina hidráulica e depois contrabandeada desde o Paraguai até o interior do Brasil, disfarçada sob pequenas produções agrícolas. Geralmente tem 25% de sementes e caules, mas é melhor que nada.

O inglês, como na maioria dos albergues, é a língua comum. Na festa também ecoava algum portunhol, principalmente da parte de alguns caras que tentavam seduzir quatro ou cinco brasileiras vestidas sumariamente e com cabelos impressionantemente compridos. Só para deixar registrado, eu falo uma espécie de portunhol, não o português puro. Deveria falar melhor – e talvez tenha falado melhor antes, depois de passar uns meses no Rio alguns anos atrás –, mas o meu português se fundiu ao meu espanhol. Quando me falta algum vocabulário em português, recorro ao espanhol, além de definitivamente ter um sotaque forte ao falar. Imagino que devo soar como Walter Mercado, o astrólogo porto-riquenho que se tornou piada no Brasil com seus comerciais "Ligue já" na tevê. Walter bem poderia passar por um cruzamento entre a mãe dele e algum oráculo espacial com capa de lamê de um episódio antigo de *Jornada nas estrelas*.

Além das mulheres provocativamente vestidas, os outros únicos brasileiros eram um casal de óculos de São Paulo, que celebrava a formatura na faculdade de Engenharia. O resto da festa era composto de um grupo diversificado de mochileiros estrangeiros, turistas ávidos por conhecer o Carnaval e que não haviam voltado para casa ainda e uma estranha variedade de moradores de longa data do albergue, fracassados sabe-se lá Deus em que momento da vida.

– KANPAI. KANPAI – uma garota japonesa gritava excitadamente bem perto do rosto de um dos surfistas australianos. – Como se diz *kanpai* na sua terra?

– Não sei. "Manda pra dentro"? – Ele respondeu com um longo sorriso antes que os dois terminassem os copos de cerveja. Ela derramou a maior parte na camiseta, mas deu uma risada e foi pegar mais bebida para os dois.

Alguém conectou um velho *walkman* Sony Sports amarelo a duas pequenas caixas de som e o *drum'n'bass* brasileiro com uma boa quantidade de ruídos pôde ser ouvido. Dois holofotes fluorescentes faziam cintilar as pontas das garrafas quebradas no topo dos muros.

As regiões de praia do Rio não atendem particularmente bem os viajantes com baixo orçamento. Ipanema possui hotéis melhores, mas preços relativamente mais elevados. Copacabana exala uma glória desgastada e os seus outrora sofisticados hotéis agora são repovoados por levas de turistas grosseiros – muitos à procura de pouco mais que sexo, drogas e álcool barato. Um quarteirão inteiro é dominado pelo que deve ser o maior ponto de prostituição nas Américas, a boate HELP. A maioria dos albergues de mochileiros estrangeiros foi empurrada para longe da orla. Um albergue econômico no coração de Copacabana como o Villa é um atrativo perfeito para um grupo rotativo de desajustados fantasticamente excêntricos.

Inga e eu fomos tragados pela multidão de festeiros e durante as duas horas seguintes encontramos um *pot-pourri* de pilantras. Um norueguês chamado Knute me entregou uma cerveja e perguntou de onde eu vinha, em seguida quis saber para onde eu já havia viajado e para onde iria... conversa básica de um mochileiro. Ele era jovem, tinha um quê de elfo escandinavo e estava todo excitado por visitar o Rio.

– Esta cidade é o meu tipo de lugar – ele disse. – Na época do colegial, fiz intercâmbio em Los Angeles por um ano. Foi demais. O sol. As garotas. As drogas. O Rio é tipo uma Los Angeles mais em conta, sem as grandes rodovias e a porcaria da lei norte-americana. Definitivamente, não é Oslo.

Em Los Angeles, Knute havia experimentado o mundo além da homogeneidade escandinava. Lá ele havia namorado uma garota salvadorenha e descobrira os prazeres do *crystal*. Knute falava entusiasticamente sobre metanfetamina, como se fosse um aficionado por charutos finos ou alta gastronomia.

– Íamos ao apartamento do cozinheiro em West Hollywood pela manhã, antes da escola, e comprávamos o *crystal* enquanto ainda estava quente. Dá pra acreditar, cara? Isso me faz lembrar alguém puxando tabuleiros de *crystal* do forno como se fossem *cookies*.

Contei a ele que nos Estados Unidos as pessoas geralmente não se vangloriam do seu amor pela metanfetamina. É algo que você guarda para si, como ter dirigido embriagado ou algum caso antigo de verruga genital. Mas ele não se desconcertou.

Knute tinha passado as duas últimas semanas viajando com um australiano que conhecera na Bolívia. Não descobri seu verdadeiro nome, mas me referia a ele como sr. Coca – em alusão à sua obsessão. Enquanto outros australianos no Villa tinham a aparência saudável de quem passa tanto tempo pegando onda quanto em terra firme, as profundas olheiras e a pele pálida deste denunciavam noites em claro, alimentação lastimável e um caso de masturbação crônica.

– Já experimentou a coca daqui? – o sr. Coca me perguntou. – É brilhante. Você pode selecionar pela intensidade: boa, média, você nomeia. Está por toda parte. Caramba, você pode até comprar do cara que fica à noite na recepção. Isso que é serviço, cara.

Entendi por que ele e Knute eram amigos. Se você acha que norte-americanos e europeus são fanáticos por cocaína, experimente os australianos. Encontrar cocaína na Austrália deve ser como descobrir um filhote de canguru solto em Fresno.

Como a maioria dos australianos e neozelandeses, o sr. Coca estava viajando ao redor do globo. Uma vez que você sai da Austrália, é preciso fazer essa decisão valer a pena e visitar a maior quantidade possível de lugares. Ele estava indo para o oeste e atravessara o norte da África (haxixe), fora para a Espanha (haxixe e mulheres atraentes disponíveis), viajara direto para a Bolívia (cocaína), e agora havia chegado ao Rio (cocaína e mulheres atraentes disponíveis). Estava em Copacabana havia mais de uma semana e ainda não tinha ido à praia durante o dia. Afirmava que, na verdade, só havia visto o oceano Atlântico pelo avião.

A energia hedonista da festa no Villa era intoxicate por si só. Ninguém precisava dar satisfação a nenhum patrão, pai ou vizinho – a ninguém. Ninguém tinha um despertador preparado para a manhã seguinte. Alguns sequer sabiam que dia da semana era. Estávamos todos no Rio por escolha própria e havíamos pagado um bom dinheiro para estar ali. Portanto, tínhamos o compromisso de nos divertir. Eu, é claro, estava em uma situação diferente, e deveria estar pesquisando e escrevendo, mas isso era algo com que teria de lidar no dia seguinte. Como já havia estudado um pouco de antropologia, vamos dizer apenas que estivesse fazendo uma *observação participativa*.

Algumas pessoas no Villa viviam no mundo dos mochileiros havia muito tempo. Se você já viajou assim, conhece o tipo: estariam falidos ou talvez morando na rua no próprio país, mas conseguem levar a vida em um país em desenvolvimento com pequenos depósitos de uma moeda forte de seu país natal, seja por meio de presentes de família, seja por conta de alguns trabalhos temporários lucrativos.

Andreu, um catalão magrelo em torno dos 40 anos, estava na América do Sul havia uma década, principalmente em Bogotá, Caracas, e agora no Rio. Ele contou que já tivera um apartamento em Ipanema, mas que vendera tudo que tinha e estava vivendo em uma cama de dormitório do Villa havia um ano e meio. Tinha o físico magro e seco de quem prioriza a vida noturna à comida. Notei resquícios de lápis preto ao redor dos seus olhos, que provavelmente não foram lavados de modo apropriado após a noite anterior. Tenho certeza de que deve haver maneiras criativas de um estrangeiro desesperado se sustentar nesta cidade.

Inga me apresentou Max Buckman, aspirante a modelo de Hamburgo que veio para o Carnaval e decidiu ficar mais um pouco. Eles conversavam rapidamente em alemão enquanto folheavam o *book* dele, que, por acaso, Max trazia consigo durante a festa. Perguntei sobre os ideogramas chineses tatuados em seus ombros.

– Eles significam paz mundial, ou amor, eu acho – ele respondeu. – Tenho o Om nas costas. Tatuei em Berlim. Bacana, né?

Ele havia conhecido uma garota argentina chamada Sylvia. De pele morena, com um cabelo preto *fashion* cortado em *mullet* e uma grande tatuagem geométrica nos ombros, ela era jovem e estava hospedada com os pais em algum dos grandes hotéis. Seus pais aparentemente não se importavam com o fato de ela estar em um albergue decadente transando com um europeu numa cama forrada com plástico. Ela só falava espanhol. Ele só falava alemão e inglês. Pareciam estar se dando bem.

Geralmente, procuro evitar outros norte-americanos quando estou no exterior. Não que eu tenha algum tipo de complexo de superioridade turística ou me ache melhor que os meus conterrâneos. Tampouco compartilho a crença de que os viajantes norte-americanos são menos inteligentes que os outros (já encontrei tapados embaraçosos vindos de quase todos os países do mundo). Mas em locais como a Costa Rica, que agora está sendo invadida por norte-americanos, ficar junto de pessoas que você poderia encontrar em qualquer noitada de seu país natal pode prejudicar sua experiência como viajante. Existem poucos norte-americanos no Brasil, e eu estava feliz em encontrar o único que também se hospedava no Villa. Ele se apresentou como Bob:

– Bob Fishman, de Los Angeles.

Bob era baixo e esbelto, tinha um cavanhaque escuro, olhos tristes e cabelo encaracolado puxado para trás com uma bandana preta. Alguns fios brancos em sua barba e linhas ao redor dos olhos denunciavam sua verdadeira idade, mas ele usava tênis acolchoados de esqueitista, bermudas de surfista até os joelhos com estampas florais, e exalava um quê de Peter Pan que me levou a chamá-lo de Bobby, ainda que ele tivesse quase 40 anos.

De início, julguei erroneamente que ele fosse do tipo calado, pois permanecia agarrado a uma fotojornalista das Filipinas que estava aqui para fotografar garotos de rua para uma ONG francesa. Bobby e a garota estavam juntos havia três dias e agiam como se estivessem em lua de mel. Quando sua amiga saiu para pegar mais bebida, ele me confidenciou:

– Ela disse que eu sou um cara bonito... ninguém nunca me disse que eu era bonito antes. Ela me fez uma massagem nos pés. Essa é diferente, cara.

O inglês dela não era tão bom e fiquei imaginando que talvez ela carecesse de adjetivos mais específicos que *bonito*, mas mesmo assim eu estava feliz por ele.

Bobby não colocava os pés na Califórnia já há 15 anos, desde que, como ele alegou, tivera problemas com um apostador ucraniano por causa de alguma dívida de jogo.

– Geralmente digo às pessoas que estava apostando em basquete, mas a verdade – ele abaixou o tom de voz –, a mais honesta verdade, é que era tênis feminino. A porcaria da Navratilova arruinou a minha vida, cara. Coloquei meu dinheiro na nossa garota do Texas, Zina Garrison, depois da lavada que ela deu na Graf. Em seguida, só me lembro da Garrison entregando os pontos e eu partindo pra Seul no meio da noite apenas com uma mochila. De qualquer modo, fiquei em Seul por uma década, mas tinha umas questões na Coreia, fiz uns bicos em Dubai, e agora tenho um negócio de máquinas de salgadinhos em todos os novos edifícios comerciais de Santiago. Instalamos as máquinas, e eu pago alguém pra reabastecê-las, pego minha porcentagem, e é isso. Bom lucro por quase nenhum trabalho. Mas Santiago é uma droga. Um punhado de gente grosseira – exatamente como Pinochet queria.

Bobby ia para a frente e para trás sobre um pé e outro, e entre cada frase tomava um gole de cachaça.

– Você já pensou em voltar pra alguma região dos Estados Unidos? Como Nova York? – perguntei.

Ele me fitou por cima do copo.

– Você está me sacaneando? Eu odeio Nova York. Prefiro voltar pra Los Angeles e ter a minha cabeça fatiada por Igor, o apostador gordo, a viver em Nova York. É a única cidade do mundo onde a criminalidade diminui, a qualidade de vida aumenta, e todos reclamam ainda mais. É uma cidade de pequenos anões raivosos. Quer dizer, Santiago não é o paraíso – é tipo a Indianápolis da América Latina –, mas é um bom lugar pra fazer negócios. É só por isso que eu vivo lá. Gostaria de expandir meus negócios no Rio. E é por isso que estou aqui agora. Pesquisa. Somente negócios, sem prazer, cara...

– Por quanto tempo você...

– Não tenho ideia. Gosto de viver no exterior, onde as coisas não são reivindicadas. Olhe todas aquelas favelas ao redor do Rio. Você sabe que vista se tem lá de cima? Quero me envolver com o mercado imobiliário daquilo lá. Você sabe o que posso fazer com isso? Dane-se Nova York, cara. Você está me gozando? Os Estados Unidos são como a Europa: um jogo fechado. O máximo que você pode fazer nos Estados Unidos é implorar pelas migalhas das pessoas que já são donas de tudo. Enquanto aqui você pode fazer as coisas realmente acontecerem.

Inga e eu começamos a ficar bêbados e planejamos para o dia seguinte ir ao bondinho do Pão de Açúcar e a um jogo de futebol no Maracanã: programas básicos de turista, mas se era isso que ela queria fazer, quem era eu para dizer não a uma aeromoça atraente? Então nos reunimos a um grupo que incluía duas garotas irlandesas de pele rosada com copos de cerveja grudados nas mãos, alguns israelitas e um húngaro, e fomos para alguma boate cavernosa sem nome. Bobby não saiu, pois ele e a fotojornalista precisavam ficar um pouco a sós. Knute e o sr. Coca disseram que precisavam acertar umas coisas com o rapaz da recepção, mas que nos encontrariam dentro de uma hora.

Ainda naquele clima de camaradagem, mais bebidas foram compradas dentro do clube. Todos perguntavam se eu e Inga morávamos juntos nos Estados Unidos ou na Áustria. Todos perguntaram desde quando estávamos juntos. Admitir que nos conhecíamos havia apenas cinco horas era um tanto desconfortável, no entanto, a situação e o álcool estavam do nosso lado. Paguei uma rodada, seguida de uma rodada do Knute. Max, meu modelo alemão favorito, apareceu com punhados de copos depois disso. Em seguida, só me lembro de que eu e Inga estávamos nos beijando em um banco grudado à parede.

Recordo-me de passar os dedos pelos seus cabelos enquanto seu braço descansava sobre os meus joelhos. Bêbados, nos exaltamos com as possibilidades de nosso relacionamento, enquanto nossas vozes eram abafadas pelo grave das caixas de som. Tenho uma vaga lembrança do sexo no albergue. Contornos de pele na escuridão do quarto. Instantâneos, mesmo. Foi apaixonado. Um tanto íntimo. Sequer soube seu sobrenome.

Rolo para fora da cama e me agacho pelado no chão para recolher as camisinhas. Minhas costas se descolam da cama como gaze que se desprende de uma ferida antiga. Tenho uma relação de posse com o conteúdo das camisinhas e não quero dividi-lo com uma colônia de formigas tropicais. Conforme apanho os preservativos, um fio de sêmen escorre entre meu polegar e dedo indicador e passa para as costas da mão. Minúsculas formigas são levadas pelo líquido. Sinto o vômito subir pela garganta, mas consigo prendê-lo atrás dos lábios cerrados. Seguro por um segundo, retomo o controle e o engulo de volta.

Jogo as camisinhas dentro de uma pequena lixeira de plástico que está grudenta graças aos resquícios de anos de camisinhas descartadas e cinzas de cigarro. Limpo as costas da mão no lençol, afasto uma das persianas com os dedos e, pela janela, observo um labirinto de paredes de concreto. Inga permanece estirada como um cadáver sobre a cama estreita. Ela tem a boceta áspera ao toque, como se raspada a navalha, o que a faz parecer um peito de ave depenada dividido ao meio. Pergunto-me em que ano raspar entrou na moda. Provavelmente 2001 ou 2002. Talvez antes na Áustria.

4
De acordo com o plano

59 DIAS PARA O PRAZO FINAL

"Artista de paraquedas" é o nome dado a um tipo de autor de viagem, particularmente ao autor de guias. Tony Wheeler, fundador da Lonely Planet, define um artista de paraquedas como "alguém que cai em um local e rapidamente o assimila, que pode escrever sobre qualquer lugar". Você deve ser capaz de acordar no interior da Tailândia, em Kaliningrado, no Delta do Ganges, em Tegucigalpa, Mombasa ou Port Moresby e rapidamente se relacionar com o local. Você deve ser capaz de definir a personalidade e capturar o assim chamado "espírito" do lugar, de modo que consiga explicá-lo em uma seção de introdução com trezentas palavras ou em uma seção de introdução de cidades e regiões com 250 palavras – mesmo que nunca tenha colocado os pés naquele país antes. Você deve encontrar as melhores acomodações, atividades, restaurantes e serviços; deve escrever resenhas equilibradas pseudointeligentes sobre todos eles; e depois mudar o canal para o próximo destino e fazer tudo de novo. Eficiência é a alma do negócio.

Conheço a dimensão paralela habitada pelos mochileiros. *Eficiência* não faz parte do vocabulário deles. Ainda que eu esteja escrevendo para e sobre eles, devo evitar completamente ser um deles. Posso justificar mais um ou dois dias para me aclimatar e resolver a situação com Inga, mas depois terei de focar exclusivamente no trabalho.

Inga acorda e o clima está longe de ser tranquilo. Temos dificuldade em prosseguir com a conversa. Não tenho certeza se é a ressaca ou simplesmente a constatação de que temos pouca coisa em comum. Em Nova York, este seria um dia perfeito para um DVD, 800 miligramas de aspirina e uma garrafa de algum isotônico. Eu nunca teria saído da cama. Nosso quarto é quente e úmido, o que parece intensificar os sintomas de desconforto da ressaca. Não iremos ao Pão de Açúcar hoje. Não iremos ao Maracanã. Não sei se sobreviverei a esta manhã.

Saio do albergue para checar o e-mail e me certificar de que tudo está em ordem. A editora parece ter saído de licença e não responde aos meus e-mails. Talvez se trate de algum procedimento padrão para que eles não se intrometam muito em meu primeiro projeto. Estou certo de que não querem estabelecer nenhum tipo de relação de dependência. Recebo um e-mail enorme do Doutor, que acha que tenho problemas para administrar minha raiva. Ele escreve que sou um sádico e diz que nunca mais quer falar comigo. Não me apresso a voltar para o albergue. Inga está assistindo à tevê com dois alemães na área comum. Trocamos um olá. Deito-me por algumas horas de descanso ansioso.

Não consigo dormir, mas antes de me dar conta, o sol já se pôs e a festa começou do lado de fora de minha janela. Inga surge no canto com uma garrafa de água nas mãos, parecendo alguém que acabou de ressuscitar com a ajuda de um desfibrilador. Por fim, a maioria das pessoas da noite anterior decide sair para jantar. Inga e eu pensamos em apenas comprar um sanduíche e voltar para a cama, mas nos forçamos a seguir com o grupo para jantar em um local turístico ao ar livre na avenida Atlântica, atrás do calçadão da praia de Copacabana.

Sentamo-nos um diante do outro em uma longa mesa. Escuto as conversas ao meu redor, mas não consigo participar. O sr. Coca conta a Inga sobre sua estadia na Bolívia:

– Toda vez que o sino da igreja soava na praça, passávamos um prato inteiro de cocaína com as carreiras separadas. Tínhamos um canudo de prata e tudo o mais. Cheiramos pó dia e noite, por dois dias seguidos, e era o mesmo preço que sair pra jantar e ir ao cinema na Austrália. Parecíamos Al Pacino em *Scarface*, de tanto que cheiramos. Vou dizer uma coisa pra você: eu mudaria imediatamente pra Bolívia e viveria naquele albergue pro resto da minha vida. Um puta país bacana.

– Parece incrível. Como são as pessoas? – ela perguntou.

– Não sei. Meu traficante era um francês que vivia no albergue. Ele resolvia tudo, estou falando pra você.

Um garçom acidentalmente despeja um pote do que parecia ser um molho holandês nas costas do casaco de uma mulher na mesa ao lado. Assisto a tudo em câmera lenta – notei quando estava prestes a acontecer, mas só consigo expressar alguma reação depois que já terminou. Tomo goles de cerveja para tentar me manter acordado, mas isso não parece ajudar. Os pratos seguem aquele padrão de comida internacional ao estilo italiano. Massa, pizza, nada particularmente brasileiro. Enfio o garfo displicentemente em meu linguine com frutos do mar, com pedacinhos de camarão e lula em óleo de oliva.

As conversas pipocam à minha volta: opiniões sobre esportes, comida, bebida, drogas e DJs em diferentes países. Não consigo participar e me viro para o calçadão a fim de admirar a multidão passeando pela orla, gritando, gargalhando, comprando, bebendo. Forma-se entre nós e a areia uma roda de capoeira. A capoeira é uma mistura de dança e arte marcial criada originalmente pelos escravos afro-brasileiros. Enquanto em geral é uma disputa entre dois "jogadores", a apresentação na rua é incrementada com algumas acrobacias e saltos extras para impressionar os transeuntes. Os capoeiristas sem camisa vestem nada mais que uma calça esportiva Adidas e um par de tênis enquanto atacam e se esquivam de chutes giratórios e rasteiras. Então prosseguem com saltos altos e giros sobre um outro colega que agarra uma faca de cozinha. Não tem nada a ver com capoeira, mas agrada a multidão do mesmo jeito.

Há excitação por toda parte, mas apenas o meu corpo está presente aqui. Quando penso sobre o assunto, fico em dúvida se realmente gosto de Inga. Sim, ela me atrai, mas não acho que seja nada além disso. Sinto-me atraído por muitas mulheres; não é nada excepcional. Não sei. Talvez esteja sendo muito negativo. Talvez esteja reagindo a uma sensação de que ela está me impedindo de realizar meu trabalho. Ela está me seduzindo, mas eu estou me impedindo mais do que qualquer outra pessoa.

Olho para o meu prato e há uma pílula vermelha e branca para cavalos, uma cápsula de gel maior do que de costume, gentilmente acomodada junto à minha massa. Minha mente está um pouco nebulosa, mas tenho certeza de que aquilo não estava no cardápio e nem ali um minuto atrás. Olho ao longo da mesa, mas todos parecem entretidos em suas conversas.

O sr. Coca, que está diagonalmente posicionado em relação ao meu lugar, captura o meu olhar e acena com uma sutil levantada de queixo.

– O que é isso? – pergunto em voz baixa.

– Apenas tome. Consegui no Egito. É como café... mas melhor – ele responde, quase em um cochicho.

Se por um lado o sr. Coca não deve ser o cara mais confiável que já conheci, por outro ele parece ser um farmacêutico amador razoavelmente qualificado. Engoli a pílula com um gole de cerveja e continuei tentando comer a massa e me manter acordado.

Após o jantar, a maior parte do grupo retorna ao albergue. A pílula não faz nada contra aquele cansaço descomunal. Inga vai para a cama e em poucos minutos parece estar dormindo. Vou escovar os dentes e acabo conversando com Knute e uma garota israelense chamada Karla na varanda dos fundos.

O sr. Coca faz uma grandiosa reentrada no grupo tranquilo daquela noite ao trazer um litro de tequila barata de presente, que logo passamos a beber direto do gargalo. Começo a me sentir melhor e a ter alguma inspiração para o trabalho à minha frente. Karla parece que passou a maior parte de seu período pós-militar praticando ioga e viajando. Ela é bronzeada e ágil, e tem músculos pronunciados nos braços e no abdome exposto, mas não é uma garota de academia. Possui uma cicatriz ondulada próxima às juntas da mão esquerda e várias tatuagens tribais do Pacífico Sul nos braços. Bebe tequila sem parar, além de discutir sobre detalhes de manutenção das motos com Knute. Eu, por outro lado, mal consigo programar um despertador digital. Suas calças folgadas e a camiseta com um onipresente símbolo Om dão a pista de sua estadia nos *ashrams* da Índia. Ela está em vias de se mudar para a Austrália e deixar o Oriente Médio para trás.

Meu estômago parece um pouco estragado. Não deveria estar bebendo. Minhas mandíbulas estão travadas. Deveria ter me dado por satisfeito e ido dormir, mas ainda estou impaciente – e preocupado, quer dizer, excitado, bem... Ok, um pouco preocupado também com o trabalho, o dinheiro, a editora, Inga e Sydney. Estou com muita coisa na cabeça. O que ainda estou fazendo no Rio? Digo ao sr. Coca que a pílula não teve muito efeito.

– Se você acha que aguenta, cara. – Ele solta uma gargalhada e atira outra para mim. – Parece que você já está um pouco agitado. Preste atenção. Não quero ter que arrancar você do teto.

– Obrigado. Admiro você cada vez mais, cara – disse a ele.

Estou prestes a tomar a pílula quando Bobby Fishman, meu amigo norte-americano empreendedor, entra de assalto na varanda, visivelmente perturbado.

– Cara, ELA TERMINOU COMIGO! Que droga é essa? – Ele está à beira das lágrimas. Senta-se entre mim e o sr. Coca, e segura a cabeça com as mãos. – Pensei que desta vez fosse pra valer. Ela disse que não consegue se prender, que estou tornando as coisas sérias com muita rapidez. *Desde quando as garotas falam isso?*

– Tudo bem, cara – assegurei a ele. – Acho que eu e Inga estamos indo na mesma direção. Quer dizer, ontem, pensei que, quer dizer, não sabia o que estava fazendo, mas não se preocupe. Você vai ficar bem.

– Espere um minuto: que porcaria você tomou, seu drogado? Você não deixou que o astro das drogas aqui desse a você uma de suas especialidades egípcias, deixou?

– Bem, talvez. Mas não teve efeito nenhum. Ia tomar outra, porque, você sabe, estou tentando relaxar, tentando entender as coisas. Sinto muito por você e a garota, essas coisas são traiçoeiras, cara. É como meu lance com a Inga, talvez ela...

– Você não pode comparar a sua aventura de 24 horas com uma aeromoça com o que nós tivemos. Só sinto muito pela próxima garota. Vou acabar tratando-a como qualquer uma. Toda vez que me arrisco, eu me DANO, e volto a ser um babaca defensivo. O amor é estúpido e sem sentido, mas um ou dois anos depois eu me deixo levar por isso de novo. Que se dane; vou descontar TUDO na próxima. Não sei quem será ela, mas já sinto muitíssimo.

– Bob, você precisa esfriar a cabeça – Karla interrompe. – Parece que você precisa seriamente de ajuda profissional.

– E parece que você precisa seriamente tomar conta da própria vida – ele retruca, engolindo as lágrimas e olhando-a de cima a baixo. Há um instante de silêncio tenso e constrangedor. É óbvio para todos que Karla poderia esmurrá-lo até arrancar sua cabeça com alguns golpes precisos de *krav maga*. Imagino que ele saiba disso também, pois se levanta, pega uma garrafa de cerveja do balcão e some pelo corredor, pela porta da frente e dentro da noite.

Karla senta-se imóvel e medita por um segundo, em seguida anuncia que Bobby está passando por um momento de fraqueza e dor, e que merece carinho, como todo mundo. Ela deve perdoá-lo e oferecer ajuda apesar do que ele disse. Discutimos a situação e decidimos que deveríamos sair para encontrá-lo e trazê-lo de volta ao Villa. Ele provavelmente está a caminho da praia, e o Rio não é um lugar seguro para ficar sozinho naquele estado.

Andamos até a praia, mas não conseguimos encontrá-lo. Percorremos quase todo o calçadão de Copacabana enquanto bebíamos a garrafa de tequila, mas não tivemos sorte. A multidão no calçadão diminuiu e se transformou em grupos de festeiros noturnos bebendo na orla, prostitutas à procura de clientes e vagabundos perambulando. A tequila começa a descer mais facilmente. Não estou cansado. Sinto como se pudesse caminhar a noite toda. Os outros não se sentem do mesmo jeito. Finalmente, nos instalamos perto de uma mesa de plástico no cruzamento entre o calçadão e a rua que desemboca no Villa. Posicionamo-nos estrategicamente de modo a avistar Bobby caso ele passasse por perto.

Pergunto ao sr. Coca se ele tomou alguma daquelas pílulas também.

– Não, por Deus! – ele responde. – Não toco mais nessas coisas. Por que acha que estou dando todas elas pra você?

Conversamos sobre praias, biquínis e *lycra*. Karla faz um discurso sobre o que ela chama de noção pobre de moda das mulheres brasileiras.

– Elas não sabem usar algo folgado. Todas as roupas são justas e muito óbvias.

Nego veementemente que isso represente algum problema. Na verdade, há uma garota negra atraente na mesa diante da nossa que está muito bonita em seu modelito justo e óbvio. Trocamos alguns olhares. Eu olho para o lado, ou ela olha para o lado, mas nossos olhares acabam se cruzando repetidas vezes. Sinto uma culpa automática por aquela paquera, mas por fim a encaro e, desta vez, ela não desvia o olhar.

– Vou falar com essa garota – anuncio.

O sr. Coca havia enrolado as calças até os joelhos e está caminhando perto do mar em algum local na escuridão, sua primeira experiência com o Atlântico. Karla e Knute parecem estar sentados cada vez mais juntos a cada vez que olho para eles.

Caminho e me sento, de algum modo surpreso com a minha autoconfiança, mas encorajado por seu olhar irresistível e sorriso tranquilo. Conversamos, flertamos. Seu nome é Gabriela; ela é do Catete, do outro lado do túnel. Meu português é enferrujado, mas aproveitável. O álcool ajuda a diminuir o constrangimento de conversar em outra língua. Gabriela e sua prima estão bebendo cerveja e acompanhando as músicas de bossa nova que vêm do quiosque. Estão tomando a última cerveja e depois planejam voltar para casa. A menos que estejamos dispostos a fazer algo bom, é claro. Ela pergunta baixinho:

– Você não tem nenhuma... nenhuma cocaína? Pra gente continuar – ela gargalha escandalosamente.

– Não, mas tenho isto... – dou a ela a outra pílula do sr. Coca.

– O que é isso?

– É como café, mas melhor.

Ela toma sem perguntar mais nada. Um espírito crédulo.

O sr. Coca volta à mesa. Seus jeans estão molhados e cheios de areia.

– O que aconteceu com você? – nós perguntamos.

– Não pensei que tivessem ondas ali. Pensei que o Atlântico fosse apenas um oceano pequeno, mas caramba, cara, levei um caldo – ele resmunga. – Se aquilo é a natureza, posso viver sem ela.

Ele quer voltar para o albergue e se trocar. Knute e Karla querem retornar ao albergue por outras razões. Bobby terá que se arranjar sozinho.

Mais uma vez, o cavalheirismo me chama... e, como sempre, respondo. Gabriela e eu levamos a prima dela até o ponto de ônibus, e me ofereço para acompanhar Gabriela em outras aventuras pela praia durante a madrugada.

A outra coisa de que me lembro é que estamos dando um amasso na rua e ela está agarrando violentamente as costas da minha camisa, esticando o pescoço e mordendo a minha língua. Fico mal em dizer que isso começou antes mesmo de colocarmos a prima dela no ônibus. Despedimo-nos da prima e voltamos para a praia a fim de procurar outra festa. Meu português está voltando, fluindo, conectando frases – tenho uma sensação de bem-estar e confiança nas minhas habilidades linguísticas e em minha presença de maneira geral. Possuo um vigor que não pode ser ignorado. Avistamos um grupo com uns 15 brasileiros ao redor de um dos quiosques de cerveja no calçadão. Gabriela termina conversando com um dos caras por um longo tempo, ainda que possa ter sido por apenas um ou dois minutos. Não tenho certeza. Parece-me que o português dele é melhor que o meu. Ele tem um bronzeado melhor também. Penso em ir embora. Preciso me mover. Preciso andar. Tenho trabalho pela manhã, não é? No último instante, Gabriela retorna, me agarra pela mão e me leva para a praia. Tira a roupa até ficar só de calcinha e sutiã, e me pergunta se não quero nadar com ela. Deixamos nossos pertences, inclusive a carteira, bem no final da praia de Copacabana, escondidos debaixo de um dos pequenos barcos a remo na areia.

Ela pergunta se tenho camisinha. É claro que tenho. Isso é questão de responsabilidade, e sou a responsabilidade em pessoa.

– Traga com você – ela ordena.

Nadamos alguns metros no mar e começamos a nos amassar de novo, as bocas temperadas com o sal da água. Nossas pernas se enroscam enquanto passamos furiosamente pela água. Ela sobe em um barco a remo vazio ancorado e me chama para acompanhá-la.

Não há espera. Vamos direto ao ponto assim que tiro suas roupas molhadas e subo nela como uma horda mongol descendo a montanha. Jamais fui um grande fã de rapidez. Nunca suportei estimulantes, nem mesmo café, mas fazer sexo acelerado sob efeito de drogas é uma experiência que vale a pena. Milhares de homens gays não podem estar errados. Começamos como se estivéssemos em uma luta greco-romana sem roupas e aceleramos o ritmo até parecermos atores de um filme pornô assistido em alta velocidade.

Tentamos permanecer abaixados no barco e não fazer muito tumulto, mas perdemos a noção do que acontece à nossa volta. Temos de nos contorcer para ficarmos acomodados entre os dois bancos que dividem o fundo do barco. Ela é agressiva, quase violenta, empurra e puxa a minha cara e os meus ombros, me arranha as costas e até me estapeia o rosto.

Agarro-me às beiradas do barco. Sinto que, enquanto me movimento, minha bunda nua aparece acima dele. Dou uma olhada sobre o ombro e avisto um grupo de idosos – em agasalhos e tênis de corrida – que deram uma pausa em sua caminhada matinal a fim de descobrir por que existe uma bunda branca descendo e subindo dentro do barco. Ao perceberem que estou olhando para eles, começam a bater palmas. Devo mencionar esse detalhe para Gabriela ou continuo sem me importar? Decido ignorar. Menos responsável, mas necessário, devido às circunstâncias.

Somente então percebo que um homem vem remando em direção ao barco sobre uma prancha de surfe. Luto para encontrar minha cueca, mas é tarde demais – ele se aproxima e me agarra pela canela.

– Que merda você está fazendo? Isso não é um motel, é o meu barco. Que saco!

Colocamos nossas roupas de baixo e nadamos de volta para a praia, com o irado dono do barco sobre sua prancha de surfe nos seguindo com o olhar. O grupo de velhinhos assiste a tudo da costa. Felizmente todos os nossos pertences ainda estão sob o barco virado na praia. O dono quer o equivalente a 50 dólares para compensar o uso de sua embarcação. Gabriela mostra-se uma negociante astuta e fala com ele demonstrando superioridade. Ele se satisfaz com uma lata gelada de Skol. E fica mais do que feliz quando uma segunda cerveja é oferecida. Sentamo-nos e bebemos com ele, e rimos do que aconteceu. O fato de estarmos nus em seu barco passa do chocante para o aceitável, e chega ao hilário. Ele diz:

– Que droga! Já tenho aquele barco há anos e ainda estou esperando pra fazer sexo dentro dele.

Ele nos compra um pacote de pipoca de micro-ondas. Eu pago mais uma rodada de cervejas. O sol está a pino e sinto meu rosto começar a queimar.

Caminho com Gabriela até o ônibus. Pego seu número de telefone e recebo um surpreendente beijo doce de despedida. Uma relação perfeita: início, meio e um fim que não dá tempo para que as coisas se tornem erradas ou ruins. Penso que talvez eu a ame.

Retorno para o Villa e Inga não está. Deito na cama e tento sem sucesso dormir por algumas horas. No meio da tarde, a festa começa de novo na varanda. Inga está no meio da multidão, mas se recusa a me olhar. Terei de me transferir para outro quarto no albergue, mas primeiro preciso usar o banheiro. Enquanto estou mijando, escuto um gemido e dou uma olhada por sobre o ombro para notar um pé saindo do chuveiro atrás de mim. Caído sobre o chão, atrás da cortina mofada, está o sr. Coca. Ele está inconsciente, com vômito espalhado por toda a camiseta e nas paredes do box. Seu nariz está sangrando e há uma garrafa de tequila quase vazia entre as suas pernas. É o tipo de chuveiro que você não deve usar sem chinelos de borracha, mas ele parece bem confortável com a boca aberta apoiada nos azulejos frios escurecidos.

Tento ajudá-lo a se levantar, mas ele é um peso morto. Mal consigo me manter em pé a essa altura. Encontro Knute e Karla. O sr. Coca coloca um dos braços ao redor de mim, sorrindo.

– Aquela garota foi bacana – diz ele no seu melhor sotaque fingido de Los Angeles. É bom ter amigos como Knute – ele é o tipo de pessoa que dá apoio moral ao seu comportamento, não importa quanto tenha sido grotesco. Suspeito que Karla tenha achado minhas atitudes grosseiras e estúpidas, principalmente porque ela me chama de "grosseiro e estúpido". Conto a ela que estava possuído por Eros, que não tive culpa.

– Você estava possuído por anfetamina e álcool – ela responde. – Foi tudo culpa sua.

Boa mulher. Cabeça firme sobre os ombros. Knute e eu procuramos Max e nós três retiramos o sr. Coca do chuveiro e o colocamos sobre a cama mais baixa de um beliche, com uma lata de lixo diante do rosto.

Aos tropeços, me aproximo das pessoas, mas sinto repulsa pela festa, pelas pessoas, pelo álcool. Inga está fumando um cigarro e conversando sobre alguma besteira com um cara. Primeiro ela finge não me ver, mas depois me encara da porta do nosso quarto.

– Você sabe que eu ficaria preocupada com você se Karla não tivesse me contado que você saiu com uma puta – ela diz.

– Não saí com uma puta.

– Não importa. Fiquei com outra pessoa também.

– Parabéns.

– Quer saber com quem?

– Na verdade, não. Posso passar por você pra entrar no quarto?

– Claro, se é o que quer. Você pode também ir se danar.

Entro no quarto e começo a organizar as minhas coisas. Mudarei para outro quarto naquela mesma noite. Devia ter escolhido outro dormitório logo no início. Uma coisa é se envolver com mulheres que encontramos ao acaso, mas coabitar com estranhas é sempre uma péssima ideia. Amanhã, a primeira coisa que farei será ir para o Nordeste, não importa o preço da passagem. Talvez tenha de estourar o meu cartão de crédito, mas chegarei lá. Enquanto dobro as roupas e as transfiro do armário para a mochila, Inga avança pela porta. Há um sorriso sinistro em seu rosto; sua presença domina o quarto.

– Aonde pensa que vai? – ela gargalha.

– Acho que está bem claro que não está rolando pra nós. Tenho que ir. Nem deveria estar no Rio agora.

– Bom, vim contar pra você que encontrei outra pessoa.

– Você já me contou isso.

– Fredrick e eu passamos o dia todo juntos na praia, não que você tenha notado. Ele é um homem de velocidade. É mais o meu tipo de homem.

– Eu deveria saber quem é Fredrick?

– Sim, ele é da Austrália. Você esteve com ele ontem à noite na praia.

– O sr. Coca? O nome dele é *Fredrick*? Sim, fico feliz por vocês dois. Ele é um bom partido. – Continuo arrumando a mochila rapidamente.

– Sabe o que há de errado com você?

– Não. Por favor, me conte.

– Você acha que o mundo gira ao seu redor e de seus probleminhas idiotas. E, então, você simplesmente age como se estivesse tranquilo, como se nada importasse, mas você é apenas um garoto fugindo dos seus problemas, e fugindo de se tornar um adulto.

– Obrigado pela sessão de psicanálise. Tudo bem pra você se eu passar a noite nesse albergue ou prefere que eu vá pra outro lugar?

– Se você ficar aqui... talvez eu dê uma surra em você.

Os olhos dela estão vidrados, parece uma maníaca. Ela fede a tequila.

– Certo. Bem, e sobre o dinheiro que emprestei pra você? Tenho certeza de que *Fredrick* pode ajudá-la agora, e eu realmente preciso dele pra fazer o meu trabalho.

Ela gargalha novamente, erguendo a voz.

– Esqueça. O que você vai fazer? Nada, seu babaca.

– Você está absolutamente certa. Nada.

Minutos antes, eu havia encontrado a maior parte do dinheiro dentro do armário enquanto arrumava minhas coisas. Agora ele está no meu bolso da frente. Tinha decidido que pediria a ela que me pagasse. Se ela concordasse, eu deixaria que ficasse com o dinheiro, mas se desse uma de durona, eu ficaria com ele. Ela me deu uma resposta bem clara.

– Pensei que você seria diferente, que este era um novo começo. Mas você é tão ruim quanto o meu último namorado. Nem sei por que ainda estou surpresa.

– Sinto muito se a desapontei. Nem sou seu namorado. Escute, eu não tinha a intenção...

– Virou advogado agora? Tão controlado. Como se isso não fosse nada.

Ajeitei minha mochila rápida e desorganizadamente. Não há nada que eu odeie mais do que ficar com uma mochila desorganizada. Aperto a parte superior da mochila para tentar enfiar os sapatos, roupas e papéis que faltam.

– Sabia que não deveria ter me envolvido com uma menina de 22 anos – murmuro.

Isso funciona. Hora de começar a briga. Um soco cruzado demonstra o desgosto de Inga pela dissolução de nosso relacionamento. Ela acerta o meu olho em cheio – um golpe muito superior ao que dei no Doutor. O segundo soco não me acerta e o terceiro pousa estranhamente, ainda que não menos doloroso, na minha bochecha. Caio para trás em cima da cama e ela monta em mim, preparando-se para me socar mais uma vez, mas a agarro pelos pulsos.

– Tira as mãos de mim, ME LARGA! – ela grita.

– Você socou minha cara. Deixo você sair quando se acalmar.

– O que vai fazer, me bater? VEM, ME BATE, DROGA!

– Não vou bater em você.

– Me bate! – ela grita de novo. Seus olhos se reviram como se estivesse sob o efeito de algum transe psicótico induzido pelo álcool e pela adrenalina. Estou pronto para que todo o albergue invada o quarto e me arraste para a rua, culpando-me por violência doméstica, abuso sexual, furto, deficiência de caráter e baixa reputação moral.

Tecnicamente falando, sou um feminista, uma vez que acredito que homens e mulheres são iguais. Se uma mulher vai dar socos de mão fechada em seu rosto, eu diria que é uma discriminação não se defender. Homens costumam ter mais força na parte superior do corpo, mas essa fêmea foi criada à base de vitela e cerveja, e é de longe uns 5 centímetros mais alta que eu. Entretanto, me dou conta de que fui eu quem deixou a situação chegar a esse ponto, e também não quero terminar em uma prisão no Brasil. Além do mais, prefiro não socar ninguém, particularmente aeromoças, exceto como último recurso disponível. Continuo agarrando os pulsos dela por mais alguns segundos, até sentir a adrenalina diminuir. Apanho minha mochila, aberta e com as coisas caindo para fora, e corro para a porta da frente.

Ainda que tenha sido ignorado pela versão cinematográfica de *A praia*, grande parte do célebre romance de Alex Garland é sobre um homem jovem que busca autenticidade fora da própria cultura. O narrador, Richard, admite querer observar a miséria cruel no exterior. Ele quer ver algo cru e primitivo, algo que não é possível experimentar em uma cultura com seguros, planos de saúde e previdência social. *A praia* também é uma crítica ao moderno turismo dos "guias de viagem", e o narrador busca em vão encontrar sua utopia, um local culturalmente não contaminado por outros turistas. Contudo, o narrador de Garland quase não tem contato com as pessoas na Tailândia, limitando-se a receber delas panquecas de banana durante os cafés da manhã nos albergues. Ele conhece dois viajantes franceses e ruma para um parque nacional a fim de imergir em uma comunidade de ocidentais cuja ideia de vida primitiva inclui um Game Boy da Nintendo, um suprimento inesgotável de maconha e uma lancha.

Mas eu compreendo o que acontece com Richard e com muitos outros mochileiros: é uma armadilha em que se cai fácil. Você vai para outro país e, em vez de tentar entender as nuances e minúcias da cultura, acaba perdendo tempo com um bando de gente sem destino como você. Dane-se todo o universo dos mochileiros. Mesmo as pessoas que se consideram viajantes experientes, que estiveram em albergues por todo o mundo, em geral são apenas ingênuos neocoloniais. Só querem encontrar um destino onde possam fazer valer seus dólares, euros, ienes ou *shekels* em hotéis econômicos onde seja fácil encontrar cerveja e drogas. Ou querem apenas se gabar de ter feito algo mais intenso, extremo e autêntico que seus amigos. Isso descreve bem a cena aqui no Rio, e estou feliz em fazer uma retirada rápida.

A caminho da porta do Villa, passo por uma mulher brasileira negra e alta, vestida com saia branca, camiseta branca sem mangas e um gorro branco. Ela é atraente, tem os braços e as pernas longos e esguios, e uma pele de chocolate que brilha sob a lâmpada exposta da entrada principal.

– Por que a pressa, maluco? – ela pergunta ao pegar um dos sapatos que deixei cair.

– Problemas com mulheres.

– Você a traiu? – ela pergunta, apertando os olhos.

– Não. Bem... quer dizer, sim, traí. Algo parecido com traição – sinto um contentamento repentino irradiando dela devido a algum tipo de irmandade entre mulheres injustiçadas. – Mas você não entende, veja, eu a conheço há apenas um dia e nós não tínhamos muito em comum. Então encontrei uma garota brasileira encantadora, depois começamos a discutir e então ela me socou a cabeça.

– Socou você? Ela fez todos esses machucados?

– Não. Estes foram de um amigo meu.

– Entendo.

– Tenho passado por dias difíceis.

– Ela não era brasileira, não é?

– Áustria... ahn... da Áustria.

Ela me lança um olhar debochado.

– Não sei a palavra em português... uma gringa.

Ela relaxa.

– Brasileiras são ciumentas e gostam de fazer um pouco de drama. Drama como nas telenovelas, isso eu sei. Mas quando vocês gringos fazem drama, é sempre um grande drama. Brigas, guerras.

– Tentamos deixar tudo mais interessante.

– Pra que interessante? Não precisamos de mais nada interessante por aqui. Já temos drogas, pobreza e violência suficientes. Mas enfrentamos. Vocês, gringos, vocês têm tudo, mas gostam de complicar as coisas.

Ela sorri.

– É a natureza humana, eu acho.

– Não, eu acho que a natureza dos gringos é diferente. Os Estados Unidos são bons pra fazer dinheiro, mas já vi seus filmes e programas de tevê. Todos aqueles *serial killers* e estupradores, e *serial killers* estupradores de bebês, e vocês precisam de detetives cientistas especiais pra resolver os casos. Prefiro continuar no Rio e ser morta por uma bala perdida. Sou do

Nordeste. Temos os nossos problemas também, mas é bem mais tranquilo. Volto pra lá em breve.

– Pra onde?

– Recife. Tenho um trabalho de modelo pra fazer por lá.

– Mesmo? – perguntei intrigado. Certamente já havia me envolvido com mulheres suficientes por uma noite, mas esta parecia particularmente interessante.

– Vou pra Fortaleza ou Recife amanhã. Pra onde conseguir um voo. Vamos tentar nos esbarrar.

Trocamos e-mails rapidamente. Ela sai para a calçada comigo, me ajuda a colocar as coisas no táxi, me dá um tapinha na cabeça e me aconselha a ficar longe das gringas no futuro.

O taxista e eu percorremos praticamente todos os quarteirões de Copacabana, checando cada hotel que eu pudesse pagar. Há alguma espécie de festival neste fim de semana, um último sopro de Carnaval. Por causa disso, hotéis econômicos com vagas são tão difíceis de encontrar quanto ortodontistas ingleses competentes. Finalmente chego ao motel Calígula. Com um fluxo constante de hóspedes entrando e saindo da porta, deve haver alguma vaga, e parece decadente o suficiente para se adequar ao meu orçamento.

– Você quer o quarto *deluxe* ou o simples? – a matrona da recepção me pergunta.

– Quanto é?

– É tudo por hora. Se quiser ficar a noite inteira, terá que pagar por hora até o *check-out*. E só pode ficar a noite toda no *deluxe*.

A taxa da noite é o equivalente a 90 dólares, muito mais do que eu gostaria de gastar. Entretanto, dado os eventos da noite, esta é claramente uma emergência, portanto, hora de utilizar o meu cartão de crédito. Vasculho a mochila para retirar meu cartão de seu esconderijo no meio das meias.

Não há cartão de crédito.

Confiro de novo.

Confiro três vezes.

Touché. Inga foi mais astuciosa do que imaginei. Ela deve ter pegado o cartão um pouco antes de eu resgatar o dinheiro dela.

Pago com o que me resta de dinheiro e recebo a chave que vem presa a uma coluna dórica do tamanho de um rolo de macarrão. Meu quarto cheira a alvejante e tem uma cama circular com um único lençol branco, uma televisão com quatro canais de pornografia, um teto com espelhos e um chuveiro em um banheiro inundado com um sabonete vermelho em formato de coração. Hesito em usar os travesseiros brancos, que têm aquele cheiro de suor de cabeça de um velho boné de beisebol.

Decido, ao contrário, caminhar até a praia e limpar a mente. Faço uma ligação internacional rápida de um telefone público para cancelar o cartão de crédito. A beleza imaculada do oceano Atlântico sob o luar limpa a minha alma. Respiro o ar fresco, deixo os dedos dos pés afundarem na areia e me permito impregnar por todo esplendor natural. Eu mesmo provoco todo esse drama, concluo. O universo ainda é inerentemente bom e, comportando-me com mais prudência, tudo ficará bem. Sorrio para duas crianças que vêm na minha direção pela praia. Como é bom, puro e simples ser jovem.

Olho para o lado e percebo o que parece ser um vagabundo cheirando cerca de 5 gramas de cocaína, as carreiras brancas irregularmente dispostas sobre um quadrado de papelão rasgado. É uma vergonha que crianças estejam assistindo àquilo, tendo sua inocência e ideias otimistas sobre a vida corrompidas. As crianças se aproximam do homem. Antes que eu possa falar qualquer coisa, começam a conversar com ele e então cheiram furiosamente as enormes carreiras de coca. Em poucos minutos, assisto-as acabarem com todo aquele pó.

Uma das crianças menores, talvez com 9 anos de idade, usa um chapéu feito com balões em formato de animal (sim, como aqueles que os palhaços fazem nas festas infantis). O menino anda na minha direção com um saco plástico de lixo cheio de latas vazias e me pergunta se quero aprender um pouco de capoeira. Ele inala algo pelo gargalo de uma garrafa de um litro de Pepsi com cerca de 3 centímetros de um líquido claro no fundo. Digo a ele que já conheço um pouco de capoeira, que comecei a praticar há alguns anos, quando morava na Califórnia. Pobre garoto. Decido agradá-lo. Fazemos uma ginga, o passo básico da capoeira. O pé direito vai para trás e o braço esquerdo vem para cima para proteger o rosto. Depois o pé direito volta para a frente e o pé esquerdo vai para trás com o braço direito levantado para a defesa. O garoto não sabe o que está fazendo e tem o aspecto que se esperaria de uma criança de 9 anos sem camisa, com um chapéu de balão amarelo, doida de cocaína e solvente de tinta.

– Isso na sua cabeça é um cachorro, cara? – pergunto.

– Não, é um robô-puma gigante. Agora você tem que comprar uma cerveja pra mim.

– Que tal um refrigerante?

– Cerveja ou 5 reais pela aula de capoeira. Agora.

– Compre uma bebida pro moleque, seu ianque – alguém fala em inglês atrás de mim. Viro e avisto Bobby debruçado sobre uma mesa com cerca de seis latas vazias de Brahma diante dele.

– Vamos beber pela busca do novo sonho americano. Que se arranque todo o prazer da droga dos Estados Unidos – Bobby anuncia, enquanto abre uma lata nova de Brahma e a passa para mim.

Faço um resumo do desastre com Inga e ele lamenta:

– Não sei o que fazer com as mulheres. Não sei mesmo. Você as quer, elas não querem você. Elas querem você, você não as quer. As pessoas querem dominar ou ser dominadas, é isso. Dane-se toda essa porcaria sobre amor, carinho e satisfação. De qualquer jeito, nunca mais devo me envolver com garotas; elas não se adaptam ao meu estilo de vida.

Conto a ele que havia ouvido que máquinas de salgadinhos e romance formam uma mistura perigosa.

– Você é muito americano, meu amigo. É preciso pensar *grande*. Você acha mesmo que a única coisa que faço é vender Cheetos em máquinas? Isso lhe parece mesmo a maior coisa que eu poderia fazer?

Faço para ele o discurso "tudo na vida tem o seu valor", que criei quando era estudante de Ciências Sociais na faculdade de Ciências Humanas. Sucesso é uma questão de perspectiva... Tudo depende do que você quer da vida... As frases de costume.

– Sabe, cara, posso não aparentar, mas tenho 37 anos. O que você acha que estou fazendo hospedado em uma droga de albergue de mochileiros?

– Encontrando jovens fotojornalistas das Filipinas. Quer dizer, essa seria uma boa razão, pelo menos pra mim.

– Não. Estou prospectando novos mercados.

– Como o quê?

– Pense grande. O que você acha?

– Não sei não... Máquinas de salgadinhos em albergues?

– Tente de novo.

– Redes de albergues da juventude? Não, espere, cartões internacionais de telefone?

– Tá ficando frio.

– Pornografia amadora?

– Já mexi um pouco com isso, mas geralmente tem margens pequenas de lucro. Não, cara, sou um empresário profissional, como um artista, exceto que os negócios são o meu meio. A principal atividade que estou desenvolvendo é o negócio de MDMA.

– Você vende *ecstasy*?

– Olhe, não sou um traficante de *campus* universitário ou o cara no canto da *rave*. *Estou transformando essa coisa em algo global* – ele responde. – Tenho vendedores por toda parte. Todo o nível intermediário da transação pode ser feito eficientemente por correio ou e-mail. As pílulas se parecem com qualquer outra pílula; não são tão diferentes do Tylenol. Os cães não são treinados para cheirá-las e com certeza eles não conseguem pegá-las nos milhares de pacotes que vêm pelo correio todos os dias. Você tem apenas uma fração da concorrência que encontra no mercado de cocaína, além de uma clientela mais educada e pessoas menos perigosas envolvidas na distribuição. Metade das gangues de drogas nas favelas daqui, como as que comandam a venda do pó, nunca viu um E na vida. Pelo menos não até agora.

– Mas as margens não são tão grandes. Você não pode cobrar 20 dólares por uma pílula das pessoas no Rio ou em Santiago como você cobra nos Estados Unidos, certo? Pode? – pergunto, ainda incerto sobre a definição precisa de *margens*.

– Não tenho interesse em vender para o público daqui. Expatriados e mochileiros, são eles o meu mercado. Eles consomem de tudo e pagam tanto quanto pagariam em seus países, até mais. Mochileiros podem passar um dia à procura de um albergue que cobre 10 dólares em vez de 14, mas entregam satisfeitos o dinheiro por um punhado de pílulas, pela chance de chaparem em alguma cachoeira com algumas minas suecas ou qualquer coisa do tipo. Uma boa droga é algo que as pessoas sempre compram quando viajam. Faz parte da ideia de uma experiência única na vida. Como pode ver, meu mercado é a Trilha dos Gringos. Entende? O público da Lonely Planet.

– Cara, você tá chapado agora? Mal consigo ver o branco dos seus olhos.

– Talvez esteja, mas isso não importa – ele pede mais quatro cervejas do quiosque. – O que tenho é um nicho de mercado de um produto que tem alta demanda e ainda baixa oferta aqui na América Latina. Não quero que cresça muito. Quero que permaneça de um tamanho bacana, controlável e discreto. Não vendo essa porcaria pessoalmente. Escolho a dedo pessoas que podem se comunicar com viajantes, pessoas que conhecem o universo deles, de modo que o comprador não fique com medo de ser esfaqueado, roubado ou algo assim. Estou aqui no Rio à procura de... representantes, digamos assim. Estou estabelecendo franquias, seguindo os ensinamentos de todos os grandes empreendedores.

Bobby não está vestindo um terno de linho. Não há o tema de abertura de Miami Vice tocando ao fundo. Ele se parece mais com um garoto magrelo e agitado usando uma camiseta do Beastie Boys ao lado da geladeira em uma festa discursando sobre o fim da *pop music*.

– E a garota, então? – pergunto. – Ela não se adaptou ao seu estilo de vida, hein?

– Um homem também precisa equilibrar de algum modo sua vida pessoal. A parte da paixão tem que acontecer. Que se dane, cara. Thomas, você parece um bom ouvinte e um cara razoavelmente inteligente. Deixe-me explicar: eu voo pra Amsterdã algumas vezes ao ano e pego uma grande quantidade da coisa direto dos químicos – pessoas muito educadas, civilizadas e bacanas; meus amigos, nenhum daqueles matadores com quem você precisa negociar nas fontes de heroína ou cocaína. Vendo porções médias aos meus representantes a 10 dólares a pílula, ou menos, dependendo da quantidade, e eles podem revender por quanto quiserem. Estou prestes a dominar a cena dos mochileiros em Santiago, Rio e Buenos Aires. Também devo investir em Cusco, mas já existem muitos israelenses e franceses fazendo negócio por lá. Não vou me meter em São Paulo porque lá não há viajantes suficientes e é um troço muito grande.

Observo enquanto ele range as mandíbulas, movendo-as para a frente e para trás, e pergunto mais sobre o processo de distribuição em Santiago.

– Tudo pelo correio, cara. Nunca cruzaria uma fronteira com mais do que uma única pílula. Nunca. Eu posto tudo de Amsterdã para Santiago e me certifico de que chegou seguramente em meu depósito antes de pôr os pés no Chile de novo. Se acontece algum problema, eu apenas estabeleço minha base em outro lugar. Isso foi basicamente o que aconteceu em Seul, apesar de ter sido um pouco mais complicado. Não tenho nenhum vínculo com o Chile além das máquinas de vender salgadinhos, que realmente são uma ótima maneira de lavar dinheiro e exigem pouquíssimo trabalho meu. Quanto à comunicação, crio contas de e-mail com nomes falsos e depois meus representantes me pedem que envie fotos impressas de alguma viagem. Sei que vocês, jovens, gostam de enviar fotos por e-mail, mas ainda sou do tempo da foto impressa. Uma foto são 25 pílulas. Quatro fotos são cem pílulas. Oito fotos são duzentas pílulas, e assim por diante, conforme a pessoa quiser.

– Como você as empacota: com grãos de café ou em lenços de papel?

– Não é maconha nem coca, cara. Aí está a beleza da coisa. Uso envelopes do Fedex com as pílulas grudadas a uma página em fileiras, como aquelas balas que as crianças comem. O pacote do Fedex fica parecendo um envelope com fotos dentro. Às vezes, algumas pílulas se rompem ou amassam, mas você pode amassá-las e depois colocar o pó em cápsulas de gel vazias. Não recomendo isso, então você pode misturar com efedrina, amido de milho ou laxante pra bebês. Você sabe, qualquer coisa. – Ele silencia por um instante e depois começa a desacelerar emocionalmente; seus olhos vão ficando incrivelmente tensos. – Mas, honestamente, Thomas, o que há de errado com aquela garota? O que há de errado comigo? Poderíamos ficar bem juntos.

– Estou aqui pra ouvir você, cara. Pelo menos ela não chutou a sua bunda. Olhe meu rosto.

– Você já estava assim.

– Bem, está pior agora. E também é uma boa lembrança de por que não posso me envolver com garotas. Talvez não esteja criando uma rede internacional de *ecstasy* ou qualquer coisa assim, mas estou tentando escrever o guia definitivo de viagem sobre o Brasil.

– *Posso perceber*. Você parece ocupado, cara. Mande isso à merda, fique aqui e podemos fazer mais dinheiro juntos do que você conseguiria escrevendo mil guias de viagem. É sério. Olhe pra essa cidade, veja como é sensual. Ela tem a música, as praias, as mulheres e até mesmo alguns DJs decentes. Deve ser o melhor mercado potencial para o *ecstasy* do planeta, e está apenas decolando. Fique aqui. Os guias de viagem serão completamente substituídos pela internet em um ou dois anos, de qualquer modo. Uma puta perda de tempo, se você me perguntar.

– Cara, nunca vendi nada na minha vida, exceto saquinhos com nozes para os escoteiros. Quer dizer, não tenho problemas pessoais com o que você está fazendo, nem sou filosoficamente contra as vendas. Só não faz parte da minha personalidade. E já estou trabalhando, quer dizer, ainda não recebi nada, e na verdade ainda não escrevi nada, mas estou tentando me transformar em um autor de viagem, entende? Tenho um monte de porcaria pra fazer no Nordeste. Tenho que colocar os pés na estrada.

– Primeiro de tudo, meu jovem, você ainda está chapado. Precisa desacelerar e começar a se cuidar melhor. Segundo, Thomas, meu amigo: vender drogas ilegais é bem mais fácil do que vender sacos de nozes. Pra falar a verdade, coisas ilegais praticamente se vendem sozinhas. Você está aqui, bem agora, no Rio. Aproveite. Por que você precisa ter pressa?

Bobby aperta a minha mão. Esmaga-a com suas duas mãos. Elas estão moles, mas ele é guiado por um nebuloso senso de solidariedade estimulado pelas drogas. Ele me aperta com suas palmas suadas, sem querer soltar, deixando que a empatia artificial do MDMA bombeie através do crânio e chegue direto aos seus dedos. Olha fixamente a minha cabeça.

– Nós nos divertiremos.

Geralmente tenho facilidade para dormir em aviões e sou mestre na técnica da "cabeça sobre a bandeja", mas neste voo não consigo pegar no sono. Uma paranoia crescente. Uma ansiedade corrosiva. Uma diarreia iminente. Esses são os motivos.

Embora Bobby não tenha me convencido a me juntar a ele em sua vida de crime e empreendedorismo, havia me persuadido a permanecer para mais algumas bebidas, de modo que não me recordo de como voltei ao motel. Sei que já tinha amanhecido quando me despedi dele. Cambaleei de volta ao Calígula, apanhei meus pertences e não perdi tempo para pegar um táxi direto para o aeroporto. Seria isso ou acordar três anos depois, vivendo em um beliche no Villa Copacabana, conversando sobre os velhos tempos das viagens com mochila e exibindo resquícios de lápis de olho da noite anterior.

Fui para o aeroporto enquanto o resto da cidade apenas começava a acordar e, após uma negociação agitada, consegui uma passagem para o voo mais cedo que havia para Fortaleza. O território que pesquisarei para o livro se estende do norte de Recife e depois segue para o leste, ao longo da costa de São Luís. Fortaleza está bem no meio. Pensei que seria bom estabelecer uma base lá e explorar a região ao redor em vez de fazer uma viagem direta, o que terminaria por estourar o meu prazo. Posso guardar meus papéis, roupas e outras coisas em Fortaleza, assim não precisarei carregar tudo comigo. Além disso, já estive lá antes, uma vez.

O voo não devia demorar tanto. O avião já fez duas escalas no caminho – para embarque de passageiros, como em um ônibus escolar. Os atrasos, combinados ao tempo que gastei tentando conseguir a passagem no aeroporto, pagando em dinheiro e esperando para embarcar, fizeram com que a viagem ocupasse um dia inteiro. A primeira vez que o avião pousou para uma escala em um aeroporto menor, estava convencido de que tínhamos feito alguma espécie de pouso de emergência. Pelo que conseguia enxergar, havia um pântano ou um deserto, ou algo parecido debaixo do avião. Estávamos encrencados. Tentei controlar meu coração, que batia acelerado. Mas em vez de minha fantasia apocalíptica, simplesmente pegamos alguns passageiros e decolamos novamente. Deveria saber disso, uma vez que já peguei voos com conexões antes. Mas isso não importou muito, uma vez que agora estávamos indo diretamente ao encontro de uma violenta tempestade. O cara ao meu lado tinha as unhas feitas e estava bebendo cachaça. O cheiro de álcool me faria correr para abrir a porta de emergência e me lançar para fora do avião, mesmo que não caíssemos. Então, achei melhor esconder-me no banheiro.

Alguém bate à porta do banheiro de tempos em tempos e pergunta em inglês se estou "ok *in there*?". Não, senhor, não estou. Inclino-me para a frente e apoio a testa no espelho gelado. Tiro a camisa encharcada de suor e lavo o rosto e o peito com água morna da minipia. Tento me secar com as toalhas de papel áspero do banheiro, mas a água escorreu e encharcou o elástico da minha cueca, bem na cintura da calça jeans. Esfrego-me com papel higiênico e enfio algumas folhas entre o elástico e a minha pele. Isso deve funcionar.

No lavatório, olho-me no espelho e balanço a cabeça: estou gargalhando enquanto me olho. Minhas pupilas estão dilatadas e posso enxergar cada poro do meu rosto, cada vaso no branco dos meus olhos, cada pelo protuberante que está em um lugar onde não deveria estar. Existem restos de areia no meu couro cabeludo, restos de areia entre os meus dedos do pé. Os ferimentos estão roxos como uma ameixa, em contraste com uma queimadura solar rosada que domina meu nariz e minhas bochechas.

unamoscaenmisopa@______________.com está rabiscado nas costas da minha mão com uma caneta esferográfica. Para aqueles que não falam espanhol, significa: umamoscaemminhasopa@______________.com. A tinta da caneta se desfaz em minúsculas estrelas-do-mar azuladas que formam poças em meus poros e folículos capilares. Bobby me fez prometer que eu decoraria o seu e-mail e não o dividiria com mais ninguém. Ele me disse para não anotá-lo, mas acho que não confio muito na minha memória neste momento.

Pouco depois da meia-noite, o avião chega ao aeroporto de Fortaleza. Não é o aeroporto tropical ao ar livre no qual me lembro de ter aterrissado em 1996. Há uma praça de alimentação. Um *duty-free shop*. Quiosques de aluguel de carro. Escritório de turismo. Um telhado. Devo me apresentar no escritório de turismo? Eles saberão quem eu sou? O escritório está fechado, portanto, terei de anunciar a minha chegada outro dia.

Pago um táxi até a cidade, já que não há a menor possibilidade de eu me apertar em algum transporte público agora – ainda mais neste estado desesperado de exaustão catatônico-cambaleante-histérica. Após alguns minutos dentro do carro, Fortaleza já se revela além da fachada de modernidade do aeroporto. O táxi percorre rodovias parcialmente concluídas e desinteressantes, com prédios baixos em formato de caixas. Ao longe está outro enclave do desenvolvimento: um grupo de espigões envidraçados, cujas altíssimas varandas brilhantes denunciam uma cidade que aspira se erguer acima da confusão característica da expansão urbana de Terceiro Mundo. São os dólares dos turistas trabalhando. Não posso deixar de me lembrar de Miami ou Porto Rico uns dez anos atrás.

Felizmente, consegui um desconto em um hotel próximo à praia Meireles. Após dois rápidos telefonemas que fiz enquanto esperava meu voo no aeroporto do Rio, um antigo amigo me colocou em contato com um conhecido brasileiro cuja família administra uma agência de turismo perto de Salvador. Ele me arrumou uma reserva em um confiável hotel de executivos. Ficarei hospedado com o desconto "dos amigos e da família". Ainda que eu fantasie sobre festas de imprensa e hospedagens gratuitas, a Lonely Planet tem uma política de que os escritores não podem aceitar descontos nem brindes. A empresa cultiva uma reputação de autoridade e integridade. Essa questão aparece como Nota do Editor, no início de cada livro:

> Por que oferecemos o melhor em informação sobre viagens no mundo? É simples: nossos autores são viajantes indepen-

dentes dedicados. Eles não pesquisam somente pela internet ou pelo telefone, e não aceitam brindes em troca de críticas positivas. Viajam extensamente, para todos os locais populares e além das rotas mais conhecidas. Visitam pessoalmente milhares de hotéis, restaurantes, cafés, bares, galerias, palácios, museus e muitos outros lugares – e se orgulham de colher todos os detalhes e contar as coisas do jeito que elas são.

Imagino que aceitar aquele desconto por meio de um amigo não fere o meu comprometimento com a LP e, portanto, está dentro das regras. Isso realmente não afetará meu necessário senso de objetividade. Minha situação financeira já está desoladora e o desconto ajudará imensamente. Além do mais, o hotel pode ser a minha base inicial de operações, e de lá traçarei a próxima etapa do meu projeto.

Chego ao portão reforçado da entrada do hotel e o vigia noturno faz o meu *check-in*. A pequena recepção é coberta por pequenas pastilhas azuis, o tipo que se usa apenas em chão de banheiro. O teto é forrado por algum tipo de carpete.

O vigia diz que não há reserva para mim e acha que não há quartos disponíveis. Peço que confira os registros e cheque o computador. Deve haver alguma notificação sobre a minha chegada.

Não há nada.

Queria fazer tudo isso em segredo, como a LP sugere, mas recorrerei às cartas que tenho na manga, se necessário.

– Na verdade, sou autor da Lonely Planet e escreverei sobre Fortaleza e sobre os hotéis na cidade. Você acha que pode conferir mais uma vez? É muito importante.

Esta é uma cidade turística e o livro da LP é o guia definitivo; ele pode promover ou destruir muitos hotéis. Sei disso e ele também. Eu o encaro.

Não quero perder minha objetividade neste hotel em particular, mas às vezes eles precisam saber com quem estão lidando. Nesse estágio de extremo cansaço, estou sob condições que justificam minha atitude. Aguardo sua resposta, suas desculpas e o meu quarto.

Ele me fita com olhos vermelhos e pálpebras caídas.

– Nunca ouvi falar. O que é isso?

– É um guia de viagem e é muito importante pra indústria turística.

– Bem, provavelmente posso conseguir um quarto se você contribuir com uma gorjeta. Ou você pode ir pra outro lugar. Mas não o aconselho a ficar andando por aqui sozinho à noite. De qualquer modo, amanhã terei que conversar com o gerente sobre uma estadia mais longa.

Acordo de meu cochilo com um barulho horrendo. É Marilyn ao telefone, e eu ainda estou na sala de conferências do 57º andar. EXISTEM RELATÓRIOS PARA SER FEITOS.

Não... é a recepção do hotel. Já é hora do *check-out*. Meu relógio indica nove horas da manhã. Não pode ser. Apenas comecei a dormir. Por que, meu Deus? Daria o meu testículo esquerdo para poder ficar nesta cama. Peço a eles que apenas me cobrem outra noite. Eles me dizem que um grupo de executivos está chegando de Teresina e que precisam do meu quarto. Eles têm reserva.

Peço para conversar com o gerente.

Ele é o gerente.

– Tenho uma reserva – alego. Deveria até receber um desconto. – Não quero ser arrogante, mas sou o escritor que eles disseram que chegaria. Sou eu que trabalho pra Lonely Planet.

– Não damos desconto exceto pra grupos de três ou mais pessoas, ou em estadias mais longas. Tem certeza de que está no hotel correto?

Não consigo suportar nenhum drama ou discussão neste momento. Digo a ele que sairei às 11 horas. Faço café instantâneo com a pequena cafeteira no quarto. Esta provavelmente será a última vez que terei tal luxo durante a viagem, e aproveitarei isso ao máximo. Ligo a televisão e assisto a um apresentador vestido de jeans dos pés à cabeça com uma voz de locutor de rádio. Ao mesmo tempo que fala de Jesus, anuncia um telefone celular, faz integrantes da plateia cantarem música *pop* brasileira em um caraoquê e aparece ladeado por uma fileira de mulheres que giram sobre uma plataforma em minúsculos biquínis. As mulheres têm o rosto pintado como gatos e usam um bigode postiço. Talvez eu possa aprender algo com isso. Seria esse programa um resumo da experiência contemporânea brasileira? O que significa tudo isso?

Dou um gole no café e depois refaço a minha mochila. Enfiado dentro de uma caixa de meias, encontro meu recém-cancelado cartão de crédito. Lembro-me agora de que o havia escondido ali, caso Inga tentasse arrancá-lo de mim. Talvez ela não fosse tão esperta, afinal de contas. Os detalhes são nebulosos, mas está claro que eu me ferrei, me ferrei bonito. Vejo um parque de diversões envelhecido do outro lado da rua e, a três quarteirões, uma vista bastante obstruída da praia. Os alto-falantes do parque tocam *Toxic*, de Britney Spears, pela segunda vez seguida, enquanto crianças histéricas pulam sobre um inflável laranja enfeitado com uma gigantesca cabeça de leão. Termino o café e juro que a partir daquele momento estou virando uma página deste projeto.

Seguindo a última versão do guia da LP, irei para a praia de Iracema. Encontrarei um lugar decente onde poderei me hospedar por uma semana e prosseguir com a minha vida. De acordo com o livro, Iracema é a tradicional região boêmia da cidade. Antes lar de poetas e intelectuais, agora é ponto de encontro de mochileiros com um adorável calçadão na orla que se anima à noite. O guia promete hotéis decentes e albergues, e atmosfera amigável. Lembro-me de ter me divertido lá à noite em minha última estadia na cidade, mas não me recordo de muita coisa.

Caminho até a avenida Beira-Mar e sigo vacilante por toda sua extensão em direção a Iracema, lutando contra o calor da manhã. Não posso deixar de sentir a fricção e o suor entre a minha pele e a mochila. Na orla de Iracema, prestes a ter um colapso térmico, busco abrigo em uma lanchonete para tomar um açaí, a fruta roxa da Amazônia que é preparada para ficar parecida com uma raspadinha escura. A polpa é retirada, congelada, misturada com um pouco de xarope de guaraná, às vezes com banana ou outras frutas – pelo menos nestas regiões –, servida em um pote e ligeiramente coberta com granola. O sabor é doce, energético e revitalizante. Aliado à cafeína do guaraná, o açaí me dá um choque de consciência com um latejar gelado nos meus dentes e lóbulos frontais. Inclino-me para a frente sobre a cadeira e tento deixar que as costas da minha camisa sequem.

Sigo para Iracema e vago pelo bairro até o píer de metal que se estende a partir do litoral. Observo alguns surfistas sobre as ondas turvas que avançam junto ao píer e depois começo a minha busca a pé por um hotel. Estarei na praia errada? Será que o outro escritor visitou este lugar nos últimos vinte anos? Você está me sacaneando? Milton Dias e Luís Assunção beberam e escreverem poesia pela última vez aqui em 1950, o que deixa cerca de meio século para que este lugar se transforme em um gueto turístico detestável. Imaginar a praia de Iracema como um canto boêmio hospitaleiro de Fortaleza é como fingir que o atual bairro de São Francisco, o Haight-Ashbury, famoso por ter sido o centro do movimento *hippie* da década de 1960, agora não possui bandas de adolescentes estragados por anfetaminas mendigando pelas ruas.

Iracema foi assim batizada por causa do romance do século XIX de José de Alencar. O romance tem o nome da protagonista do autor: a linda e inocente princesa tabajara, Iracema, que significa "lábios de mel" (possivelmente também um anagrama de América). Ela se casa com o conquistador português Martim e dá à luz o primeiro brasileiro de verdade, uma criança chamada Moacir.

Iracema foi o primeiro livro que li na aula de literatura comparada como aluno de graduação em Estudos Latino-Americanos. Acho que tinha expectativas muito altas em relação ao livro. Pobre José. Tentava contar uma história otimista sobre a vinda para o Brasil. Parece que ele transmitiu seu idealismo para o último autor da Lonely Planet que veio aqui, e para mais ninguém.

Após alguns minutos, começo a perceber alguns dos destaques do local: ratos de praia. Prostitutas adolescentes em *lycra*. Velhos estivadores italianos aparentemente em excursões de turismo sexual. Boates temáticas do tamanho de um quarteirão repletas de anúncios de cervejarias. Não consigo lidar com isso agora.

As populares cidades praianas de Jericoacoara ou Canoa Quebrada estão, ambas, a cerca de um dia de viagem daqui. Posso seguir direto para a rodoviária e chegar a uma delas ao cair da noite. Em uma cidade praiana menor, posso encontrar refúgio entre a areia e os malucos. Não, quero distância dos malucos e dos mochileiros. Talvez vá para uma vila subindo a costa, onde não há turismo: uma singular vila de pescadores com dunas e uma igreja colonial de cores pastel, uma cidade onde a única casa para hóspedes é silenciosa e os proprietários possuem uma atraente filha com pele morena, sorriso aberto e costas fortes. Não, preciso ficar aqui e trabalhar. Fortaleza é a principal cidade dessa região. Permanecerei aqui para entender o que estou fazendo e como devo agir. Só me aventurarei por outros locais quando estiver realmente preparado para fazer o trabalho. Preciso me refugiar para estabelecer uma base de operações.

Tomo notas sobre tudo isso em meu diário. De pé, parado em uma esquina, escrevo:

> **Suando muito. Preciso de ajuda. Preciso dormir. Preciso saber o que devo fazer. Fortaleza = Daytona Beach do Terceiro Mundo.**
>
> **Alencar estava errado, exceto pela coisa dos homens europeus transando com as mulheres locais.**
>
> **As praias agora são povoadas por conquistadores turistas gordos de São Paulo se fartando de cervejas, batatas fritas e peitos siliconados.**
>
> **O último autor da LP realmente visitou estes lugares?**
>
> **Por que estou aqui? Manhattan era tão ruim assim?**

Não tenho condições de ser exigente. Não agora. Encontro um albergue econômico que não está listado no guia da LP. Minha pesquisa será mais eficiente se eu me hospedar em locais que ainda não foram avaliados. Depois, pelo menos, terei confiança para acrescentar algo novo ao livro. Preciso adicionar alguma coisa, qualquer coisa. É o terceiro dia – ou é o quarto? – preciso ser eficiente.

O quarto do albergue é pequeno e simples, com uma janela de metal trancada que antes abria para a rua. Uma das paredes é um enorme sistema de gavetas e armários; a outra parede possui duas camas de solteiro com um colchão de espuma. Não é bem o que eu desejava, mas estou aliviado por ter quatro paredes e um lugar para deixar minha mochila.

Posso fazer algum progresso com a minha escrita neste quarto. Posso organizar meus capítulos, aprender o sistema de formatação do guia de viagem e dar início à redação. Pesquisarei durante o dia e escreverei à noite. Depois de tudo, isso deve funcionar. Anseio pela minha primeira noite de sono decente após escrever um pouco. Agora encontrei a paz mental que posso cultivar por um tempo. Às vezes, é melhor que alguém tome as decisões por você, para que sua cabeça não fique em um vaivém. Ter muitas opções é desgastante.

Apesar de estar tentado a dormir durante o resto do dia, decido sair, me reabastecer de cafeína e trabalhar um pouco. Estou cansado demais para realmente pesquisar ou escrever, mas de qualquer modo, existem muitas outras coisas que preciso fazer antes. Entorno alguns cafés e passo a maior parte da tarde sentado em uma cadeira de palha em um café de temática cubana. Finalmente decido que escreverei sobre este lugar. Tomo notas e o chamo de "autêntico", digo que tem "personalidade" e um "ambiente calmo e arejado", e desenterro mais alguns clichês. Mas não posso progredir assim. Preciso compreender o que e como devo fazer. Estudo pilhas de folhas impressas com cartas dos leitores, e-mails aleatórios enviados durante os últimos quatro anos que devo peneirar para saber quais se aplicam à minha tarefa e devem ser conferidos. A maioria das cartas tem a ver com opiniões sobre os restaurantes na Colômbia, um albergue que trapaceou com os valores de diária no Chile, e mais um punhado de coisas misturadas provenientes da caixa de mensagens do atendimento ao consumidor. Algumas são úteis e sugerem hotéis e restaurantes que o escritor deve conferir, mas a maioria traz reclamações fúteis sobre hotéis, discursos sobre o material ultrapassado dos guias ou longas cartas suplicando por um emprego na LP.

A Lonely Planet criou um novo formato para esta série de livros. Temos de reformatar todo o texto antigo dentro do novo estilo. Não tenho ideia de como usar o estilo velho, mas há um novo padrão chamado Felix que funciona como uma espécie de tabela dentro do Microsoft Word. Devo saber o que precisa virar um Título 3 ou Título 4, uma Lista Leve, uma Lista A, uma Fonte Prática ou um Ponto de Interesse (POI). E sequer comecei a explicar sobre as novas diretrizes para os mapas.

Esta não será uma atualização típica, como: este restaurante ainda funciona? Os preços destes hotéis continuam os mesmos? Vale a pena incluir este albergue novo? Não, esta será uma revisão completa do conteúdo; um reposicionamento da importância de diferentes seções do livro. Um novo estilo de resenhas, introduções, listas práticas, ícones de hospedagem. Não será como se sentar para escrever *O sol também se levanta* no Brasil; será como se sentar para escrever 60 mil palavras em HTML para um website de viagens. Posso sentir o pulsar do meu coração em minhas orelhas, e percebo aquela sensação familiar das minhas esperanças se desfazendo ao meu redor.

Quanto mais eu leio, mais propostas de mudança descubro. As introduções dos capítulos precisam ser redirecionadas, reescritas e melhoradas. Os textos nas caixas devem ser substituídos. O foco de todo o livro precisa ser reajustado. Enquanto no passado a Lonely Planet focava os mochileiros, seu público principal agora é formado por casais norte-americanos e ingleses com empregos estáveis, que saem de férias por duas a três semanas. Contudo, ainda precisamos atrair o filão dos mochileiros, e de um tipo peculiar de viajante alternativo (em geral um ex-mochileiro que agora tem uma profissão, mas que ainda gosta de viajar de modo independente). Isso significa que preciso pesquisar e escrever sobre atrações e destinos apropriados para cada tipo de viagem, incluindo diferentes classes de albergues, hotéis, ônibus, serviços de locação de carro, voos, passeios e muito mais.

A Lonely Planet gostaria que 20% da cobertura fosse voltada para o viajante econômico, 60% para o turista médio, e 20% para o alternativo. Também devo levar em consideração o que uma mulher viajando sozinha deseja, o que um viajante deficiente deseja, o que um viajante gay/lésbico/bissexual/transgênero deseja, o que um viajante vegetariano ou *vegan* deseja. E preciso ser sensível para não escrever sob um ponto de vista particularmente norte-americano. A empresa não acha que isso diluirá o conteúdo ou o perfil do livro. Do jeito que está, a última edição é 60% sobre hotéis e restaurantes econômicos. Quase não há cibercafés, websites ou e-mails listados. Os preços estão extremamente datados.

Tento me acalmar. Tudo ficará bem. É apenas uma questão de aprendizado. Deixo o café e ando um pouco pelo bairro, em busca de uma impressão melhor de todo o esquema e tentando me convencer de que pegarei o jeito do projeto. Por fim, consigo transformar meu estresse em motivação. Estou tão tomado por ambição e determinação que desisto de jantar e marcho de volta para o albergue. Os papéis estão organizados, coisas importantes, anotadas, algumas até grifadas, e o laptop está ligado. Estudarei os PDFs apropriados e aprenderei sobre o Felix. Talvez até escreva alguns dos capítulos da introdução se estiver motivado o bastante. Tudo o que preciso é controlar meu batimento cardíaco, completar mais uma ou duas horas deste estudo e começar a colocar palavras na página.

Uma hora se passa e estou realmente entrando no ritmo e começando a vislumbrar todo o projeto. Ouço um som de batida vindo da frente do prédio. Um homem entra na hospedaria, grita algo ininteligível em português e bate a porta atrás dele. Entra no quarto ao lado. Posso ouvi-lo claramente como se estivesse ao meu lado: seus passos, uma cuspida no chão. Ouço sua cama estalar na hora em que ele se deita e depois o escuto peidar, tossir, cuspir mais um pouco, e desmaiar em um ronco constante.

Que droga é essa? Aproximo-me da parede com os armários e percebo que não é uma parede de fato, mas um móvel de prateleiras que divide um quarto ao meio. Uma cortina cobre a distância do topo do móvel até o teto. Meu novo colega de quarto para de roncar, rola para o lado, limpa a garganta e recomeça a roncar.

Já estive em alguns lugares precários quando viajei antes: caranguejos no ralo do chuveiro, morcegos fazendo cocô em meu lençol, minha cama dobrando no meio da noite, um rato na minha mochila, e o que mais você imaginar – mas tudo fica bem menos tolerável quando se está tentando trabalhar.

Tenho aproximadamente três frases na página quando a luz do meu quarto começa a piscar até apagar. Uso a luz da tela do meu laptop a bateria para achar a porta do quarto. Uma rápida olhada no corredor prova que todo o prédio está escuro.

É um sinal. Desligo o computador, cubro a cabeça com o travesseiro e durmo pelas próximas 12 horas. É demais para o terceiro dia – ou seria o quarto?

5
Um dia na vida

57 DIAS PARA O PRAZO FINAL

Raramente me sinto solitário ou deprimido quando viajo – exceto na hora em que acabo de acordar. Meus olhos se ajustam ao entorno e tento entender onde estou e o que estou fazendo ali. Cada novo teto branco com a pintura rachada é igual ao anterior. Também é o momento do dia em que tenho mais tempo para refletir sobre os eventos que me levaram para onde estou e para pensar sobre o que mais eu poderia estar fazendo com a minha vida. Posso levar uma hora ou mais para me motivar a sair da cama e retornar ao caos que possa haver do outro lado da porta.

Nesta manhã, as últimas horas na cama foram uma tentativa de adiar o enfrentamento do calor opressivo do dia. O litro de água que mantenho ao alcance da mão enquanto durmo já acabou há muito tempo. Finalmente, a desidratação me força a sair da cama e da depressão agravada pela temperatura. Tomo um banho rápido, seco-me e fico instantaneamente encharcado de suor de novo.

Tento prender a pequena toalha áspera ao redor da cintura, amarrando-a pelas duas pontas. Sentado na beirada da cama, releio o último guia da LP e tento ter uma visão geral sobre Fortaleza, procurando compreender qual é a desta cidade. Por que alguém gostaria de visitá-la? Por que – além do fato de ser uma cidade grande – ela merece preciosos centímetros em colunas neste livro e um destaque tão grande por parte da LP? Faz anos que não venho para cá, mas sinto que já faz um bom tempo desde que o capítulo recebeu uma revisão apropriada.

Certo. Então acho que é a minha hora de fazer uma revisão. Arranco as folhas sobre Fortaleza do guia e cuidadosamente destaco o mapa da cidade com a lixa do meu cortador de unhas. Odeio parecer o turista idiota que tropeça pelas ruas com um guia de viagem inteiro nas mãos – são amadores.

Junto tudo e começo a me sentir excitado com o primeiro dia inteiro de pesquisa. Visto uma camisa cubana, shorts largos, um par de sandálias de couro e óculos escuros Persol de aviador: meu uniforme de trabalho. A roupa é bastante folgada para não grudar com o calor e possui bolsos suficientes para guardar meus papéis, canetas e o diário. Uso uma sunga por baixo dos shorts, caso eu termine na praia.

É hora do que, daqui para a frente, se tornará o meu ritual matutino. Organizo meus pertences em pilhas dentro e fora da mochila (caso eu precise sair às pressas), enfio o diário, as páginas do guia e as cópias do mapa nos bolsos (o mapa fica no bolso fechado de trás), acorrento o laptop ao pé da cama e depois o escondo entre o colchão e o estrado. Isso traz um pouco de ordem ao começo de um dia que pode facilmente tomar qualquer rumo. Inspiro profundamente, penso em meu santo padroeiro, DB Cooper, e saio do quarto.

Ao caminhar pela rua em direção à praia, tento reorganizar o meu olhar e fazer com que meu cérebro acione a função "pesquisa para guias de viagem". Minha mente precisa ser um receptáculo para a informação, os olhos bem abertos, assimilando tudo: compreendendo como um lugar se relaciona a outro, o que tudo isso significa e como retratarei o que vejo em poucas palavras precisas. Se avisto um restaurante, não é meramente um prédio, um restaurante ou um local que serve massa: é o *nome do restaurante*, seguido do *número de telefone* (se houver); *e-mail ou website* (se houver); *endereço* (se houver); *horário de funcionamento* (se houver); e *preços médios de uma entrada ou de um prato específico do restaurante* seguido de uma *resenha* sobre o *tipo de comida*, *serviço*, além de *algo expressivo* sobre o lugar. Deve ser um texto bem-humorado, se possível, mas definitivamente esclarecedor de algum modo. Sou uma máquina. Devo pensar em cada restaurante, hotel e ponto turístico em relação às outras opções que incluirei no guia. Já tenho uma pizzaria nesta parte da cidade? Existe algo além de pizzarias nesta região? E os restaurantes mais bacanas por perto? Algo com algum sabor mais típico do local, talvez?

Terei oportunidade de visitar a maioria desses lugares somente uma vez, por isso é importante colher toda a informação logo na primeira oportunidade e constantemente reposicioná-la em relação às outras informações que estão sendo adicionadas a esta equação, que é a imagem de Fortaleza para a Lonely Planet.

Começo com a parte fácil. Vou a alguns supermercados colher informações para a seção *Suprimentos*, uma parte antiga do guia voltada para os mochileiros, que antes foram os principais leitores da LP. Os supermercados aqui, como em qualquer outro lugar, são facilmente identificáveis – grandes prédios bem iluminados com enormes letreiros na fachada acima de montes de carrinhos de compras. Você provavelmente não precisa de um guia para encontrar um, mas é o que me pediram para fazer, portanto eu farei.

Entro em um gigantesco supermercado rodeado por um largo estacionamento. Fico confuso sobre o endereço do lugar. O supermercado tem entradas principais voltadas para três avenidas diferentes. Além disso, não consigo encontrar o número de telefone ou o horário de funcionamento listado em lugar nenhum. Pergunto a uma das caixas e ela não faz a menor ideia do endereço ou do horário, e diz que o mercado tem uns seis números de telefone. Sou encaminhado ao gerente, que está na seção de bebidas tirando o pó das garrafas de rum e uísque. O gerente me olha de cima a baixo depois que lhe faço as perguntas, provavelmente desconfiando de que eu esteja investigando o local para algum tipo de assalto. Por que diabos um gringo se importaria com detalhes que nem o povo local sabe e a respeito dos quais nem os funcionários (tampouco o gerente) se importam? Ele abre quando abre, e fecha na hora de fechar. O endereço é aqui, exatamente onde você está. E que tipo de cliente telefonaria para um supermercado? No fim das contas, ele consegue me passar o horário, mas diz que geralmente não são pontuais, e que muitas vezes ficam até mais tarde se há clientes. Para o endereço, ele me fornece apenas o nome da rua. Desisto de encher o saco dele para tentar saber qual é o principal número de telefone.

Depois de uma experiência semelhante em outro supermercado, passo da seção *Suprimentos* para a de *Alimentação*, também conhecida como *Restaurantes*. É quase hora do almoço, então tentarei chegar a alguns locais enquanto estiverem recebendo seu público do meio-dia. Pretendo ficar distante da maioria dos restaurantes turísticos e dos que já foram listados no último guia. Quero fazer algo inteiramente novo neste aqui, executando a revisão completa de que ele precisa – novos restaurantes, novos sabores e tudo mais. Como Napoleão disse: "Se estiver a caminho de tomar Viena, tome Viena". Encaro a questão dos restaurantes da seguinte forma: se você está em São Francisco, não precisa que um guia lhe diga para tomar sopa dentro de um pão *sourdough* no Fisherman's Wharf ou para comer uma massa cara em North Beach... são experiências turísticas óbvias, mais difíceis de ser evitadas do que perseguidas. O que você precisa é de um conselho sobre onde se encontra o melhor *burrito* no bairro Mission, o melhor café em Noe Valley, ou aquele estranho restaurante chinês em que o dono escolhe o seu prato.

É difícil imaginar quantos lugares terei de visitar para determinar o que se destaca por aqui. Como poderei comer em todos eles? Tenho espaço para escolher cerca de uma dúzia de locais para o livro, e todos devem receber uma resenha bem positiva. Ao longo dos anos, os guias de viagem tornaram-se volumosos tijolos de informação, por isso hoje há uma tentativa de toda a indústria para diminuir o tamanho deles, já que ninguém quer um quilo extra dentro da mochila. Mas não posso simplesmente ir a 12 lugares escolhidos aleatoriamente e dizer: "Este é bom, este é Ok, este é péssimo". Tal abordagem não traria dados suficientes para indicar o caminho certo para as pessoas – o propósito declarado do guia. Preciso visitar diversos locais a fim de determinar quais são os melhores. Não apenas a melhor comida, mas a melhor relação preço-refeição, o melhor petisco, o melhor lugar para a família, e muito mais.

Tomo como objetivo o que poderia ser um promissor acréscimo à seção de restaurantes. É bem perto da praia Meireles, a região de classe média que atrairá o novo público da LP. O restaurante parece ser em conta e de fácil acesso após um dia na praia. Perfeito. Chego perto e leio o cardápio afixado próximo à porta. Tomo nota do endereço e das ruas próximas. Eles também servem almoço. Não vejo horário de funcionamento. Dois garçons de paletó branco passam por mim e caminham por entre cadeiras dobráveis de plástico e mesas forradas com toalhas quadriculadas em vermelho e branco. Depois que entro no restaurante, um outro garçom esbarra em mim ao sair da cozinha com uma bandeja repleta de garrafas geladas de cerveja. As portas balançam atrás dele e eu dou uma olhada na cozinha, que se parece impressionantemente com o vestiário de alguma piscina pública. Parece-me higiênica o bastante.

Acho melhor sair do caminho, então sigo para uma mesa no canto e observo os pedestres caminharem com o olhar sagaz de um fotógrafo da vida selvagem. Um homem nórdico de pelagem branca no fim de seus anos de acasalamento desfila pela rua com sua jovem e fecunda fêmea. A fim de atrair a potencial fêmea, ele está adornado com uma bermuda feita com um jeans rasgado, sapatos sem cadarço e uma camiseta amarela em que se lê *Hard Rock Café Bangkok*, tudo complementado por uma longa e gloriosa juba em forma de *mullet*. Ela está no auge da adolescência tropical e demonstra sua disponibilidade sexual graças ao cabelo dourado e à boca lambuzada com um cintilante brilho labial. Uma tatuagem azul de Jesus crucificado decora seu ombro e avisa que ela deve ser levada a sério. Ela se aninha debaixo do braço do macho, indicando um coito iminente, e o casal prossegue para o destino final do acasalamento.

Depois de passar alguns minutos observando tais cenas da vida selvagem na orla marítima, um garçom chega à minha mesa. Estou com fome suficiente para pedir um prato de massa, mas não tenho certeza quanto à entrada. Pergunto ao garçom se há alguma especialidade da casa ou prato mais popular no cardápio.

Ele me responde que é o "espaguete da casa". Acabo com um simples espaguete à bolonhesa, idêntico ao prato sobre todas as outras mesas. Está salgado e pesado como chumbo, mas dá para comer. A gordura da carne moída se concentra em espirais sobre o molho. Bom. Posso escrever sobre isso. Mas preciso de mais detalhes, detalhes ilustrativos: a Lonely Planet exige os horários de funcionamento, o número de telefone, preço das bebidas e muito mais.

Faço algumas perguntas sobre o cardápio ao garçom. Ele é do tipo estoico, cujas respostas são completamente destituídas dos detalhes que procuro. Observo o ambiente para ver se consigo colher alguma pista com base em outros clientes, na decoração, na música, em qualquer coisa. O salão de cimento parece um cruzamento entre um abrigo militar da Segunda Guerra Mundial e resquícios de um restaurante popular. Cogito falar com o gerente, mas não quero alarmar o garçom. Talvez nem haja um gerente aqui. O *chef*? Poderia conversar com o *chef*, mas como explicaria esse interesse ao garçom, que está no processo de servir quase 12 mesas?

Mais uma vez, não quero revelar o meu trabalho, mas não vejo outra opção além de mostrar o meu cartão. Ele traz: *Thomas Kohnstamm. Autor. Lonely Planet*. Tive de seduzir uma pessoa do escritório na Austrália para conseguir os meus cartões antes de viajar. Certamente eles abrirão algumas portas. O restaurante é um lugar razoavelmente turístico. Eles não estavam no último guia da LP e tenho certeza de que ficarão extasiados de entrar no próximo. Aceno para o garçom e mostro meu cartão, pedindo que o entregue ao gerente ou ao *chef*.

Espero. Uma vez tive a oportunidade de sair com uma crítica de restaurantes em Manhattan. Ela tentou permanecer incógnita, mas, no meio da refeição, o garçom percebeu que ela escolhia os pratos das quatro pessoas em nossa mesa, tentando assim diversificar o pedido e provar diferentes opções. De repente, ganhamos uma rodada de *sorbet*, uma vasta amostra de sobremesas e duas garrafas do Prosecco da casa. Não espero, nem quero, esse tipo de tratamento, mas pelo menos posso conseguir a informação necessária e passar para o próximo lugar.

Meu garçom não retorna com o gerente. Ele não volta e diz: "Por favor, não se importe com a conta". Não há *sorbet* nem Prosecco. Ele nem mesmo retorna.

Após uns 15 minutos, finalmente aceno de novo para ele.

– Quer outra cerveja?

– Não. Obrigado.

Ele começa a se distanciar, mas eu o detenho.

– Você deu o meu cartão ao gerente? – pergunto.

– Não.

– Ainda está com ele?

– Não.

– Você o entregou a alguém?

– Sim.

– A quem?

– Ao cozinheiro.

– Bem, veja, estou escrevendo resenhas de restaurantes pra uma importante publicação sobre viagens. Gostaria de conversar com o cozinheiro ou com alguma outra pessoa sobre o restaurante.

– Certo.

Ele sai. Alguns minutos depois, retorna com a conta.

– Você falou de novo com o cozinheiro?

– Sim.

– E...?

– Ele está cozinhando – o garçom me passa uma cópia do cardápio, uma folha dentro de uma capa plástica. – Todos os pratos estão no cardápio.

Desisto. Tenho muitos outros lugares para ir e já está quase no final da hora do almoço. Olho para as outras mesas com turistas brasileiros bebendo cerveja e gargalhando sobre suas histórias e piadas – todos comem o espaguete da casa ou algum outro prato parecido. Começo a me sentir solitário novamente, o perfeito estrangeiro, mas não posso perder tempo com esse sentimento. É hora de seguir adiante. Copio algumas informações básicas do cardápio, pago minha conta e sigo para o próximo restaurante. Terei de aumentar o que sei sobre o lugar em algum tipo de resenha.

São quase duas da tarde. Ando três ou quatro quarteirões até um grande restaurante turístico de frutos do mar na praia. Tomo notas do cardápio na porta. O lugar já está listado no guia, porém o número de telefone e o endereço são diferentes do que está impresso. Não posso pagar os preços do restaurante, não que eu conseguisse comer mais alguma coisa depois do espaguete, mas sei que preciso entrar e ser justo com o lugar.

Ao entrar, peço um aperitivo de siri. A porção é tão pequena que sinto como se tivesse pedido um único prato em um restaurante espanhol de *tapas*. Continuo sem ter uma impressão da cozinha. Relutante, peço uma entrada. Apesar de ser um restaurante de frutos do mar (e de ter um enorme desenho de peixe no cardápio e no toldo do prédio), o garçom diz que estão com falta de peixe – qualquer peixe. Estão tendo algum tipo de problema com a refrigeração hoje. Então tenho de pedir a minha quarta opção, cujo sabor não parece exatamente fresco. Só consigo dar algumas mordidas. Sinto que deveria entrevistar alguns dos fregueses ou voltar para o jantar, a fim de dar mais uma chance ao local. No geral, foi uma experiência negativa, mas seria justo tirá-lo do livro? Parece ser um restaurante que sobrevive de turismo; portanto, arrancá-lo do guia da LP poderia ser um golpe decisivo rumo à decadência. Prometo a mim mesmo retornar em um ou dois dias para ver se as coisas melhoram. Dou os restos da entrada para uma criança de rua.

Depois de mais quatro restaurantes, começo somente a olhar os cardápios na entrada e dar uma caminhada pelo interior para espiar os pratos de algumas pessoas. Meus pés estão com cãibras. Sou o único cachorro louco perambulando sob o calor da tarde, e já torrei mais do que o planejado com alimentação para uma semana. Ao olhar minhas páginas com anotações, linhas e pontos rabiscados no mapa, fico em dúvida se de fato realizei algo. Sou tomado por um sentimento de culpa. Infelizmente, também não posso perder tempo com esse sentimento.

De volta ao meu quarto, depois de comparar a lista dos hotéis locais com os que estão indicados no último guia da LP e de examinar os mapas da cidade, defino uma região que devo pesquisar hoje após o jantar. Tento escrever por cerca de uma hora, checo os meus e-mails em um cibercafé próximo e compro um café e um pão de queijo na rua – o único jantar que posso pagar depois do dia gasto com almoços em restaurantes. Em seguida volto para o quarto, troco as bermudas por calças e sigo para as resenhas dos hotéis médios e mais sofisticados.

Em cada um dos quatro hotéis que visito sigo o mesmo roteiro:

- Digo que procuro um quarto para duas pessoas por uma noite e pergunto os valores. Acho que a segunda pessoa imaginária pode me facilitar as coisas. Posso dizer: "Poderia ver outro quarto, só para ter certeza de que minha namorada vai gostar?", ou: "Preciso discutir isso com meu amigo. Volto mais tarde".
- Pergunto quais os valores na alta temporada.
- Peço um folheto com as informações essenciais do hotel.
- Peço para ver um quarto.
- Sinto a cama, olho os lençóis de perto, vejo o banheiro, ligo o chuveiro e experimento o ventilador ou o ar-condicionado.
- Depois peço para ver um segundo ou um terceiro quarto. Faço as mesmas coisas em cada quarto. Tento não tomar notas para não criar nenhuma suspeita sobre o que estou fazendo.
- Depois de tudo, fico do lado de fora do hotel por mais alguns minutos e tento conversar com algum hóspede. Busco turistas norte-americanos ou europeus (alguém semelhante ao público-alvo do guia), ainda que uma mulher atraente tenha sempre preferência. Explico a eles que sou escritor e que estou fazendo uma resenha do hotel, e pergunto se podem me contar sua experiência nele.

- Comparo a entrevista do hóspede com minhas observações, corro até a esquina e rapidamente anoto tudo em meu diário.
- Retiro as informações essenciais do folheto e registro-as em meu diário também. Coloco o folheto no bolso até poder transferi-lo para a minha mochila para uma consulta posterior.

Os hotéis são razoavelmente bons. Limpos. Calmos. Silenciosos. Caros. Adoraria ficar hospedado em algum deles sob circunstâncias diferentes, mas não posso arcar com a despesa nem poderia aceitar um desconto devido à minha posição em uma editora de guias de viagem. Além do mais, isso comprometeria a minha objetividade.

No quarto – e mais sofisticado – hotel, chego suado, desgrenhado e desesperado por um banheiro. Ao deixar o albergue, estava razoavelmente bem-arrumado, mas após tantas horas na rua, estou visivelmente em estado lastimável. Entro no saguão e vou direto para o toalete. No caminho, percebo que estou sendo seguido. Um homem com terno e de andar pesado entra no banheiro atrás de mim e me olha desconfiado enquanto finge se ocupar com o porta-toalhas de papel. Não tenho tempo para essa porcaria. Quero dar uma mijada em paz e continuar a resenha, uma resenha que, no final das contas, trará mais lucros para o hotel. Lavo as mãos e volto para a recepção. Uma placa em inglês avisa que eles trocam *traveler's checks*, então aproveito a oportunidade para vender um dos meus antes de pedir para visitar um quarto.

A mulher de cabelo escovado atrás do balcão me olha de cima a baixo e pergunta em inglês:

– Você não está hospedado neste hotel, não é?

– Não, só gostaria de trocar o cheque e depois quero informações sobre um quarto – respondi, enquanto retirava o cheque da carteira.

– Entendo. Bem, na verdade, esse serviço é somente para hóspedes.

Reparo que ela troca olhares rápidos com o meu colega do banheiro, que agora está parado de pé nos fundos da recepção.

– Mesmo que eu pretenda olhar os quartos? Diz ali que vocês trocam *traveler's checks*.

– Senhor, por favor, não levante o tom de voz.

– NÃO estou levantando a minha voz, eu só...

Um grupo de três jovens executivos brasileiros, com aproximadamente a minha idade, olham dos sofás.

– Senhor, você está incomodando os nossos hóspedes. Terei que pedir que se retire.

Ela olha para trás na direção do meu amigo e eu escuto o estalar de seus sapatos de couro no chão de mármore.

Considero alguma resposta do tipo "você sabe quem eu sou", mas percebo que é inútil e não quero mais me constranger. Enfio o cheque de volta na carteira e caminho para a porta, o olhar no chão.

Volto para o meu albergue decadente na praia de Iracema. Há um grupo de franceses com *dreadlocks* se divertindo no pátio da frente. Desvio deles e vou direto para o quarto tentar regurgitar o resto da informação do dia no laptop antes que me esqueça de tudo. Começo a escrever sobre os hotéis. Talvez eu os substitua por outros hotéis melhores quando, ou se, encontrá-los. Insiro mais informações sobre os restaurantes, contudo, preciso pesquisar mais antes de ter certeza sobre se os novos endereços permanecerão ou não no livro. Observo o que já produzi e determino que é aproximadamente 1/20 do que preciso fazer. Não 1/20 do que preciso fazer para o livro todo, mas 1/20 do que preciso fazer para Fortaleza.

Calculo que, nessa velocidade, levará aproximadamente três semanas para finalizar esta cidade (e eu tenho mais sessenta pela frente). Pior ainda, estarei quebrado em duas ou três semanas, mesmo que me hospede nos locais mais baratos. O transporte e os gastos com alimentação dizimaram o meu orçamento. Acalmo meu pânico ao focar minhas energias na escrita, no processo de fazer.

A luz pisca novamente no quarto. Olho para a lâmpada e a força cai de uma vez. Acho o caminho para o corredor, onde alguém se dirige ao quarto usando uma lanterna.

– Você sabe o que está acontecendo com a eletricidade? – pergunto em português.

– Alguma merda. Isso acontece toda noite – ele diz, enquanto se atrapalha para pegar a chave: uma mão segura a lanterna, a outra segura uma garrafa de cachaça quase vazia. Noto que é o meu adorável vizinho com distúrbios de ronco e flatulência.

Retorno ao quarto e tento trabalhar com a energia da bateria do laptop. Se mantenho as anotações a um determinado ângulo da tela e me posiciono atrás do laptop, consigo lê-las. Depois giro o laptop e digito algumas frases. O processo funciona por cerca de meia hora, até que o ronco torna-se tão alto no quarto ao lado que eu não consigo me concentrar o suficiente para memorizar as anotações, mesmo que por poucos segundos.

Penso em sair para pesquisar os bares e a vida noturna, mas não estou no clima de ser social e não tenho energia sequer para colocar os sapatos.

Decido mudar as coisas no dia seguinte, "variar a forma de cultivo", como diria um agrônomo perspicaz como George Washington Carver. Existem diversas cidadezinhas ao redor de Fortaleza que preciso visitar para o livro. Algumas possuem apenas uma minúscula menção no guia; outras precisam de resenhas mais detalhadas sobre hotéis e restaurantes. Fico tentado a desistir de visitar algumas delas, mas odiaria que alguém enviasse para a LP o e-mail que todos os autores de guias de viagem temem: "Sobre sua sugestão, fui me hospedar no hotel XXX na cidade XXX e infelizmente ele fechou... há cinco anos".

Fico curioso sobre Pacatuba, Maranguape, Canindé e algumas outras cidades próximas listadas no mapa, mas não apresentadas no guia. Por que uma cidade praiana como Mundaú é incluída e outra é deixada de fora? Em uma troca de e-mails com o editor, perguntei sobre a possibilidade de adicionar novas cidades ao livro. Ele respondeu que, devido ao tempo escasso, seria melhor apenas seguir o que está no último guia e não ser tão ambicioso querendo acrescentar outros locais, a menos que tenham recebido destaque em algum guia concorrente. E algumas centenas de palavras poderiam ser transferidas da seção sobre Fortaleza para alguma outra cidade, por exemplo, se fosse realmente necessário.

Pretendo alugar um carro e viajar para a cidade de Baturité, mas depois de ver o emaranhado de rodovias entrando e saindo da cidade, decido que não sou um grande motorista e sigo para a estação de ônibus. Além do mais, preciso incluir toda a informação sobre o transporte público no guia. O melhor jeito, e talvez o único, de saber tudo a respeito é experimentar na prática, certo?

Tomo um ônibus para o terminal. Essa primeira etapa da viagem leva cerca de uma hora por causa das frequentes paradas. No terminal rodoviário, decido pegar o ônibus para Paracuru, porque é mais perto que Baturité. Enquanto espero a partida, anoto os horários dos ônibus. Como em todo o país e na maior parte da América Latina, a rodoviária é ocupada por dúzias de linhas privadas de ônibus, cada uma com as próprias rotas. No guichê de passagens os atendentes me passam horários de partida diferentes dos que estão afixados na parede. E os motoristas também parecem ter os próprios horários. Após uma hora de pesquisa, minha cabeça está saturada. Não há sentido em fazer isso. Não sem, pelo menos, alguma revisão criativa pelo bem do guia.

Meu ônibus finalmente parte, abafado e apinhado de gente. Um adolescente passa a maior parte da viagem sentado em meu ombro. O ônibus se arrasta pela estrada e atravessa subúrbios remotos, que parecem ter sido construídos por operários que abandonaram as obras pela metade. Muitas construções parecem as fundações sem teto de Machu Picchu ou Pompeia, com paredes de metal ondulado e lajes de concreto espalhadas aleatoriamente. Plantas e arbustos ressecados crescem em meio à areia e ao lixo, e começam a tomar as fundações inacabadas. O oceano está ao norte. Não é possível enxergá-lo da estrada, mas posso sentir sua presença.

Depois de três horas, o ônibus chega a Paracuru; o sol já está diminuindo. Sento-me no restaurante Fórmula 1 para relaxar e observar o local. Depois de andar até a praia, passar por alguns restaurantes e visitar alguns hotéis, já é hora de pegar o ônibus de volta para Fortaleza. Está quase anoitecendo. Três horas depois, estou no terminal de Fortaleza. Na rodoviária, janto rapidamente algumas coxinhas com catupiry; a menos de um dólar cada, essas coxinhas se encaixam no meu orçamento para alimentação. Acabo minha refeição. Uso guardanapos para limpar as últimas gotas de óleo dos lábios. Dou uma checada rápida nos papéis em meu bolso e depois pego o ônibus de volta para o albergue. Outro dia se foi. Estou fisicamente exausto e pesquisei apenas uma das cidades menores, de certo modo insignificantes, que estão ao redor de Fortaleza.

Como mencionei antes, esta não é a minha primeira vez em Fortaleza. Pus os pés aqui antes, em 1996. Encontrei vários dos mesmos inconvenientes e dificuldades, mas parece que naquela época foi mais fácil me adaptar. É claro que daquela vez eu era um viajante despreocupado e agora preciso me recordar de que esta viagem é um emprego, e que trabalho é trabalho, não diversão, mesmo que eu esteja tentando orientar as pessoas sobre como se divertir. Em dezembro de 1996, havia acabado de me graduar em um programa de intercâmbio entre universidades, no qual estudei História, Letras e Política em Buenos Aires. Após uma festa de despedida apropriadamente barulhenta, eu e minha então namorada, Meg, embarcamos em um voo para Fortaleza. Ainda que Buenos Aires tenha sido uma experiência positiva, nós suplicávamos por praias quentes ensolaradas e uma cultura hospitaleira, algo que não se encontrava na metrópole argentina. Buenos Aires era feita de concreto, boates e sapatos de couro. Queríamos areia, *reggae* e sandálias.

Chegamos a Fortaleza com as noções idealizadas de jovens estudantes que estavam ocupados lendo Cervantes, Borges e Neruda, e descobrindo a história de Castro, Allende e Guevara. Estávamos abertos para a espontaneidade e planejávamos dormir nas praias e absorver a cultura da compreensão e camaradagem pan-americana. Ao desembarcarmos, descobrimos que ninguém conseguia entender o nosso portunhol e que era praticamente impossível encontrar um caixa eletrônico ou trocar *traveler's checks*. Nossos sonhos de dormir em tranquilas praias tropicais foram ofuscados pelos luminosos do McDonald's, enquanto ratos corriam e hordas de adolescentes perambulavam pelas areias em busca de latas de alumínio. Ainda assim, naquela época, Fortaleza era mais inocente e menos assolada pelo turismo sexual e pelos condomínios de arranha-céus de hoje.

Durante a viagem, Meg e eu comemos quase exclusivamente na rua, isso quando podíamos comer. Tivemos graves queimaduras de sol, quase nos afogamos ao tentar cruzar um rio a nado e manter nossas mochilas secas, e fumamos maconha enrolada em guardanapos lisos por falta de papel de seda. Dormimos na praia, dormimos em dunas de areia, pegamos giardíase, fomos devorados por mosquitos, mas amamos cada minuto. Meus bons amigos do programa de intercâmbio em Buenos Aires, Roner Davies e Mack Hardison, que nos acompanharam em alguns trechos da viagem, deram-me um guia chamado *Lonely Planet Brazil*. Um protótipo do que o livro é hoje, mas que nos ajudou a percorrer algumas das maiores cidades da região. Interrompemos nossa viagem quando Meg foi mordida por uma cobra no estacionamento da rodoviária de Maceió (estávamos lá fumando com um cara que havíamos conhecido sentado no banco do terminal enquanto ele fazia uma tatuagem de Bob Marley), mas mesmo assim não desanimamos.

Antes de retornar para minha cama solitária e desconfortável, vou até um cibercafé checar meus e-mails e ver se há alguma mensagem da editora. Ainda estou no processo de entender que droga esperam de mim nesse projeto, e já enviei várias questões a ela, mas não recebi nenhuma resposta.

Não há nada da editora, mas na caixa de spam há uma mensagem com o título "Recife?". Abro e leio (em português):

> Thomas,
>
> Lembra de mim? Sou a garota que o ajudou até o táxi no Rio quando você apanhou da gringa. Onde você está? Estarei a trabalho em Recife e Olinda nas próximas semanas e alugarei um apartamento. Procuro alguém para dividi-lo comigo. Já achei o lugar. Só estou atrás de outra pessoa. Se estiver em Recife ou Olinda, por favor, me avise.
>
> Beijos,
>
> Inara.

6

A TRILHA DOS GRINGOS

54 DIAS PARA O PRAZO FINAL

Quando estamos na estrada, poucas coisas são tão agradáveis quanto uma viagem de ônibus durante a noite. Ao voltarmos para casa, porém, tomar o transporte público para cruzar a cidade pode parecer algo impossível. Na estrada, entretanto, uma viagem de vinte horas de ônibus é bem-vinda, desde que exista um filme sendo exibido (para você passar o tempo caso não consiga dormir) e um ar-condicionado (o que o ajuda a dormir). E você também economiza uma noite de hotel.

Já fiz maratonas de ônibus na Índia, no Peru e na Colômbia. Viajei em ônibus com o dobro da capacidade de passageiros, correndo ensandecido por estradas esburacadas repletas de carros de boi e carroças que cismavam em invadir nossa pista; da janela de um ônibus, vi carcaças de outros ônibus queimarem no fundo dos vales das montanhas andinas; e fui vasculhado da cabeça aos pés por assassinos suados e fortemente armados em barricadas paramilitares. Portanto, declaro-me faixa preta internacional em viagens de ônibus de longa distância. Qualquer viajante calejado sabe que existem duas questões-chave para o seu conforto em uma longa jornada noturna de ônibus:

1. O ângulo de reclinação da poltrona.
2. Os tipos de sedativos que podem ser comprados sem prescrição médica no país por onde está viajando. Não sou médico, mas os sufixos *-pam* ou *-zepam* são boas apostas.

Essas duas questões estavam em ordem, mas a variável que esqueci de considerar nesta viagem em particular foi o meu estômago. Começou como um mero tremor, mas quando estávamos na segunda aparição de Brian Bosworth em *A fúria do justiceiro* com legendas em português, minhas dores de barriga ficaram insuportáveis. Teria alguma coisa a ver com aquela tigela de cereais com água de torneira que eu comi sem talheres numa manhã antes de deixar Fortaleza? Ou talvez tenha sido a carne de fígado em molho acinzentado que comi acidentalmente no restaurante da rodoviária. Pensei que fosse carne de boi, juro. De qualquer modo, a atuação de Brian como o policial disfarçado Joe Huff era um fator que contribuía. O que imaginei que pudesse ser resolvido com uma ou duas idas rápidas ao banheiro no fundo do ônibus transformou-se em horas sacudindo ao longo da estrada, com a cabeça apoiada nos joelhos, as calças em volta dos tornozelos, em uma sauna recendendo a cocô. O enjoo e o desconforto de estar confinado em um banheiro tão minúsculo e oscilante combinados ao calor e à exaustão logo superaram a dor.

Em viagens de longa duração, você precisa aprender a lidar com dores de estômago e diarreias. Alguns tentam ser o garoto dentro da bolha: escovam os dentes com água mineral, comem apenas em restaurantes de hotéis com comida ao estilo norte-americano, usam chinelos e óculos de natação no chuveiro, e lavam obsessivamente as mãos com antisséptico. Mas para qualquer um que esteja realmente fazendo uma imersão na cultura do local, ou que esteja na estrada por mais de uma ou duas semanas, problemas de estômago são um mal inevitável (assim como problemas de pele, queimaduras de sol e picadas de mosquito). Você precisa aprender a se fortalecer e praticar um controle constante sobre o corpo e a mente. Na Índia, eu me aperfeiçoei em toda aquela porcaria holística que fala da força da mente sobre a matéria. Não me iluminei nos *ashrams* nem fui discípulo de algum iogue, mas fui forçado a aprender isso ao me sentar no fundo de um ônibus sem banheiro enquanto algo que parecia um ferrão tentava corroer meu intestino. Você aprende a lidar com a situação. Você precisa. Uma parcela significativa da população mundial lida diariamente com parasitas, e todos continuam vivendo.

Por fim, consigo retornar ao meu assento e busco uma posição confortável, deitando-me de lado, como um feto, na poltrona semirreclinada. Uma comédia-pastelão argentina passa na tevê até chegarmos à estação.

Não fujo de desafios. Não fujo do risco ou da dor pela oportunidade de uma experiência única. Afinal de contas, sou o mesmo cara que uma vez tomou um ácido e depois passou o dia assistindo à *Lista de Schindler* e tomando raspadinha de laranja em um shopping center cheio de caubóis no centro de Oregon. Também sou o mesmo cara que decidiu – durante uma festa de Halloween em Manhattan – que participaria da maratona de Nova York sem absolutamente nenhum treino... quatro dias depois. Xeroquei o número de corrida do meu amigo, entrei na competição pela ponte Verrazano Narrows e terminei após pouco mais de quatro horas com uma dor excruciante no joelho, os mamilos sangrando e um saco esfolado. Ninguém havia me dito que era uma péssima ideia correr 42 quilômetros com cueca tipo *boxer*. É ultrapassando essas dificuldades e zonas de conforto que você se lembra de que existem inúmeras maneiras de experimentar a vida, de explorar os limites da percepção física e emocional.

Com frequência penso em Terry Cook, o ex-esquiador profissional do início dos anos 1990 conhecido por seu uniforme de uma só peça, sua careca e seus saltos mortais para trás que desafiavam a morte. A história dele foi assim: um ou dois esquiadores desistiram de saltar em algum despenhadeiro gigante. Mal dava para acreditar que alguém seria maluco o suficiente para fazer aquilo. Então Terry apareceu. Ele se lançou do mesmo despenhadeiro, mas aumentou o fator de risco ao dar um mortal para trás em câmera lenta.

Recordo-me dele quase sufocando dentro de um monte de poeira após despencar de uma altura de 3 metros. Eles o desenterraram no último segundo e ele saíu andando com um sorriso no rosto. Um verdadeiro Charles Bronson. A lenda conta que Terry executou mortais cada vez maiores e pulou de despenhadeiros cada vez mais altos até que saltou na estrada Donner Pass em Tahoe. Foi bem-sucedido nas primeiras tentativas, então repetiu mais e mais vezes, apenas para superar os próprios limites. Uma manhã, Terry decidiu saltar a estrada, mas não conseguiu. Acabou espatifando a parte inferior do corpo. Isso aconteceria mais cedo ou mais tarde.

Havia me lembrado dessa história na noite anterior, enquanto estava sentado no albergue escuro escutando os peidos e roncos do meu vizinho, e o ranger de sua cama. Já podia imaginar tudo: continuar obedientemente minha pesquisa em Fortaleza e ficar sem sexo pelo resto de minha viagem virginal, como um autor de guias de viagem profissional. Seria tão emocionante quanto o baile de formatura de uma virgem, um *Réveillon* sóbrio e uma festa de Natal no escritório, tudo junto em uma coisa só. Sob o ponto de vista moral, sou contra esse tipo de comportamento conservador. E, além disso, a minha estratégia não estava funcionando de fato. Decidi romper os limites. Acordei e fui para a estação rodoviária. Comprei uma passagem para o próximo ônibus noturno para Recife.

E, afinal, eu tinha um convite para ficar por duas semanas em um apartamento com uma modelo brasileira. Passar o tempo todo em uma droga de albergue não é viajar de verdade. Se bem que eu poderia fugir de tudo isso e tentar encontrar uma "praia desconhecida" com poucos turistas – um lugar onde outros viajantes pudessem passar mais tempo e ter um olhar mais distanciado sobre a viagem. Mas isso seria realmente o melhor a fazer? Decido fazer o oposto e ir direto para o olho do furacão. Viajar é, de fato, experimentar outra terra e outra cultura – mergulhar nela, participando, vivendo. Ou, pelo menos, é o que tento dizer para mim mesmo.

Vou viajar e morar duas semanas com uma modelo, pois esse é o tipo de viagem que a LP precisa ter refletido em seu livro. Simplesmente percorrer mais uma vez a mesma estrada dos mochileiros não faz justiça nem ao escritor, nem ao viajante que usará o guia, muito menos à própria região. Só contribuiria para o desenvolvimento de uma trilha turística onde milhares de viajantes perambulariam pelos mesmos lugares, seguindo fielmente as sugestões do guia, visitando as mesmas pequenas cidades de praia, hospedando-se nos mesmos hotéis e comendo nos mesmos restaurantes. Essa trilha turística é popularmente conhecida como a trilha da Lonely Planet. O *estilo Lonely Planet* se refere a um tipo de viagem "independente", embora dependente de um guia, enquanto a *LPificação* acontece quando uma cidade é promovida por um guia da editora e em seguida passa a ser invadida por turistas. Talvez eu possa amenizar esse efeito sendo mais aventureiro em minha procura.

Aceitarei a oportunidade para ir além da experiência turística-padrão a fim de encontrar algo diferente, inquietante e autêntico. Esse é o tipo de coisa que atrai o âmago dos leitores originais da LP, que desejam ir além da fachada da experiência turística e conhecer o que há nos bastidores. É a minha chance de ir além das trilhas já tão desgastadas e aliar a minha experiência a um pouco mais de "cor e instinto". Não tenho certeza do que acontecerá. Com sorte rolará um sexo que não tem nada a ver com um guia de viagem, mas tenho certeza de que o sexo abrirá meus olhos para outros detalhes interessantes sobre tudo ao meu redor. Estou aberto ao desafio... não por mim, mas pelos leitores.

Deixo a rodoviária de cimento com muitos andares em Recife e sigo para o local escolhido por Inara – a cidade colonial de Olinda. Antes uma cidade rival, agora Olinda é basicamente o subúrbio norte de Recife. Aqui não há rodoviárias de cimento com muitos andares; o ônibus apenas o deixa na rua da cidade. Olinda possui uma pequena fração da população e da indústria de Recife, mas também um charme único. As ruas de pedra com casas coloniais coloridas sobem como veias em uma grande montanha que dá de frente para o oceano. Do topo, você pode olhar para o Atlântico ou para o terreno que se estende ao sul.

Ao andar pela cidade a partir do ponto de ônibus, sou abordado por vários homens que querem me vender *tours* pelos prédios históricos da cidade. É claro que se trata de uma cidade essencialmente turística, mas eu a explorarei sob o meu ponto de vista e verei o que mais há por aqui. Paris e Nova Orleans são cidades turísticas, mas obviamente oferecem muito mais que Notre-Dame ou Bourbon Street. É definitivamente uma questão de enfoque. O caminho pelas ruas de pedra até a região mais alta da cidade, Alto de Sá, é íngreme. Paro em um bar para fazer uma hora antes de me encontrar com Inara na casa de uma tal de Beatriz.

Um copo gelado de cerveja faz o meu cérebro voltar a funcionar. Decido escrever a introdução sobre Olinda. Anoto:

> ~~Olinda é...~~
> **A cidade de Olinda é turística, mas...**

Preciso vendê-la melhor. Afundo a ponta da caneta na página do diário enquanto tomo alguns goles de cerveja. Em seguida, leio a seção sobre a cidade na última edição do guia da LP, mudo o primeiro parágrafo para o meio, ponho o parágrafo do meio no final e transformo o parágrafo final no primeiro. Jogo com alguns adjetivos, adiciono algumas frases para arrematar, e fico com isto:

> ~~A linda deslumbrante Olinda é~~ **Enquanto Recife exerce o papel de centro** ~~econômico~~ **industrial,** ~~a linda~~ **Olinda é reconhecida como sua contraparte cultural: uma cidade viva com bairros boêmios** ~~hippies~~**, galerias de arte e museus. O lindo centro histórico de Olinda encontra-se sobre uma montanha com vista para Recife e o oceano Atlântico. Esta é uma das maiores e mais bem conservadas cidades coloniais no Brasil [*Checar: verdade?*], com suas ruas sinuosas de antigas casas coloridas e** ~~um punhado de~~ **abundância de igrejas** ~~frequentemente caindo aos pedaços~~ **em vários estados de conservação. Apesar de ser** ~~uma armadilha para turistas~~ **um destino turístico, Olinda não desaponta, já que permanece charmosa,** ~~hospitaleira e divertida~~ **divertida e hospitaleira.**

Bom o suficiente. Acho que pode ser fácil assim. Tanto esforço para acabar revisando completamente a informação do livro. Posso acrescentar mais alguma coisa depois, se necessário. Mudo da cerveja para o café, a fim de permanecer acordado até o meu encontro com Inara. Escovo os dentes no banheiro, para onde levo a mochila. Não posso confiar em deixá-la na mesa. Quando não se tem um lar, às vezes é necessário encontrar um lugar pequeno e confortável onde você possa deixar suas coisas e estabelecer um momento passageiro de espaço pessoal. Você cria uma barricada em algum canto. O restaurante e o banheiro contíguo serviram para esse propósito, mas estou pronto para uma cama. Uma porta. E meu próprio banheiro.

Preciso abordar três ou quatro locais antes de chegar à rua onde devo encontrar Inara. A casa está atrás de um muro grosso de cimento que toma a esquina de uma rua sem saída. Fico diante de uma porta de metal pintado cravejada de rebites. Parece uma construção fortificada. Imediatamente começo a imaginar como posso escrever sobre isso no guia. Os holandeses arrasaram Olinda no século XVI. Se este é algum tipo de hospedaria ou apart-hotel, poderia escrever que está pronto para algum ataque holandês. "O exterior desta hospedaria com aspecto de fortificação pode ser um tanto amedrontador, mas ela surpreende com seu charme pessoal e ambiente acolhedor." É muito estúpido, mas tem potencial para aquele tipo de humor malfeito de guia de viagem que mostra que você está escrevendo com "estilo".

Inara não está do lado de fora. Estou um pouco atrasado, portanto, com sorte ela ainda deve estar lá dentro. Aperto a campainha e espero. Uma doméstica com cabelo curto, loiro e descolorido, sem um dente da frente, abre a porta vestindo um avental branco. Ela me faz duas perguntas e me leva para um pátio frontal. Fico lá por uns dez minutos, segurando a mochila, até ser apresentado a Beatriz, uma morena pálida e inchada, declaradamente uma apreciadora contumaz de cerveja. Ela usa óculos de aros de metal e um rabo de cavalo dolorosamente repuxado. Sua calça preta de *stretch* tem os joelhos folgados e seus quadris explodem abaixo da cintura de elástico. Ela cobre os grandes peitos com uma camiseta branca que diz "Academia Beatriz Fernandes, *personal trainer*".

Beatriz imediatamente me conta que ela herdou a casa antiquada e labiríntica do pai advogado. Ele, por sua vez, havia herdado o terreno do avô dela, que – ela faz questão de mencionar – nasceu em Lisboa, e não no Brasil. O retrato dele está dependurado no *hall* de entrada, mostrando um homem de costeletas peludas e um par de sobrancelhas franzidas que fita com desaprovação os que passam. O avô tem todo o charme de um dono de escravos do século XIX.

Eu lhe pergunto sobre a camiseta e ela conta que é *personal trainer*, mas que tem trabalhado pouco agora, pois as pessoas não querem mais subir até sua casa. As pessoas estão cada vez mais preguiçosas hoje em dia. A própria Beatriz não sai mais de casa. Há muitos crimes. Recife e Olinda estão se desintegrando.

– Não há futuro pra esta cidade – ela diz –, nem pro Brasil provavelmente.

Eu poderia pensar que é um lugar de muitas belezas, mas de acordo com Beatriz, o que existe é apenas uma fachada sobre o caos de drogas, prostituição, crimes e corrupção. O melhor à fazer é ficar calado e não sair de casa.

– Então você é o amigo de Inara, do Rio? – Beatriz pergunta.

– É, do Rio. Você é amiga da Inara também?

– Não, sou dona do apartamento que ela quer alugar.

– Ah, entendi. Ela está aqui?

– Não, mas você sabe como é esse pessoal: sempre atrasado. São todos iguais. Você vai assinar os papéis?

– Bem, na verdade, nós ainda não discutimos. Quero dar uma olhada no apartamento primeiro. E tenho que conversar com a Inara sobre isso também.

– Ela disse que você assinaria os papéis. Não vou alugar o apartamento pra uma negra desempregada, mas se você assinar os papéis e pagar adiantado eu alugo, certo?

Há um momento de silêncio. É sempre um desafio lidar com racismo em seu próprio país, quanto mais em uma outra cultura. Opto pelo caminho mais ameno.

– Tenho certeza de que ela está empregada.

– Ela é negra. Não tem um emprego estável. Ela é da Bahia ou de algum lugar assim. Qualquer dinheiro que tenha não vem de meios cristãos.

– Ela é modelo.

– Gisele é modelo. Ninguém quer ver uma modelo negra. Você acha que nós queremos comprar roupas que vemos em ladrões e prostitutas? Olinda costumava ser um lugar de valores europeus e cristãos. Agora está tomada por negros e vadias.

Para ser franco, a reação dela não é de todo surpreendente. Ainda que o Brasil se autoproclame uma “democracia racial”, não é difícil encontrar racismo nem perceber como a raça determina de modo velado e não dito um sistema de classes. Ainda assim, fico desconcertado com a franqueza dela. E é duplamente estranho ouvir isso de alguém que, nos Estados Unidos, seria considerado negro também. Acho que raça é algo relativo. Talvez tenham sido os valores britânicos em relação a raças puras e *pedigrees* que originaram esse modo "tudo ou nada" com que os norte-americanos definem quem é branco ou de outra raça. É claro que somos mais misturados ainda que os britânicos, mas nos Estados Unidos, se você é 75% branco e 25% negro, você é negro. No Brasil, você só é negro se estiver muito próximo de ser 100% descendente de africanos ao sul do Saara. Acredito que os portugueses não traçam uma linha tão exata para delimitar a pureza das raças. Os colonizadores portugueses eram formados por uma pequena tripulação de marinheiros miseráveis. Eles simplesmente não tinham mulheres colonizadoras o suficiente para se preocuparem tanto em manter linhagens raciais. O Brasil se fundou na miscigenação – em vez de importarem mulheres europeias para manter uma raça, procriava-se com quem quer que você pudesse ou quisesse transar. Então me ocorre que a miscigenação trouxe alguns benefícios. Devo admitir que a brasileira comum é bem mais atraente e robusta que a norte-americana. A razão disso é provavelmente a miscigenação.

A doméstica, que deve ser pelo menos 50% afrodescendente, traz uma cerveja para Beatriz e liga a televisão. As duas sentam-se para assistir a uma novela, um dos programas mais famosos do Brasil. Mesmo que os brasileiros possam dizer coisas que seriam consideradas ofensivas por norte-americanos preocupados com questões raciais e de terminologia, ainda é mais provável que se sentem juntos e passem mais tempo com alguém de outra raça.

Beatriz vira-se para mim.

– Vem cá, assiste com a gente. No intervalo eu mostro o apartamento... Quer uma cerveja, gringo?

Após alguns minutos de novela, um consistente melodrama brasileiro feito de lágrimas, traição, amores não correspondidos e *merchandising* de produtos, Beatriz me leva para fora e atravessamos uma passagem estreita ao lado da casa. Uma escadaria íngreme de cimento nos leva à porta. Parece que ali costumava ser uma casa de empregados. A porta se abre para uma sala de estar apertada ao lado de uma quitinete. Tudo na quitinete é minúsculo, incluindo a minigeladeira, que fica dentro do armário. Na sala de estar há um sofá desconfortável e pequeno, uma mesa de canto e mais nada. O aposento dá para um único quarto com duas camas de solteiro. Cada uma tem um colchão de espuma coberto por lençóis azuis. Apenas o quarto possui janelas, mas como a parede entre os dois aposentos não chega até o teto, o ar e o barulho podem passar facilmente entre os dois. Há também um pequeno banheiro com uma privada tão próxima a um canto da parede que você precisa sentar-se nela de lado. Que droga de encanamento estrangeiro!

Da janela do quarto avista-se um emaranhado de janelas de outras casas e apartamentos. Pessoas amontoadas sobre pessoas: dependurando roupas no parapeito, passando o tempo na janela, fazendo sexo, gritando com amigos em outras varandas adiante. Há um poste telefônico de onde saem uma dúzia de fios emendados às linhas principais, contrabandeando energia para qualquer pessoa disposta a arriscar a vida para fazer uma conexão dessas.

Talvez esta não seja a condição ideal de vida para alguém que supostamente trabalha. Daqui a alguns dias eu provavelmente me perguntarei por que não fui para um hotel, para o outro lado da cidade, para algum lugar onde pudesse focar a situação com mais clareza. Mas as coisas sempre parecem diferentes na hora em que acontecem. Estou cansado, sujo e enjoado. Quero largar minha mochila pesada no chão e parar de me preocupar com o meu computador. Como autor de guias de viagem, você não pode separar sua vida pessoal da profissional. Você deve trabalhar 24 horas por dia. Não importa qual seja a sua profissão, ninguém consegue dar o máximo de si 24 horas por dia. Suas decisões pessoais afetam o seu trabalho e suas decisões profissionais afetam a sua vida – o dia todo, todos os dias. Às vezes você precisa apenas se assentar e depois ajeitar as coisas a partir daí.

De qualquer maneira, é assim que justifico a minha decisão precipitada.

Sem ratos à vista nem aglomerações de baratas, não descartarei esse apartamento. Parece um preço justo. Estou imundo, ele é limpo. Estou exausto, ele tem uma cama. Meu estômago dói, ele tem um banheiro. Mal dormi na noite anterior, e agora estou aqui. Não andarei de volta até o outro lado da cidade para procurar um albergue. Estou pronto para assinar os papéis e passar alguns minutos no banheiro antes de ter um longo encontro com o colchão.

Inara chega vestindo calças de poliéster azul-brilhante que parecem ser restos de uma fantasia da Mulher Maravilha. Seus pés calçam sandálias com tiras que serpenteiam suas pernas até os joelhos. Ao chegar, ela larga atrás de si duas grandes malas. Com pouco mais de 1,80 metro, ela é majestosa, tem pernas macias e sem nenhuma mancha, e uma bunda soberba para uma mulher daquela altura. E também deve estar usando algum novo aplique ou o seu cabelo cresceu 20 centímetros desde que nos vimos pela última vez na porta do albergue do Rio.

Não há muito espaço para discussões. Estamos os dois aqui com nossas malas. Não tenho forças para pechinchar, debater ou sequer avaliar minhas decisões. Assino alguns papéis, pago minha metade do dinheiro adiantado, troco alguns gracejos com Inara e começo a dormir em questão de minutos.

Acordo à noite para encontrar Inara desfazendo as malas no outro lado do quarto. O contorno do meu corpo, marcado em suor, fica no colchão.

– Boa noite. Está melhor? – ela pergunta.

– Talvez. Desculpe, sou um desastre.

Olho ao redor. Minhas roupas estão espalhadas pelo quarto. Metade do lençol está para fora da cama. Ainda que eu não seja nenhuma escultura, fico constrangido por estar desgrenhado desse jeito diante de uma mulher tão atraente.

Inara solta uma gargalhada.

– Cresci com cinco irmãos e três irmãs... todos na mesma casa. Estou acostumada com isso – ela diz.

Pelo que consigo perceber em meu estado grogue, uma das malas de Inara traz todos os seus pertences e a outra está repleta de sapatos. Saltos de madeira, saltos de plástico, saltos transparentes, saltos agulha. Já acomodados sobre sua cama estão um boneco Elmo de 60 centímetros e a boca aberta com uma cabeça de plástico duro e vermelho, e um Piu-Piu pequeno de pelúcia. O Piu-Piu parece exausto e já perdeu um pouco do enchimento. Ele está vestindo uma camiseta extralarga que tem seu nome. Inara coloca uma coleção de tangas dentro de uma gaveta e enche outra gaveta com carregadores de celular, papéis e uma caixa de presilhas de cabelo, que depois fico sabendo serem um presente a sua sobrinha. A maioria de seus pertences permanece nas malas, que, então, são alojadas debaixo da cama.

Decido insistir em manter as coisas casuais com Inara. Não agirei do mesmo jeito que com Inga. Posso me inspirar na busca por aventuras do esquiador Terry Cook, mas não preciso fazer como ele e me arriscar do mesmo jeito várias vezes até me espatifar. Devo me lembrar de que estou trabalhando. Não posso esquecer minha missão profissional. Entretanto, como havia verificado antes, minha missão pessoal estava expandindo meu repertório de experiências, e, neste caso, seria algo justificável. Ok, isso com certeza exigirá uma consideração posterior.

Inara foi ao supermercado e voltou ao apartamento para fazer o jantar: medalhões de carne cozida com arroz e feijões-pretos temperados com folha de louro, alho e sal. Depois do circuito de restaurantes, comer em casa é uma mudança bem-vinda. Agora que estamos vivendo juntos, podemos ter uma conversa de verdade. Ela é de uma pequena cidade de Sergipe. Eram nove crianças na casa, apesar de o pai ter muitos outros filhos com outra mulher. Inara não bebe. Nunca experimentou nenhuma droga e considera isso um pecado. Nunca viajou para fora do Brasil, apesar de falar um pouco de inglês, italiano, alemão e, inexplicavelmente, estar no processo de aprender algumas palavras em finlandês.

Ela morou e trabalhou em São Paulo por alguns anos antes de se mudar para o Rio. Tem 21 anos e pretende conquistar o mundo da moda e das modelos.

– Em breve irei pra Nova York, Paris e Itália, mas por enquanto, só trabalho no Brasil. O São Paulo Fashion Week é o máximo.

Ela me mostra uma fotografia de 5 × 2,5 centímetros em uma cópia da *Vogue* brasileira de alguns meses atrás. Nela há uma garota alta e esguia em uma passarela vestindo uma espécie de roupa feita com penas. A foto é tão pequena que mal consigo identificar seu rosto. O tom de pele é diferente, os ossos das bochechas são mais salientes. Olho mais de perto e pergunto:

– Não é você, é?

– Não, mas eu a conheço. Olhe isso...

Ela vasculha sob as roupas na mala e encontra uma pilha fina de fotografias. Em sua maioria são de uma viagem que fez a Porto Seguro há alguns anos. Ela aparece dançando lambada, fazendo aulas de aeróbica enquanto é refrescada por jatos d'água em um clube cafona à beira-mar. Inara me mostra uma foto dela com a garota da revista: as duas ladeiam um homem com um terno caro, cujos braços estão sobre os ombros delas. O rosto dele foi raspado até revelar a base branca do papel fotográfico.

– Ex-namorado? – pergunto.

– Não exatamente... um *promoter*.

– *Promoter* de moda?

– É. Ele colocou ela na *Vogue*. E prometeu que faria o mesmo comigo.

– Então você trabalhou com ele também?

– Trabalhei. Eu o conheci ainda criança, quando fui à praia com um amigo. Ele era de São Paulo e estava hospedado num hotel cinco estrelas. Bebia Black Label e se vestia como se estivesse em uma novela. A gente pensou que ele era alguém bacana.

– Quantos anos você tinha?

– Dezesseis quando eu o conheci. Dezessete quando me mudei pra São Paulo. Ele me colocou em um apartamento onde eu morava com mais cinco garotas. Pra falar a verdade, Thomas, nunca havia visto um edifício alto antes. Ele prometeu que me tornaria famosa, que eu apareceria em revistas, na Globo, nas novelas. A única coisa que ele fez por mim foi conseguir um trabalho de figurante em um videoclipe antigo do Ja Rule que foi filmado no Rio.

– Por quanto tempo você trabalhou com ele antes de, hum, isso acontecer? – aponto o rosto raspado da fotografia.

– Alguns anos. Ele era um mentiroso. Trabalho pra mim mesma agora. Não preciso de ninguém como ele. Um dia eu serei a cara do Brasil. Todo mundo fala de Gisele Bündchen, mas ela é do Sul e não se parece conosco. Ela deveria ser a cara da Alemanha.

– O que está fazendo em Olinda, então?

– Não estou fazendo nada em Olinda. Trabalho em Recife, na praia da Boa Viagem. Estão acontecendo algumas festas de empresas por lá e a inauguração de uma boate também. É um bom lugar pra ser notado e fazer contatos. Mas pra morar, prefiro ficar em Olinda. Preciso de algo menor – me lembra mais a minha casa. Então, como é ser um escritor?

– Não sei. Nunca escrevi nada antes. Na verdade, não estou muito certo se o que estou fazendo agora é realmente escrever. Parece mais uma atualização ou... qualquer porcaria assim.

– Se está escrevendo, então é escritor, não?

– Tem um pouco de escrita sim, mas na maior parte do tempo estou apenas correndo pra tentar ver as coisas e fingir que sei sobre o que estou falando, de modo que no fim eu possa escrever algo sobre o que vi. Tenho que percorrer todo o caminho daqui até São Luís.

– No Maranhão.

– É. Já esteve lá?

– Não. São Luís é muito longe daqui. Você tem uma longa viagem pela frente. Mas pode ser divertido. Então, quando você decidiu que queria ser escritor?

– Não sei, algumas semanas atrás, talvez. Já tentei diversas profissões, sempre querendo compreender de qual eu gostava mais. Tive um emprego num escritório, mas acho que estava entediado e queria tentar outra coisa.

Inara me lança um olhar inexpressivo e faço outra pergunta antes que ela possa me questionar a respeito de quanto eu ganhava no emprego que larguei.

– Trabalhar como modelo é o que você sempre quis?

– É o meu sonho. É... sempre quis ser modelo. E, além disso, não tive muitas outras chances. O que mais uma garota de 1,85 metro, nascida em uma família pobre com nove crianças, pode fazer? – ela solta uma gargalhada. – Parei de ir à escola com 14 anos. Ninguém está me oferecendo um trabalho *tedioso* de escritório.

Nos primeiros dias, eu e Inara passamos muitas horas trabalhando. Ela sai de tarde carregando uma variedade de roupas e retorna tarde da noite ou de manhã cedo. Comparece a todo tipo de festas e eventos.

Tento ficar recolhido no apartamento e escrever, ou pelo menos aprender como se formata tudo de acordo com o novo modelo. Existem muitos nomes para aprender, regras para seguir e padrões para manter. Está bem longe de ser uma abordagem livre sobre a cultura dos mochileiros. Hoje, a editora claramente não se interessa por informações do tipo *Eu uso cocaína ocasionalmente* ou *Por favor, não pare!* Talvez eu tenha chegado a esse emprego com alguns anos de atraso. O novo estilo da Lonely Planet não quer apenas tornar os livros mais acessíveis, mas também pretende torná-los mais populares. A LP está em busca do maior público possível.

Ao contrário de alguns escritores e leitores da LP, não acho necessariamente que eles estejam se vendendo. A verdade é que estão tentando ser mais competitivos e relevantes em um mercado cada vez mais inchado. Houve uma época em que a Microsoft era apenas uma empresa que havia surgido do nada. O *hip-hop* saiu de Africa Bambaata para o NWA e depois para o Sean Combs; o rock foi de Robert Johnson para o Led Zeppelin e o Creed. É tudo parte do mesmo processo: você deve se desenvolver e depois apodrecer. Infelizmente, assim como o aluno que se forma na faculdade e finalmente corta o cabelo, compra alguns ternos e troca a música alta pelo golfe, o esforço para resistir requer um sacrifício de espírito e de individualidade.

Considerando que a Lonely Planet costumava oferecer opiniões um tanto polêmicas e conselhos francos sobre drogas e sexo e sobre como burlar regras e ganhar tempo; agora, cada livro busca ser o mais inofensivo possível, discutindo o quanto um lugar é divertido e excitante em vez de revelar realidades controversas ou desagradáveis. Eles estão mais preocupados em vender um destino (e, dessa maneira, o livro) do que dizer qualquer coisa honesta sobre ele. Cada livro exalta que a população daquele país é a "mais hospitaleira da América Latina/Europa/seja lá onde for... senão do mundo inteiro". Em vez de contar a sagazes viajantes sem dinheiro como penetrar nas piscinas dos maiores *resorts*, como a editora já fez uma vez, eles dedicam um bom número de palavras para descrever os *resorts* para as famílias e os turistas endinheirados. Essas pessoas compram livros. Elas têm dinheiro na conta bancária e cartões de crédito que funcionam. É um admirável mundo novo para os guias de viagem; o único problema é que nós, autores, ainda continuamos tão pobres quanto o público original de mochileiros.

Pesquisar sobre uma cidade pequena, cosmopolita e conhecida pelos turistas como Olinda revela-se uma tarefa diferente e muito mais fácil do que pesquisar outra como Fortaleza. Sim, Fortaleza tem turismo, mas não há *savoir-faire*. Embora eu pensasse estar fugindo da trilha dos gringos ao morar com brasileiros, a própria Olinda está situada na pista principal dessa trilha: um lugar onde os escritores da Lonely Planet são bajulados e persuadidos.

Um dia, enquanto realizo a pesquisa sobre os hotéis, sou abordado pelo dono suíço de um albergue que, de algum modo, ficou sabendo que escrevo para a Lonely Planet. Ele foi listado em todos os guias por mais de uma década. Seu negócio começou como um pequeno albergue para mochileiros, mas após anos de trabalho leal, incentivado pela publicidade do guia, ele agora está subindo para o *status* de hotel, e está a caminho de se tornar uma espécie de *resort*. Uma piscina foi instalada, assim como um tipo de restaurante. Sou convidado a usufruir desses prazeres.

Ao chegar, o dono suíço me oferece um drinque. Aqui em Olinda, todo mundo que descobre para quem eu trabalho me oferece uma bebida. Ele possui dentes amarelados, a careca disfarçada por cabelos penteados para a frente e uma agenda. Há alguns anos, foi aberto um outro albergue que usa uma variação do nome do seu albergue-hotel.

– A maior forma de elogio, não é? – arrisco.

– Bem, meu hotel sempre esteve no Lonely Planet, e os mochileiros vinham direto pra cá assim que chegavam a Olinda. Depois, dois anos atrás, esse brasileiro filho da mãe abriu um albergue, roubou meu nome, subornou alguém da companhia telefônica e roubou o meu número de telefone. O número que estava listado no guia de viagem.

– Você não conseguiu pegá-lo de volta?

– Não, o cara do albergue tem relação com alguém da companhia telefônica. Eles se esforçam pra me ferrar. Graças a Deus, já comprei todas as variações de nomes de websites e e-mails.

Devo admitir – até gosto do fato de um albergue local ter roubado o telefone dele. Albergues de donos estrangeiros aparecem bem mais em guias de viagem que albergues de proprietários locais. Os estrangeiros entendem os padrões internacionais de acomodação. Eles sabem como vender para os europeus ou norte-americanos. Falam inglês, francês, alemão, escocês, italiano e hebraico. Possuem um amigo em Gênova, Copenhagen ou Vancouver que pode criar um website para eles – até mesmo um website que pode receber reservas internacionais. Eles contratam promotores para enviar cartas para todas as editoras de guias de viagem recomendando que o autor visite o hotel. É bom ver um proprietário local levar vantagem sobre um estrangeiro de vez em quando.

– Preciso que você me prometa que mudará o número de telefone no guia. Todo ano vocês publicam a mesma coisa e está sempre incorreto.

– A Lonely Planet não publica todos os anos. Geralmente a cada quatro anos.

– Não, é todo ano – ele insiste.

– Confie em mim. Este livro não é atualizado há quase quatro anos. É muito caro pra eles atualizarem o guia com tanta frequência.

– Não, eu vi a edição de 2003. Acho que tenho uma cópia em algum lugar. Liguei, deixei mensagens e enviei muitos, muitos e-mails.

– Você deve estar falando da Footprint. É uma empresa diferente. Só pode ser isso, ou você tem um guia falsificado.

– Tem certeza?

Que cara chato! Ele me dá um drinque de graça e acha que isso lhe dá permissão para me interrogar.

– Sim, tenho certeza. Eles não são a mesma coisa. A Footprint é uma empresa menor, mas eles de fato tentam atualizar a cada ano. Imagino que o escritor deles deva fazer muita pesquisa na internet.

A Footprint ocupou parte do vácuo que a LP deixou ao abandonar o público de viajantes econômicos. Alguns mochileiros tentam se distinguir como alternativos e de vanguarda, clamando ser fieis à marca Footprint e dizendo que nunca tocariam em um guia da LP.

Folheamos uma cópia do guia da LP que é mantida atrás do balcão de recepção e descobrimos que o número de telefone está incorreto ali também. Talvez o escritor da Footprint tenha simplesmente copiado o telefone do guia da LP ano após ano. O dono me faz prometer que farei a mudança e me presenteia com mais alguns drinques do bar.

Naquela tarde, percorro uma meia dúzia de restaurantes e hotéis, ganhando ímpeto e um nível alcoólico mais elevado a cada visita. No final da noite, volto para Alto de Sé, onde uma festa de rua havia começado espontaneamente, do jeito brasileiro. Estudantes se reúnem nas ruas ao redor de churrasqueiras improvisadas com espetinhos, vendedores de cerveja com isopores abarrotados e dois círculos de capoeira. Ao conversar com um brasileiro, menciono que fiz capoeira por cerca de três anos na Califórnia, em Londres e em Nova York. Depois disso só sei que estou no centro da roda tentando executar alguns golpes giratórios desorientados.

O cara pega leve comigo. As pessoas parecem achar divertido ver um gringo bêbado fazendo capoeira com roupas comuns. Tenho a impressão de ouvir algumas risadas vindas da multidão. Ou talvez algumas vaias. Tento um golpe na altura da cabeça e, sem a flexibilidade que costumava ter, o movimento para cima acaba por me desequilibrar. Caio de lado e rasgo a palma da mão esquerda. Há tanto sangue por toda a minha camiseta que posso fazer uma honrada saída pela tangente. Pego outra cerveja e o vendedor me dá um pedaço de jornal para embrulhar a mão e estancar o sangue.

Sigo para as boates, troco o jornal por um maço de guardanapos e começo a beber pra valer. De vez em quando uma pessoa se aproxima para dizer que assistiu ao meu espetáculo de capoeira. Não sei se é um elogio ou se pensam que sou um bufão. Provavelmente as duas coisas. Já fui elogiado por minhas bufonarias antes. Debruço-me sobre o bar e rabisco algumas observações semi-inteligíveis em meu diário, tais como *A bunda é redonda! Mesmo!*

Vou às boates Preto Velho e Atlântico. Mais cervejas são consumidas. Minhas notas se tornam ilegíveis. Logo estou comprando grandes garrafas de bebida para três garotas e para o cara com quem lutei capoeira. Sou apresentado a "outro gringo". Ele parece desapontado.

– Qual é o problema, homem? – pergunto.

– Sou uma droga de um brasileiro. Meus pais são da Palestina, mas eu nasci em Porto Alegre e esse povo do Nordeste não consegue colocar isso na cabeça.

Ele se apresenta como Azzam. Virou DJ enquanto frequentava a universidade no Reino Unido e agora está em turnê pelo Brasil, visitando o Nordeste pela primeira vez.

Ele fica satisfeito por eu conseguir pronunciar seu nome.

– Mas que inferno, cara! Este é o meu país e ninguém consegue pronunciar meu nome. Simplesmente não rola em português. Meus pais nunca me avisaram que isso aconteceria. Mas funciona em inglês. Um cara de Recife ficou totalmente maluco por saber que eu podia falar português e se recusou a acreditar que eu era brasileiro. Ele me chamava de árabe e me dizia para voltar pra casa. A essa altura, nem sei mais onde isso fica.

Refletimos sobre a perda de um lar e ele me faz prometer que o verei tocar em algumas boates em Recife durante as próximas semanas.

Seis horas e um número incalculável de cervejas depois, vou para casa. Beatriz me pega assim que entro na passagem que dá no apartamento. O sol já nasceu e ela está no portão pagando uma caixa de 12 cervejas para um entregador.

– Espere, espere. Preciso da sua ajuda pra uma coisa. Venha comigo.

Ela está hesitante e cheira a álcool. Estou prestes a correr para a minha porta, mas ela é mais rápida. Espero que não seja nada relacionado a sexo ou a manutenção de algo na casa.

Julgando pela variedade de garrafas vazias em seu quarto, ela já está em seu terceiro meio litro de Brahma. Tenho uma desculpa, já que passei a noite toda acordado. Recosto-me no batente da porta. Beatriz se senta na quina da cama. A empregada está sentada em uma cadeira no canto. O quarto é pequeno. Beatriz subdividiu o resto da casa para alugar para hóspedes por longos períodos. O chão está coberto de roupas sujas e pilhas de revistas de fofoca e *fitness*, rodeadas por garrafas vazias e um cinzeiro de cerâmica transbordando de bitucas de cigarro. Beatriz veste as calças pretas de *stretch* de sempre e uma camiseta branca de academia de ginástica. A empregada veste um avental manchado e está pintando as unhas do pé de rosa.

– Aqui está – Beatriz anuncia enquanto vasculha uma pilha de fitas cassete. Ela enfia uma fita no gravador e começa a tocar algo da Whitney Houston. Após uma busca frenética com o botão *fast forward*, ela localiza a música. Elas limpam a garganta em uníssono, abrem duas cervejas da nova caixa e começam a cantar juntas:

– EYE EE EYE WIW AWAYYS LUUV YUUUU.

É uma aproximação elogiável da língua, considerando que nenhuma das duas fala uma palavra sequer em inglês. Beatriz tem uma cópia de um dos álbuns de Lionel Ritchie, *Dancing on the ceiling*, nas mãos. Tenho medo de que ele será o próximo.

– Diz pra gente o que significa. Traduz, por favor.

Elas estão bastante ansiosas.

Faço o meu melhor para explicar em português. Digo a elas que é uma canção de amor e que foi a trilha sonora de um filme.

– É, com Kevin *Coznehr*. Muito sexy.

– Muito. Tenho que ir, meninas. Vou trabalhar.

– Certo. Sim, e não se esqueça de que preciso da outra metade do aluguel amanhã.

– Como assim?

– Você me pagou metade no primeiro dia e não me pagou a segunda metade.

– É a metade da Inara.

– Isso é entre vocês dois. Você assinou os papéis. Então eu quero o dinheiro amanhã ou teremos problema.

Sinto como se estivesse sendo assaltado e me percebo desejando que Beatriz tivesse, na verdade, pedido por sexo ou um auxílio na manutenção da casa. Eu teria cedido e transado com ela com prazer, ou desentupido a pia do banheiro para não ter de lidar com problemas de aluguel e tramoias de uma colega de quarto. Comeria até mesmo a empregada para arrematar, mas tenho a sensação de que elas prefeririam o dinheiro.

7
Rodovia baixa

48 DIAS PARA O PRAZO FINAL

Tenho um problema nas mãos e, para resolvê-lo, terei de canalizar a força de Karrass. Não de Alex Karras, jogador de futebol americano, mas de dr. Chester L. Karrass, especialista em treinamento de executivos, o cara que disse: "Você não recebe o que merece; recebe o que negocia", cujos anúncios de fitas, livros e seminários adornaram todas as revistas de linhas aéreas editadas nas últimas três décadas.

Nunca participei de um seminário de Karrass, tampouco li seus livros ou escutei uma de suas fitas, mas posso fechar meus olhos e visualizar a imagem de seu rosto de capitalista bem-sucedido e me lembrar de que na vida, assim como nos negócios, "Você não recebe o que merece; recebe o que negocia". Recorrerei à força de Karrass, marcharei para o apartamento, enfrentarei Inara e retificarei essa situação.

Encontro Inara adormecida na cama. Seu antebraço está dobrado sobre o rosto, protegendo os olhos da luz matinal que atravessa a janela. Ela está vestida com uma pequena camiseta branca de alças finas, sendo que uma delas escorregou pelo ombro até revelar um mamilo escuro e grosso. Ela tem seios relativamente pequenos, mas firmes. Sempre acreditei que a firmeza, e não o tamanho, determina os melhores seios.

A temperatura já está batendo os 32 graus e sua pele brilha com uma fina camada de suor. Os lábios estão molhados de saliva. Observo seu peito subir e descer enquanto tenta arrancar oxigênio do ar úmido.

Inara se mexe, percebe que a estou observando e solta um gemido em minha direção. Cobre o peito e rola para o outro lado, de cara para a parede, abraçando seu sinistro boneco Elmo. O lençol a descobriu e agora estou olhando diretamente para sua bunda, com uma tanga fina que desaparece por entre as nádegas esculpidas. Percebo que parei de respirar; tento não fazer nenhum barulho para não arruinar aquele momento. Dane-se o Karrass. Já perdi. Aposto como ele nunca imaginou como negociar com uma mulher seminua.

Deito de lado na minha cama e tento fechar os olhos. Isso funciona por um momento, mas a sensação é de que estou correndo, ainda que meu corpo permaneça estático. Meu pulso acelera. "Tenho certeza de que ela não se interessa por você", penso comigo mesmo, na tentativa de me acalmar. "Está tudo na sua cabeça."

Ela ajusta a camiseta e se vira, passando a me encarar do outro lado do quarto. Ambos estamos deitados de lado com os joelhos recolhidos, separados por cerca de 2,5 metros de distância. Acho que consigo sentir o perfume dela, mas pode ser só a minha imaginação.

– Você acabou de chegar? – ela pergunta.

– É, noite longa. Muita pesquisa.

– Eu também. Muito tempo com salto alto.

– É?

– É.

– Ok.

– O que aconteceu com sua mão?

– Perdi o equilíbrio por um momento.

– Uma gringa?

– Desta vez não.

– Bom – ela sorri.

– Você precisa de alguma coisa? – eu arrisco.

– Como o quê?

– Não sei.

– Qualquer coisa?

– Claro.

– Uma massagem nos pés? – ela pergunta hesitante.

A conversa é superestimada no desenvolvimento de encontros sexuais. As palavras não fazem nada além de ocupar o tempo que leva para passar da distância física para o coito. Em geral, duas pessoas já decidiram se farão sexo ou não – ou, talvez seja melhor dizer, seus corpos decidiram por elas. Trocas de olhares, linguagem corporal e odores pouco perceptíveis criam o ímpeto para que tudo aconteça. A conversa, enquanto permanece inofensiva – não importando quanto cafona ou sem sentido for –, mantém as defesas pessoais sob controle ao preencher o tempo que seria levado para racionalizar o porquê de você não querer fazer o que está prestes a fazer. Convites para massagear as costas ou para olhar fotografias, coleções de discos etc. são um clichê, embora um passatempo necessário.

Solto uma risada. Inara solta uma risada. Ela olha para mim com um olho, o outro lado de seu rosto está coberto pelo travesseiro e por seu aplique de cabelo. Aperta o boneco Elmo, cuja cabeça pesada de plástico dobra-se sobre o pescoço recheado de espuma.

Eu a presenteio com a massagem nos pés. Ela se deita de bruços enquanto eu massageio seus pés, meu peito sobre a cama, joelhos no chão. O Piu-Piu está sentado na outra extremidade do colchão. Trocamos olhares. Ele parece entender o tremendo absurdo de tudo isso, o impulso que nos leva além da racionalidade. Começo a beijar Inara na parte de trás do joelho, conforme ela se estica para tocar meu pescoço. Estou cansado e de ressaca. Meus nervos estão esgotados. Não havia chegado ali com outro propósito em mente?

Seguro firmemente a tira lateral de sua calcinha branca com os dentes. Não faz nem dez minutos que comecei a massagem nos pés, e ela se estica para debaixo da cama e pega uma camisinha da mala. Não tem lubrificação. Ela é alérgica a lubrificantes artificiais. Usar uma camisinha seca é apenas para os dedicados, para os puros de coração. É um processo bem específico que requer significativa paciência, assim como fazer pandas se acasalarem em cativeiro.

Quando por fim atingimos o equilíbrio correto entre forçar a abertura e a lubrificação natural feminina *versus* o látex seco e ele finalmente entra, fico tão surpreso que quase finalizo. Foco em minha respiração e retomo o controle. Nós nos movemos lenta, quase intimamente. Meu peito desliza contra o dela. Suas mãos escorregam pelas minhas costas. O suor escorre da minha testa. Tiro o Elmo do caminho com a mão esquerda e escorrego até ficar deitado de costas. Ela está por cima. O ritmo acelera. Gotas de suor escorrem por seu peito e riscam seu abdome. Tenho 1,79 metro. Não sou alto, mas também não sou baixo. Sob ela, sinto-me um daqueles peixinhos minúsculos que acompanham os tubarões.

Imediatamente após o orgasmo, minha mente começa a clarear, a retornar da dimensão intoxicada de testosterona. É a mesma iluminação que você tem quando sai de uma viagem de *ecstasy* e pensa consigo mesmo: "O que foi AQUILO?". O Piu-Piu olha para mim de modo diferente agora. É um desprezo debochado? Um arrependimento temeroso? Ele está falando: "Agora você está encrencado". A cama não é grande o suficiente para mim e Inara, sem mencionar os outros dois. Após alguns minutos, retorno para minha cama e considero a possibilidade de sair do apartamento. Não sou páreo para ela. Ela possui algumas vantagens desleais.

Inara me convence de que ela não precisa pagar – pelo menos não hoje. Você não recebe o que merece; recebe o que negocia. E eu estava negociando de uma posição inferior. Ela me conta que receberá em breve e, então, resolverá essa pendência. Como é uma profissional autônoma, não rastejará diante de agentes e produtores sórdidos por adiantamentos de pagamento, e não pretendo colocá-la em posição tão desconfortável. Não estamos nos Estados Unidos. As pessoas não pagam adiantado por trabalho, não quando não há qualquer tipo de vínculo. Este é um luxo reservado para os homens brancos no mundo dos homens brancos.

A amiga de Inara, Andreia, está na cidade e precisa de um lugar para ficar. Ela não tem muito dinheiro, mas Inara argumenta que mesmo assim ajudará a pagar o custo do aluguel. Em um primeiro momento, sou contra, mas a mistura intoxicante de cansaço, luxúria e, agora, culpa me levam a dizer que vou, pelo menos, considerar a ideia. Além disso, a contribuição de Andreia será suficiente para enrolar Beatriz por mais alguns dias.

Inara e Andreia já foram vizinhas em São Paulo. Andreia chegou a completar um ano de universidade lá, mas não conseguiu dinheiro para terminar o curso. Ela estudou muito português e inglês para se tornar professora escolar e quer tentar a vida longe da loucura de São Paulo. Ela vem se debatendo há algumas semanas em Recife, sem encontrar boas perspectivas de trabalho, e quer ficar com Inara por um tempo.

Andreia chega ao apartamento carregando sua mala. Acho que não teremos muito tempo para discutir se ela ficará ou não. Sua presença diminui com rapidez a tensão entre mim e Inara. Andreia tem um rosto tranquilo, com algumas sardas castanho-claras espalhadas sobre o nariz e uma pequena separação charmosa entre os dentes. Ela parece bem mais jovem que os seus 34 anos, ainda que se vista de modo conservador e tenha um corte de cabelo mais parecido com o de uma mãe que com o de uma modelo.

– Pensei que Recife seria um lugar mais barato e mais calmo para viver do que São Paulo – ela me conta. – E é, mas ainda não é barato ou calmo o suficiente.

Andreia nos conta sobre sua dificuldade para encontrar trabalho como professora em Recife. Ela pretende se instalar em Olinda e encontrar um emprego temporário até que algo dê certo em uma escola ou até que precise retornar para o apartamento dos pais em São Paulo. Ela rapidamente coloniza o sofá, empilhando organizadamente suas roupas, mapas astrológicos e pastas escolares debaixo da mesa lateral na sala de estar. Enche a pequena geladeira com pacotes de cachorro-quente e uma caixa de ovos. Ela adotou uma dieta à base de proteína de cachorro-quente, pois acredita que isso a ajudará a perder peso no centro do corpo e ganhar massa na bunda e nas coxas.

Quando aprovei a condição de Andreia como residente do apartamento, não sabia que ela viria como parte de um pacote maior. Otto, seu novo namorado israelense, não mora propriamente conosco; ele só passa as noites. Todas as noites. Não faço ideia de onde ele guarda seus objetos pessoais.

Quatro pessoas em um pequeno apartamento de um quarto criam um ambiente um tanto sufocante, mesmo que não estejamos todos lá ao mesmo tempo. Beatriz não deve saber que os outros dois estão morando conosco, então, eles precisam entrar e sair em horários estranhos. Considerando que estou pagando sozinho 50% do aluguel, eu deveria ficar triste, mas estou aprendendo a aceitar esse caos e curtir um pouco o imprevisível. Em vez de me tornar o norte-americano histérico, tentarei apreciar o momento e resolver os detalhes a longo prazo. Como dizem no Brasil, *pra tudo tem um jeitinho.* Não fique maluco por causa de um problema agora, sempre há um modo de resolvê-lo no final.

Ainda que após dormir com Inara eu tenha tido o impulso de deixar o apartamento, percebi que não poderia arcar com isso. Também me dei conta de que não era algo tão ruim assim dividir um apartamento com uma mulher atraente que está disposta a fazer sexo com você, apesar de existirem algumas complicações. Otto. Andreia. Quanto mais vezes, maior a felicidade, eu acho. Inara e eu fizemos sexo apenas mais uma vez. Uma *rapidinha*. Os dois de pé contra a porta do armário enquanto Otto e Andreia jantavam no outro cômodo. Inara levanta a saia e puxa a calcinha para o lado. Eu fico na ponta dos pés. Em seguida, nós nos juntamos aos outros na sala de estar e jantamos sentados no chão, passando pratos de arroz, mandioca e coxas de galinha cozidas com cebola. Dividimos também uma garrafa de 2 litros de guaraná.

Andreia faz mapas astrológicos para todos nós durante o jantar. Parece que, como sou sagitariano, a viagem está no meu sangue. Otto não conversa muito e fica visivelmente embaraçado quando Andreia determina que casamento e filhos estão em seu futuro próximo. Inara fica extasiada por descobrir que o dinheiro está bem perto. Não acredito em astrologia, mas espero, pelo menos, que o mapa de Inara esteja certo.

Até agora, minha viagem não transcorreu como o planejado, nem mesmo como a vidente mais imprecisa pudesse prever. De qualquer modo, pelo menos atingi o meu primeiro objetivo: estou bem distante das horas extras movidas a cafeína que passava em meu cubículo de fórmica cinza, apavorado com a iminente petrificação de minha mente.

Andreia começa a trabalhar em um supermercado, montando *displays* e empilhando latas em pirâmides gigantes. Ela veste um uniforme justo, com uma saia curta, e oferece promoções aos clientes, em geral de companhias de telefone de celular pré-pago. Ganha salário mínimo, que agora está em 260 reais por mês, ou cerca de 89 dólares norte-americanos. Isso dá pouco mais que mil dólares por ano. Ela tem nível universitário incompleto.

Se algo não der certo logo, Andreia terá de voltar para a casa dos pais, ainda que estes não estejam muito melhor que ela. Não sei como Otto se sente em relação a isso. Nem mesmo sei há quanto tempo eles estão juntos. Fora o nosso papo no jantar pós-rapidinha, ele tem sido um colega de quarto fantasma.

Uma manhã, acordo e descubro que só estamos eu e Otto no apartamento. Inara ainda não voltou para casa e Andreia saiu cedo para montar os *displays* da promoção do Milho Nestlé. Otto se oferece para fazer o café, uma oferta que nunca recuso.

Ele é mais baixo que eu, com um peito côncavo, olhos azuis e cabelos loiros na altura dos ombros. Possui um modo delicado de falar que levaria você a pensar que ele é voluntário de alguma ONG ou um estudante universitário em viagem.

– Então, a Andreia me contou que você está escrevendo um livro? – ele pergunta, enquanto briga com a cafeteira.

– Bem, não exatamente. Estou escrevendo um guia de viagem.

– Como o Lonely Planet?

– É.

– Qual?

– Bem, na verdade, é o Lonely Planet. Eu, bem... trabalho pra eles – digo.

Ele para por um instante e me examina.

– Odeio guias de viagem, especialmente da Lonely Planet – ele fala. – Tudo que vocês fazem é ensinar pessoas inexperientes a sair em excursões de pequenos grupos, imaginando que estão fazendo algo independente.

Nunca subestime a franqueza israelense. Já encontrei diversas pessoas que são contra guias de viagem por uma série de motivos. Primeiro, existem os cínicos, que odeiam guias de viagem apenas porque sentem necessidade de desgostar de qualquer coisa que seja popular. Outros não gostam da transformação das viagens independentes em mercadoria. Para outros, é simplesmente uma forma de mostrar como são espertos e que podem viajar por um ano sem um guia de viagem, sem planos, sem dinheiro, sem sapato, sem o que quer que seja. Eles acreditam que viajantes menos espertos – aqueles que confiam em guias de viagem – maculam a sua experiência ao inundar lugares supostamente inacessíveis e torná-los menos autênticos. Para além dos discursos, eles têm sua parcela de razão, mas isso não diminui o valor de um guia bem escrito.

– Bem, na minha opinião, um guia tem utilidades e problemas – comento. – Sem um guia você gasta muito tempo colhendo informações básicas e reinventando a roda. Isto é, se você não quer deixar de visitar os pontos históricos ou se precisa saber qual o melhor caminho pra ir do aeroporto pra uma determinada região da cidade. Caso contrário, terá que fazer um monte de dever de casa.

– *Nah*. Prefiro algo mais parecido com o guia *Quatro Rodas* brasileiro, algo local. Ou então um bom mapa e um dicionário. Você deve conseguir as informações das pessoas que moram no lugar, não de algum guia impresso na China.

Entendo o ponto de vista dele, ainda que não o ache particularmente realista. Apenas uma pequena porcentagem de viajantes possui tempo e habilidade para viajar com nada além de um dicionário e um mapa. E quer você tenha ou não um dicionário, a maioria das pessoas não tem o domínio de uma língua estrangeira a ponto de poder colher toda a informação de que precisam em conversas na rua. Acho que gente como Otto, os viajantes radicais e os cínicos radicais, acreditam que essas pessoas não deveriam ter permissão para viajar – não deveriam ter permissão para arruinar a paisagem com sua ignorância e fraqueza, a menos, é claro, que fossem homens o suficiente para passar duas horas à procura de uma lavanderia falando em português.

Como Otto havia acabado de destruir todo o valor do meu trabalho, quero saber o que o torna tão crítico, perambulando pelo Brasil e invadindo o apartamento dos outros para passar a noite. Posso falar qualquer porcaria sobre o meu trabalho, mas isso não significa que outras pessoas têm o mesmo privilégio. É o mesmo que falar mal de parentes. Tive o meu dente da frente nocauteado (por acidente), meu nariz quebrado duas vezes (nenhuma das duas em uma briga), e posso me garantir com um estudante de medicina ou com uma aeromoça da Lufthansa. Fora os caras do departamento de entregas, eu poderia enfrentar qualquer um no meu ex-emprego – ninguém pode fazer pouco-caso de mim.

– Então, que grande aventura o traz ao meu sofá? – provoco.

– Vim pra São Paulo como consultor de segurança.

Ele puxou os cabelos para trás em um rabo de cavalo curto e os prendeu com um elástico.

– Ah, um consultor de segurança... De que tipo? – pergunto. Segurança para conexões em rede? Consultor de programas antivírus? Com aquele rabinho de cavalo ele só pode ser algum *nerd* da computação.

– Bem, fiz três missões com o FID e saí quando estava com vinte e poucos anos. Não havia estudado de fato, e o trabalho de segurança era a única coisa que eu sabia. Não quis ir pra universidade. Já tinha visto muita coisa, tido experiências intensas demais pra retornar pra uma sala de aula. Então, acabei treinando pessoas, ensinando a elas as técnicas que aprendi no FID. Você sabe, segurança empresarial, segurança pessoal.

– FID, o Forças de Defesa...?

– ... de Israel. É. Comandei um esquadrão antirrevolucionário que sondava militantes para ser interrogados. Pegávamos informações secretas do campo de batalha sobre o esconderijo ou a localização de um militante, e, quando anoitecia, meu time entrava na casa, sequestrava o cara e o levava para o serviço secreto. Éramos bons. Geralmente conseguíamos amordaçar e amarrar o suspeito antes que ele acordasse. Costumavam nos chamar de Pony Express, aquele correio expresso que passou a levar correspondências a cavalo, cruzando áreas selvagens dos

Estados Unidos a partir de 1860. Éramos chamados assim porque nunca perdíamos uma entrega.

Ok. Sou capaz de admitir quando estou errado sobre alguém, particularmente se esse alguém é capaz de quebrar o meu pescoço. E se eu for comparar, passei a maior parte do final da minha adolescência e dos meus vinte e poucos anos estudando Ciências Humanas, bebendo coisas naturais e *light*, e viajando sempre que possível. Acho que o emprego mais viril que tive foi como faz-tudo de uma piscina, onde eu ocasionalmente precisava manusear máquinas elétricas.

– Você quer com leite? – Otto pergunta.

– *O quê?*

– O café. Eu gosto do meu com muito leite e açúcar. Sou uma formiga.

– Quero. Só leite, obrigado. Então, três missões? – pergunto. – Por que você saiu?

Otto faz um café surpreendentemente bom e me passa a única caneca que temos no apartamento. Ele se senta no chão.

– Às vezes, as coisas não aconteciam como planejado. Quase fui morto na minha última missão. Um amigo salvou minha vida, mas perdeu o braço na operação. É a natureza do sacrifício, cara. É o que nós faríamos pelo outro sem pestanejar.

– O que aconteceu exatamente? – pergunto, pensando se a minha agitação repentina seria efeito do café.

– Fomos surpreendidos em uma casa certa noite. Na verdade, falhei com o meu time. Deveria ter pensado melhor, deveria ter vasculhado melhor o prédio. Meu amigo salvou minha vida, mas pagou um preço muito alto. Ainda bem que ele tinha uma Micro.

Ele fita a parede por um momento, perdido em pensamentos.

– Uma o quê?

– Uma Para Micro-Uzi. É a melhor pra combates urbanos de curta distância. Tem somente 25 centímetros e pesa 2,5 quilos com um cartucho de 25 balas. Uma Uzi normal é muito comprida pra corredores estreitos, escadarias e salas pequenas. Você sabe, na maioria das vezes, esses militantes estavam escondidos em porões ou em pequenos esconderijos dentro das paredes.

De repente, me sinto o maior bobão do planeta. Nem preciso dizer isso; ele pode ler a expressão no meu rosto. Obviamente, ele não precisa de um guia de viagem. Provavelmente poderia sobreviver apenas com uma faca e uma pedra.

– Mas espere um minuto. Sabe, sempre percebi que as outras pessoas não entendiam, que elas eram fracas e não aprovavam a realidade da nossa luta. Lutar era a única coisa que eu sabia fazer, então era fácil fazer aquilo. Não sou um cara mau. Nem sou muito temperamental. Agora vejo que não precisava ser daquele jeito, mas naquela época... Você tem que entender, minha família é da Polônia. Depois da guerra, aqueles que saíram de Treblinka não tinham nenhum lugar pra onde ir. Os vizinhos deles tomaram suas casas e não pretendiam devolvê-las. Ninguém nos queria. A Europa critica tanto Israel hoje, mas eles ficaram bem satisfeitos por nos enviar para fora da Europa depois da guerra. Quer dizer, cresci pensando que guerrear e lutar eram coisas necessárias pra viver. E, francamente, vocês europeus e norte-americanos só conseguem nos criticar porque seus antepassados lutaram pra dar tal luxo a vocês.

– Vejo isso de modo um pouco mais complexo, mas, sim, admito que a minha experiência de vida foi bem diferente. Então você deixou o exército e veio pro Brasil ajudar pessoas sequestradas?

– *Nah*, o oposto. Treinei forças de segurança pra que protegessem seus chefes e evitassem que políticos fossem sequestrados.

Eles eram bem inexperientes – ele abre um sorriso malicioso. – Queriam gastar todo o dinheiro com limusines blindadas e armas que aparecem nos filmes do Jean-Claude Van Damme, mas não tinham a menor ideia do que estavam fazendo. Eu poderia sequestrar sozinho qualquer um daqueles caras em dez minutos, e com um desses pandeiros brasileiros amarrados no peito. Como estava dizendo, eu era bom, mas não sabia fazer mais nada depois que saí do exército. Essa foi a minha melhor opção. Também me ofereceram trabalho em Nova York, com executivos que conheciam alguns dos comandantes da minha divisão. E também trabalho na Colômbia. Trabalho mercenário. Mas achei que o emprego no Brasil seria o mais honesto. No final das contas, meu trabalho estava apenas ajudando a proteger caloteiros e corruptos. Antes acreditava que estava lutando por algo que valia a pena.

– Então você largou tudo, saiu e encontrou a garota? Por que você não está viajando com todos os israelenses pelas estradas na América do Sul?

– São todos meus amigos do exército. Todos eles. Estão tentando esquecer o que viram. Ou querem apenas fumar maconha, sair à noite, surfar, qualquer atividade que encontrem pra se distrair. Todos seguem a Lonely Planet, ou seja lá o que for, como um bando de turistas. Quero ficar longe disso tudo. Não quero viajar com israelenses. Não quero viajar com um guia de viagem. Não quero ter as minhas mãos amarradas, ou me sentar em círculo e fumar um baseado; sequer quero falar em hebraico. Estou tentando experimentar uma vida diferente e ver que isso é possível, mas sem ter que esquecer quem eu sou.

Começo a fazer viagens de um dia para Recife e para as regiões próximas. Às vezes Otto me acompanha. Ele gasta horas ajustando e apertando o rabo de cavalo e me irritando. Gargalha quando me estresso com as minhas pesquisas – é o tipo de preocupação sem sentido para um mercenário surfista que dorme no sofá. Por outro lado, sinto-me pressionado para saber tudo sobre a região e para ser um perito local, mesmo que nunca tenha colocado os pés na maioria das cidades.

Otto gosta de me questionar com múltiplas variações da seguinte conversa:

– Quanto tempo leva pra se chegar a Garanhuns?

– Não sei.

– Peraí, pensei que você fosse o escritor sabe-tudo da Lonely Planet. Caramba, eu deveria estar escrevendo este livro. Me diga onde é Garanhuns, pelo menos.

– No interior.

– Diga isso com confiança. Sim, é no interior, mas isso não é muito específico, é? Qual o melhor lugar pra se comer lá? Por menos de 10 dólares? E os hotéis?

Tivemos algumas conversas assim antes que eu começasse a inventar respostas e a impor um senso de autoridade que, de fato, não tenho. No final das contas, um autor de guias de viagem é um contador de histórias. Você pode definir os detalhes depois, mas parecer saber sobre o que está falando e falar com autoridade (mesmo que uma vaga autoridade) já é meio caminho andado.

Garanhuns?

– Bem, está a algumas horas daqui, pro leste. Mas você nunca pode contar com a pontualidade do transporte local – isso deixa espaço para justificar a maioria dos possíveis erros.

Há um bom restaurante lá?

– Bem, existem muitos para citar. Mas para uma experiência autêntica, eu recomendaria provar a cozinha regional no mercado central.

É bem provável que eles tenham um mercado central e algum tipo de cozinha regional.

Otto não é o único com esse tipo de pergunta. Outros viajantes, quando descobrem que trabalho para a Lonely Planet, me perguntam sobre bons voos de Buenos Aires para a Europa, bons hotéis em São Paulo, como descobrir a extensão de um visto e qualquer outra dúvida relacionada a viagem que se possa imaginar. Costumo justificar que a maioria está além da minha área de conhecimento, mas as perguntas pertinentes à região que estou cobrindo para a LP são mais difíceis. Reluto em admitir a qualquer pessoa que estou conhecendo o local aos poucos e continuo a achar perturbador quando outros turistas parecem saber mais do que eu. Entretanto, estou aprendendo a manipular pequenas informações para que elas pareçam mais consistentes. Como dizem, as duas qualidades mais importantes para um autor de guias de viagem são um fígado forte e uma boa capacidade para papo-furado.

Recife é apenas um capítulo do meu livro, mas é tão grande que poderia ter um guia para si. Faço viagens para Caruaru, descendo a costa até Porto de Galinhas, e finalmente rumo para Garanhuns. Passo mais tempo em ônibus e no sistema público de transporte do que sou capaz de ficar em qualquer cidade. Garanhuns é tão quente que consigo fazer apenas uma hora de pesquisa antes de fugir para uma sombra. Os dias estão passando e essas viagens menores, com um ir e vir constante, estão consumindo minha energia, meu dinheiro e o meu ânimo.

Otto passa a ficar taciturno e mal-humorado, e decide que não está mais interessado em me acompanhar em nenhuma das viagens. Pergunto a ele o que há de errado e, num primeiro momento, ele alega que apenas está entediado, mas depois admite que alguém havia tentado bater sua carteira alguns dias atrás em Recife. Sem nem olhar para o batedor de carteiras, ele agarrou o braço do homem e deslocou seu ombro. Otto se espantou com o renascimento da raiva e da violência que tanto vinha tentando deixar para trás. Depois de deslocar o braço do ladrão, ele percebeu que era nada mais que um garoto de rua, um adolescente que imediatamente começou a chorar.

Meus desafios são mais de cunho organizacional. Estou começando a achar que a estratégia de estabelecer uma base e sair para cobrir toda a região ao redor não é eficiente diante dos meus limites de tempo e dinheiro. É uma estratégia para Jimmy Carter ou Bill Clinton: reunir e avaliar todas as informações diversas com base em uma posição central de poder. Você mesmo fala com todas as pessoas e filtra toda a informação recebida. Não está funcionando. Vejo agora que precisarei assumir uma estratégia mais Ronald Reagan ou G. W. Bush, em que eu persiga alguns objetivos e passe grosseiramente por cima de todo o resto. Mantenho a afluência de informações com base em algumas fontes confiáveis. Obviamente que alguns detalhes terão de ser sacrificados durante o processo, mas tudo tem o propósito de atingir o prazo final e os objetivos que a minha editora me confiou. Terei de fazer um trabalho rápido em Fortaleza e depois ir direto para São Luís, fazendo tudo em uma única tacada. Comprometo-me a, pelo menos, obter corretamente todos os detalhes importantes.

Minha paciência chega ao limite com a demora de Inara para pagar o dinheiro do aluguel. Discutimos mais uma vez sobre o pagamento e ela afirma que conseguirá fazê-lo em breve. Pior ainda é falar com Beatriz. Ela diz que, como o apartamento está sob meu nome e meu número de passaporte, ela me prenderá se não pagarmos o resto do dinheiro. Também ameaça nos trancar para fora e vender o meu laptop. Acho que ela está blefando, mas não pretendo testar sua determinação. Só o fato de ela saber que tenho um computador prova que ela vem bisbilhotando o apartamento.

Ainda tenho mais ou menos uma semana na região de Recife. Já estou farto de ficar olhando esta cidade grande e barulhenta, e só cumpri uma fração da pesquisa necessária. Alguém roubou meus óculos de leitura durante a minha primeira visita e isso me deixou irritado. Encontrar um oftalmologista, pegar uma nova receita, escolher e comprar um par de óculos novos me fez perder um tempo que eu não tinha. Tento me manter profissional e não deixar que isso influencie minha visão sobre Recife. Mas a motivação para pesquisar a cidade diminui devido à exaustão, à falta de dinheiro e a um furto medíocre – seja como for, isso tudo inevitavelmente se traduzirá em uma cobertura mais fraca no livro. Falta ou não de profissionalismo, é o que acontece quando você precisa tomar decisões sérias sobre as áreas que receberão um tratamento completo e as que serão contempladas com um prazo curto. Sinto muito em dizer que, neste caso, minha cobertura morna se estenderá a milhares de turistas e potenciais viajantes que seguem o guia do Brasil. Tudo porque um idiota roubou um par de óculos que, em breve ele descobrirá, lhe causarão enjoos, a menos que ele também tenha astigmatismo.

Otto desaparece tão rapidamente quanto apareceu. Ele deixa uma nota para Andreia dizendo que irá para o Norte, talvez para a Amazônia. Não deixa nenhum contato para ela ou para mim. Por uma reação em cadeia, Andreia anuncia que voltará para casa para viver com os pais. Ela não consegue mais trabalhar no supermercado. A dieta do cachorro-quente não deu certo, e o chefe tem criticado o seu peso, tentando convencê-la de que ela só poderá manter o emprego caso durma com ele. Andreia tentou ganhar um dinheiro honesto, mas recusa-se a ser humilhada ou assediada por algum cafetão de supermercado por causa de um salário mínimo.

Em vez disso, ela pretende tentar um visto para a Suíça. Sua irmã é casada com um suíço consideravelmente mais velho que conheceu pela internet, e ele tem alguns amigos que estariam interessados em conhecer Andreia, talvez até em se casar com ela.

Embora haja muita troca entre a Suíça e o Nordeste brasileiro, os dois locais são completamente opostos. Um é pequeno, frio, respeitável e organizado, enquanto o outro é grande, apaixonado e instável. Tudo funciona na Suíça. O transporte público chega no horário. Os empregados são pagos na data certa. Os impostos são revertidos para projetos públicos, não para bolsos privados. Os hospitais são limpos e organizados. É um lugar seguro para criar uma família. E homens mais velhos que não têm sorte no amor, mas que se beneficiam de seu *status* de cidadão, podem ajudar mulheres da América do Sul a conseguir seus vistos. Otto e Andreia tinham um relacionamento verdadeiro, ela diz, mas ele está na própria viagem. Otto não tinha interesse em estabilidade. Os dois terminaram. Ele se foi. Ela já comprou uma passagem de ônibus para voltar a São Paulo e partirá esta noite, então decidimos começar a festa de despedida imediatamente.

Juntamos alguns amigos de Andreia e seguimos para o topo da montanha de Olinda, o Alto de Sé. Sentamo-nos em cadeiras de plástico e bebemos cervejas geladas dos vendedores ambulantes. Há um grupo de garotos na rua. Todos com idade para estar na escola. Observamos como o número deles aumenta ao longo da tarde. Logo parece que toda a cidade está nas ruas ficando bêbada antes do pôr do sol. A multidão continua a aumentar e em seguida estoura em uma parada de rua completa, com bonecos gigantes de papel-machê erguidos com pedaços de pau, dançarinos de frevo com camisas listradas e sombrinhas giratórias, além de bandos de festeiros bêbados. As cadeiras de plástico são empilhadas para abrir mais espaço para a multidão, e nós somos varridos pelos rios de corpos humanos suados que se cruzam na praça e saem para as ruelas.

Andreia e eu andamos juntos, admirando o espetáculo, até que ela anuncia que tem de ir embora. Ela diz que não quer ir. Não quer sair do Nordeste. Não quer deixar os novos amigos. Ela começa a chorar. Retornar para São Paulo não significará apenas uma derrota a curto prazo, mas talvez seja o fim de seu sonho de fugir da cidade para trabalhar como professora. Ela pegou dinheiro emprestado para tornar possível sua busca por emprego em Recife e agora voltará para casa desempregada e com uma dívida considerável. Talvez a Suíça seja a melhor opção, mas ela receia que o sacrifício de sua liberdade pessoal e amorosa possa se sobrepor a qualquer ganho financeiro e de estabilidade. Trocamos e-mails, rabiscados em pedaços de papel; eu perco o meu instantaneamente. Ela me pede que tenha paciência com Inara, pois ela é sincera. Nós nos despedimos em uma esquina enquanto ela soluça em minha camiseta, depois vai embora.

Ao viajar é preciso se acostumar com essa rotina de encontrar, conhecer alguém e, em seguida, dizer adeus, provavelmente para sempre. Posso sentir que meu tempo em Recife e em Olinda está chegando ao fim, mas o que não sei é quanto as coisas mudarão drasticamente. Depois que Andreia se vai, passo algumas horas em uma boate ao ar livre, conversando com um grupo de caras da cidade, bebendo e dançando com umas garotas. A música muda do forró para uma mistura eletrônica brasileira, uma espécie de *house* com samba. Em geral não gosto de *house music* – prefiro algo um pouco mais agressivo, com baixos mais graves –, mas o DJ está realmente fazendo algo interessante aqui. É uma música tradicional brasileira, mas confrontada com outra batida, que reúne a elegância urbana de Londres e Nova York. Pergunto a um dos caras da cidade quem é o DJ e ele diz:

– Não conheço. Algum gringo.

Vou até a cabine para dar uma olhada no DJ: é meu amigo brasileiro-palestino Azzam num frenesi atrás das *pickups*.

Cumprimentamo-nos e ele diz para eu ficar por perto para fazermos algo depois do seu *set*. Eu e Azzam acabamos bebendo muitas outras cervejas na boate. Ele me diz que essa é apenas uma prévia e que o seu grande evento será em Recife hoje à noite. Descemos até um bar na região mais baixa da cidade e continuamos a festa. Comemos hambúrgueres na rua e fazemos planos de ir para Recife. Ele tocará no clube até as duas da manhã e precisa chegar lá por volta da meia-noite para encontrar os *promoters* e deixar tudo em ordem. De lá ele terminará a noite em uma festa na praia da Boa Viagem.

– Vai longe – ele me conta. – Da última vez me fizeram tocar até bem depois de amanhecer. Vamos descer lá e você pode me ajudar a organizar as coisas no clube.

– Não sei, cara, estou vestindo shorts e calçando sandálias de dedo, e já fiquei na balada durante quase o dia todo. Talvez não seja uma ideia tão boa.

– É o jeito brasileiro, meu caro. Vá pra casa e coloque uma calça comprida se quiser. Tome um banho. Faça a barba, se isso o fizer se sentir melhor. Esta será uma noite inesquecível. Uma noite pro seu livro. Vou pegar você em 45 minutos.

Ao chegar em casa, admiro meu rosto, pescoço e nariz queimados de sol. Acho que esse é o risco de começar a beber às 11 da manhã nos trópicos. Tenho aproximadamente duas semanas de pelos faciais com os quais lidar. Penso em deixar apenas um bigode, mas decido raspar tudo, já que nunca consegui me levar a sério com nenhum tipo de bigode. Só o fato de eu estar considerando a hipótese já é um péssimo sinal. Sinto-me mal por causa do sol e de toda a bebida. Preciso me sentar. Por um ou dois minutos.

São quase quatro da manhã quando acordo no sofá com uma sede violenta. Há creme de barbear espalhado pelo sofá e estou banhado em suor.

Um bilhete de Azzam debaixo da porta diz:

O que aconteceu com você?

Não seja um babaca.

Ligue no meu celular.

O número de telefone está legivelmente anotado abaixo. Não existe água na geladeira e não vou me arriscar com a água da torneira. Ignorando minha dor de cabeça, visto algumas roupas e desço a rua para ver se há alguém vendendo água. Encontro um vendedor de cerveja com um isopor caindo aos pedaços na rua principal. Serve. Resolvo ligar para Azzam de um telefone público a fim de me desculpar por deixá-lo esperando. Tenho a sensação de que ele ainda está na rua.

Ele atende no segundo toque.

– Ei, aonde você foi? Tá tentando se livrar de mim?

– Não, eu estava aqui. Só deitei por um ou dois minutos.

– Isso foi há umas cinco horas. Você deve ter desmaiado, cara. Soquei a sua porta como um maluco. Estou saindo da boate em Recife agora. O público estava extraordinário.

– Que saco. Desculpe, cara. Vou ter que ver você outra vez.

– Vou tocar na festa da praia, lembra? Você tem que vir aqui.

– Qual é a praia?

– Boa Viagem, bem perto do Recife Palace Hotel. Estarei na areia. Qualquer motorista de táxi saberá onde é. Será o *after--party* do clube. Confie em mim, você não pode perder.

– Você sabe, eu...

– Escute, sem desculpas. Você está aqui pra escrever sobre o que está realmente acontecendo ou pra recuperar o seu sono da beleza?

– Sei o que quer dizer, é só que...

– Pegue um táxi. Agora. Não volte pro seu apartamento; você vai dormir de novo. Eu divido o táxi com você e depois a gente pode dividir outro na volta pra casa. E agora, tem mais alguma desculpa pra mim?

Ele está certo. É meu dever para com o leitor conferir esse tipo de vida noturna. Talvez eu possa redimir Recife no final de tudo. Pego um táxi para a praia. Azzam não estava mentindo – o público está extraordinário, em sua maioria um grupo internacional de pessoas jovens e bonitas. Todos parecem um pouco alterados, mas ainda estão cheios de energia e dançando ao som do *house* e do *electro* de Azzam. A mesa do DJ está instalada sobre um tapete persa e coberta por uma tenda fina de plástico e hastes de alumínio. Azzam toca por mais de uma hora. Aceno para ele e fico na região mais para o fundo, observando uma multidão de brasileiros que tentam sambar junto com a batida.

Um expatriado britânico que mora no Rio assume as *pickups* e muda para um *dub reggae*. O sol acabou de surgir no horizonte. Gostaria de ter trazido óculos escuros.

Conforme o sol sobe completamente acima do mar e a água salgada clareia, percebo que um corredor mais velho, com uma faixa de tecido atoalhado na cabeça, para a fim de escutar a música enquanto bebe água de coco de uma barraca próxima. Seu pé direito, que calça um tênis branco lustroso e uma meia na altura do joelho, começa a se mover ao som da música. Ele abaixa na areia, larga o coco e vai se juntar à multidão.

Troco olhares com uma garota que está de pé junto a outra menina e a um cara, balançando a cabeça com a música. Seus quadris se movem de modo sexy e sinto o meu desejo sexual ressurgir após uma letargia alcoólica. A troca de olhares continua acontecendo, de vez em quando, por um tempo. Quando vou a uma barraca pegar uma bebida, ela passa por mim, dá uma batidinha em meu ombro e continua seguindo. Eu a sigo até o lado mais distante de um muro um pouco depois da barraca. Ela se vira, me agarra pela camiseta e começa a me beijar. De repente fico feliz por ter saído esta noite. A vida noturna em Recife receberá uma resenha bastante consistente. Palavras suficientes são trocadas para sabermos que seu nome é Fernanda e o meu é Thomas, e que nós dois estamos bem. Na verdade, eu estou muito bem.

Após dois minutos assim, eu a afasto para perguntar se ela tem namorado, se por acaso não era o rapaz de pé ao lado dela na praia.

– Não.

– Marido?

– Não, é o meu irmão.

– Ah, caramba. É mesmo, tipo...

– Ele é tranquilo.

– Certo – voltamos a nos beijar. Eu a afasto de novo. – Mas então, por que o segredo? Tipo, por que estamos atrás do muro?

– Minha mãe. Ela iria me matar.

– Sua mãe? – solto uma gargalhada. – Tenho certeza de que sim.

Eu a puxo para perto e passo os lábios pelo seu pescoço.

– Não, é verdade. Ela está lá na festa. E, se me encontrar, me mata.

– Você quer dizer aquela outra garota que estava ao seu lado?

– É. Somos de Brasília. Estamos aqui de férias.

– Ela não é sua amiga ou irmã, ou qualquer coisa assim?

– Não, é minha mãe mesmo.

– Certo. Você é adulta. Ela talvez não aprove, mas não irá matar você, não é? – paro um pouco para respirar.

– *Sou* adulta, mas ela não me trata assim. Ela me trata como se eu fosse um bebê – diz. – Quer dizer, vou fazer 17 daqui a dois meses, pelo amor de Deus.

Dou um pulo para trás e ela também se encolhe. Começo a dizer algo, mas neste exato momento a mãe dela contorna a lateral da barraca, com as mãos na cintura e o rosto franzido. Ela nem presta atenção em mim e imediatamente começa a reclamar com a filha.

– Você disse que ia comprar uma Coca-Cola. O que pensa que está fazendo? Se o seu pai estivesse aqui, eu juro, ele...

– Mãe, não fiz *nada*. Relaxa. Só estava mostrando a ele como se dança. Ele é estrangeiro e não sabe o que está fazendo. De qualquer modo, ele é gay.

Ela dá uma batidinha amável em minha cabeça como se eu fosse o seu gatinho de estimação. Fito Fernanda, emudecido e confuso sobre como cheguei a essa situação.

– Mesmo? – a mãe pergunta, sem parecer convencida.

– É claro, olhe pra ele. Por que você desconfia tanto de mim?

Ela acena com a cabeça em minha direção. É a deixa para eu fingir também. Só consigo dar um sorriso forçado e sem graça.

Bom, esqueci o quanto adolescentes podem ser manipuladores. A mãe me lança um olhar de puro ódio e me pede licença para voltar à praia com a filha a fim de ter uma pequena conversa. Agora, é claro que eu não tinha intenção de transar com uma menina de 16 anos. Em minha defesa, posso dizer que não é comum as colegiais frequentarem festas que viram a madrugada, e eu diria que uma mãe está querendo atrair problemas ao levar a filha para um lugar assim.

Volto para a festa, sento-me na areia e tomo uma bebida com Azzam, que finalmente terminou de organizar e guardar todos os discos. O sol está esquentando e a areia começa a perder a umidade fria da manhã. Posso sentir os raios penetrando minhas queimaduras de sol. Tento evitar olhar para Fernanda de soslaio, embora ela me lance alguns olhares esquivos pelas costas da mãe – eu acho, ou pelo menos acredito, que eles são para mim. Sendo eu o mais velho de nós dois, necessariamente me aproveitei dela? Em geral, é assim que um encontro desses é interpretado. Mas não estou certo de que aqui esta seja a verdade. O que realmente significa o fato de ela ter 16 anos? Ela só tem alguns meses a menos do que eu tinha quando percorria a Espanha em uma ambulância dos *Caçadores de fantasmas*. E ela não me parece uma pessoa particularmente passiva ou sem defesa. Chego à conclusão de que foi ela quem se aproveitou de mim. E se as coisas tivessem ido além? Não me entenda mal, eu amo o fato de que o Brasil seja um lugar tão quente, mas isso pode se tornar traiçoeiro com muita rapidez. De repente, as coisas com Inara não parecem tão complicadas.

Azzam e eu tivemos bastante dificuldade para achar um táxi na praia. Andamos pelo calçadão, viramos e percorremos alguns quarteirões em direção à rua principal da cidade. Ele carrega uma bolsa a tiracolo cheia de discos, por isso permanecemos nas ruas principais para evitarmos assaltos. Por fim, no meio do sexto ou do sétimo quarteirão, avistamos um grupo de táxis estacionados diante de um local chamado Club Sampa.

Homens entram e saem do clube, alguns acompanhados de mulheres jovens com roupas minúsculas. Lembro-me de ter visto anúncios do local no alto de táxis e em um ou dois *outdoors*. É algum tipo de clube para homens – digamos, um clube de *striptease*.

Não sou um grande fã de clubes de *striptease*. Bem, pelo menos não desde os meus 16 anos, quando possuía uma libido devastadora e uma carteira de identidade falsa do Oregon. Eu e meus amigos, Greg e Lars, todos nós tínhamos. Repentinamente nos tornamos adultos com todos os privilégios que isso trazia, como beber e ir a clubes de *striptease*, ainda que soubéssemos bem pouco sobre ambos. Em nossa primeira vez, fizemos uma peregrinação até Lake City Way, em Seattle, para ir a um lugar chamado Rick's.

Quando três *strippers* se aproximaram de nós e nos perguntaram se aceitaríamos dançar, paramos, nos entreolhamos, encolhemos os ombros, levantamos e começamos a dançar com elas. Então, a *stripper* caridosa – Tina, eu acho – deu uma batidinha na minha cabeça, me sentou e mostrou o que ela de fato chamava de *dança*.

Fiquei apaixonado. Nós dois entramos em sintonia. A gorjeta de 10 dólares era uma exorbitância para mim – mesada de uma semana –, mas estava disposto a conseguir um emprego apenas para poder voltar e continuar dançando com a minha garota especial. Depois de cortar a grama de alguns jardins ou coisas do tipo, retornei, mas a excitação já havia começado a minguar. Tina falou as mesmas coisas para mim da segunda vez. Além disso, ela dançava com qualquer bêbado catatônico que pudesse soltar 10 dólares. Fiquei desiludido, desapontado pela minha adorável, e antes doce, Tina. Nenhuma outra experiência em clube de *striptease* será tão boa quanto a daquela primeira vez. Imediatamente passei a ver que esse tipo de clube é uma grande armadilha, um jeito de aspirar nossos bolsos e de nos deixar com mais tesão do que tínhamos antes.

E, mesmo assim, aqui estou eu diante de um clube desses de novo. Ou talvez não. Azzam me explica que o Club Sampa não é de fato um clube de *striptease*, não como os do padrão norte-americano. É mais um clube onde todas as mulheres são prostitutas. Não o são necessariamente em tempo integral, mas mulheres que estão lá para potencialmente aceitarem sexo por dinheiro. Não há gorjetas em troca de danças no colo. Aqui, você vai direto ao ponto.

– Então é um puteiro – concluo.

– Não exatamente. É diferente. É mais como um local para encontros. Você precisa levar as mulheres para outro lugar, para o seu hotel ou para algum motel que cobre por hora – ele responde.

Fico tentado a entrar – para dar uma olhada. Sei que a prostituição é algo supostamente errado e ruim, que machuca as pessoas envolvidas, espalha doenças e coisas assim. Mas fico hipnotizado até mesmo ao olhar a porta da frente do local, onde a luxúria crua do homem é comprada e vendida como milho em um mercado municipal. Eu e Azzam ficamos lá observando o movimento. O negócio é agitado.

Uma mulher elegante, vestindo uma extravagante minissaia prateada, sandálias prateadas e lápis de olho prateado sai do clube acompanhada por dois homens europeus, nórdicos, baixos e loiros. Ambos vestem terno e falam um escandinavo estranho. Fito a mulher; busco seu olhar e faço um aceno tímido. Ela troca olhares comigo enquanto entra na parte de trás do táxi entre os dois homens.

– Você a conhece ou o quê? – Azzam pergunta assim que a porta do táxi se fecha.

– De certo modo sim, eu acho. Divido o apartamento com ela.

8
AUTORES DESCARTÁVEIS

31 DIAS PARA O PRAZO FINAL

De volta às estradas costeiras do Ceará, a algumas horas de Fortaleza, as dunas começam a cobrir a pequena faixa de asfalto sobre a terra. Penínsulas de areia se estendem sobre a pista, contorcendo-se até quase se religarem. O piloto – Washington ou Jefferson, ou um desses sobrenomes ingleses que as pessoas gostam de usar como primeiro nome nesses locais – aciona o freio conforme a estrada encolhe até ficar com pouco mais que a largura da motocicleta. Ele percorre a passagem estreita com um quê de precaução não visto até o momento. Tetos de prédios abandonados surgem por trás daquele mar da areia, iluminados pelo brilho do pôr do sol sobre o Atlântico. Em qualquer outra situação, eu apreciaria a beleza do local, mas agora estou tenso demais para pensar nisso.

Pode chamar isso de dificuldade por não estar no controle da situação, mas nunca me senti confortável na garupa de uma moto. Não consigo suportar a velocidade nem as curvas inclinadas quando estou sentado em uma posição passiva. E me sinto consideravelmente mais desconfortável na garupa de uma moto quando de shorts, chinelos, carregando uma mochila pesada e sem capacete.

Conheci o motorista em um bar – ou, mais precisamente, em um círculo de cadeiras de plástico ao redor de um isopor de cervejas na extremidade do estacionamento da rodoviária. Havia chegado muito atrasado à rodoviária para pegar meu ônibus de conexão e decidi entornar umas cervejas antes de procurar algum albergue nas redondezas para pernoitar. Três cervejas depois, ele me convenceu a deixá-lo me levar até Canoa Quebrada na garupa de sua mototáxi. Tivemos de sair logo, já que estava escurecendo e, por ter feito um preço razoavelmente bom para mim, ele queria resolver isso com rapidez. Quanto às precauções de segurança e proteção, eu precisaria me contentar com a sorte, um par de óculos de aviador e a coragem conquistada pelo efeito das cervejas.

Inclinamo-nos na curva. Agarro a beirada do assento com as duas mãos e comprimo meus joelhos contra o chassi com todas as forças que consigo reunir. Quando nos inclinamos a essa velocidade, mesmo um pouco de areia na estrada pode nos colocar no chão. Não sei como Wellington se sentiria se eu o agarrasse pela cintura e o abraçasse, clamando pela minha vida, mas estou cada vez mais considerando a hipótese.

Verdade deve ser dita: nem tenho certeza se realmente me importo com o que acontecerá neste momento. Devo ser o pior autor de guias de viagem de todos os tempos. Estou caminhando rumo à falência e à completa exaustão física. Tenho apenas um punhado de introduções escritas e colhi informações de, talvez, um terço dos lugares que já estão no livro. Isso sem sequer considerar novas adições ao texto. Já desisti de checar detalhes sobre qualquer coisa, exceto as partes mais essenciais do guia. Mesmo que fosse possível trabalhar 24 horas por dia, não conseguiria visitar mais do que uma pequena parcela dos lugares que devo revisar. Quero somente dois dias de autopiedade e lamentos regados a cerveja na praia de Canoa Quebrada, até que eu consiga descobrir como posso diminuir meu prejuízo, reorganizar minha vida e definir minha carreira – ou o que resta dela.

Tomei a decisão de deixar Olinda logo após meu encontro inesperado com Inara diante do Club Sampa. Eu e Azzam acabamos pegando um táxi e retornamos para o apartamento. Entrei no banheiro para escovar os dentes e me olhei no espelho, a fim de conferir se eu ainda era, de fato, a mesma pessoa, só que levando outra existência. Não só ninguém se incomodou em me contar que eu morava e, ocasionalmente, fazia sexo com uma prostituta, como, aparentemente, ninguém havia se incomodado em me contar também que eu tinha passado a noite toda com meia barba. A única coisa pior do que a sua filha de 16 anos fazendo sexo com um gringo bêbado é a sua filha de 16 anos fazendo sexo com um gringo bêbado com meia barba. As partes em que consegui passar a lâmina antes de desmaiar à noite estavam claramente barbeadas, o que resultava em largas faixas de pele macia serpenteando entre os trechos intocados, desenhos abstratos de pelo em minhas bochechas e pescoço. Parecia assustadoramente intencional. Isso teria a ver com o comentário de Fernanda sobre eu ser gay? Melhor esquecer.

Vasculhei as gavetas de Inara e encontrei sua carteira de identidade brasileira. Seu verdadeiro nome era Raineldes ou algo assim, e ela era cinco anos mais velha do que havia me dito.

Raineldes/Inara pisou no apartamento cerca de duas horas depois e me encontrou dormindo no sofá.

– Não faça nenhum julgamento de mim – ela disse, sacudindo o meu ombro para me acordar. – Não sou uma vadia... *okay*? Sou uma profissional de turismo.

– Ok – respondi, meus olhos ainda fechados. – Se você diz que é...

– Estou tentando me sustentar aqui. Tenho que ajudar minha família. Logo serei uma modelo em tempo integral. É só porque está acontecendo essa conferência da Nokia na cidade e eu conheço alguns gerentes de uma conferência da Nokia em São Paulo, e...

– Ei, você faz o que quiser.

– Não, eu não consigo fazer o que quero – ela gritou. – A menos que você nasça rico neste país, não há chance, exceto trabalhar do jeito que eu trabalho. Não podemos ser todos escritores, Thomas. Aqui, você precisa estudar numa escola particular para entrar na universidade. Caso contrário, tem que trabalhar como modelo, jogador de futebol, com música, drogas ou, talvez, algum tipo de turismo – seja o que for para escapar. Você não entende, gringo. Não finja que entende.

– Estou escutando você. De verdade. Faça o que tem que fazer. Mas eu ainda gostaria que você pagasse o aluguel antes que a Beatriz contratasse alguém pra quebrar as minhas pernas ou pegar todas as minhas coisas.

– É. Eu queria falar com você sobre isso. Veja, não sou como essas outras garotas por aí... você sabe. Eu não durmo com qualquer um. Como eu disse, não sou uma vadia como as que você vê na rua. Também não dou a bunda. Me recuso a fazer essas coisas malucas. Como eu tenho valores, não consigo fazer muito dinheiro. Ainda não consigo pagar todo o aluguel, mas posso pagar uma parte. É o melhor que posso fazer.

– Já ouvi essa desculpa antes – soltei uma gargalhada. Minha ressaca irradiava pela cabeça.

– Já?

– Não, mas isso não importa. Você ainda tem que pagar a Beatriz. Não tenho dinheiro pra pagar por você.

– Seu filho da mãe. Pensei que a gente tinha algo especial. Me ajuda. Se eu tiver que pagar todo o aluguel, não posso enviar dinheiro pra ajudar minha família.

– O que aconteceu com seu cabelo?

– O aplique estava me dando dor de cabeça. Tenho que refazê-lo.

– Prefiro assim, ao natural.

– Obrigada. Então, é isso o que estou pensando. Você paga metade e eu pagarei metade. O que acha?

– Do cabelo ou do apartamento?

– Você sabe.

Pensei sobre isso por um segundo. Minha tendência normal seria tomar o caminho de menor resistência, o coração mole. Talvez eu pudesse resgatá-la do caminho da prostituição. Quem sou eu para ser digno dessa existência de classe média, uma vida na qual nasci e que nem mesmo aprecio? Não deveria compartilhar as riquezas?

Verdade seja dita, eu não estava em uma posição financeira melhor que a dela. Que droga, ela provavelmente tinha mais dinheiro que eu. Não conseguia confiar nela. E se estivesse mentindo? Eu seria aquele que tomaria um chute no traseiro enquanto ela economizaria dinheiro para um novo aplique de cabelo. Eu poderia dizer para ela esquecer do dinheiro e tentar fugir da cidade, mas não fiz isso, e ainda não sei quanto eles levam esse tipo de coisa a sério por aqui. Não sou perito em leis brasileiras de locação, não sei qual é a eficiência da polícia regional nem qual a relação de Beatriz com os capangas locais. Não preciso levar um murro nos dentes enquanto tento fugir do apartamento ou encontrar um policial esperando por mim na próxima rodoviária.

Pensei de novo em Karrass. Simplesmente estava prestes a receber o que havia negociado, e, sob tais circunstâncias, isso exigiria um comprometimento direto e definitivo. Sei que ele me aconselharia a manter pulso firme.

– Não. Se você não pode pagar o aluguel, você precisa sair daqui e fazer algum dinheiro extra – falei em uma voz sóbria.

– Seu gringo filho da mãe, como pode fazer isso comigo? – ela disparou. – Seu pentelho. Você está tentando me transformar em uma vadia qualquer? Quem é você, algum tipo de cafetão?

– Você disse que eu sou um pelo pubiano?

– É. Você é um *pentelho*.

Suspirei.

– Desculpe, bonitinha. É a vida. Você deveria ter encontrado um apartamento mais barato. Quero metade do dinheiro agora e a outra metade amanhã à noite, ou eu a trancarei do lado de fora e venderei todos os seus sapatos.

– Você não faria isso.

– Experimente.

Eu estava blefando. Muito provavelmente.

Eu estava desesperado. Ela estava desesperada. E uma pessoa pode fazer quase tudo se está desesperada o suficiente. Mas acho que a curto prazo, pelo menos, eu estava em uma situação mais difícil que ela. Ela sabia, ou estava se dando conta, que eu não era apenas mais um gringo à procura de diversão nas férias. Agora que as preocupações haviam sido reveladas, ela teria de me avaliar e decidir se eu estava disposto a superá-la nas baixarias. Caso contrário, teria de recomeçar sua extensa coleção de sapatos do nada.

Na tarde seguinte, Inara deixou uma pilha de notas amarrotadas sobre o meu travesseiro. Não é todo dia que você recebe dinheiro de uma prostituta. Rapidamente levei a quantia para Beatriz, que se recusou a me deixar passar pelo portão. Ela conversou comigo através de uma estreita abertura na porta de metal, fitando-me como se fosse um carcereiro. Beatriz queria que pagássemos um valor adicional. Afirmou que era para cobrir gastos com luz e uma taxa por hóspedes extras, ainda que eu achasse melhor que ela confessasse ser uma multa pelo atraso do aluguel. Paguei a quantia pequena, mas não insignificante, e lavei as mãos em relação a Beatriz. Ela disse que queria que saíssemos até o final de semana, que era impossível confiar em alguém hoje em dia.

– Gringos são tão ruins quanto os negros. Sem integridade – ela gritou.

Beatriz havia considerado toda a situação do aluguel como uma afronta pessoal, já que tinha confiado em mim e me convidado gentilmente para entrar em sua casa a fim de escutar música e traduzir suas canções favoritas. E eu nem havia tido a decência de terminar a tarefa antes de partir. Ela bateu a portinhola na minha cara.

Inara e eu conversamos somente mais uma vez. Ela me perguntou se eu não estaria interessado em ficar no apartamento por mais um mês. Ela estava pensando em passar mais um tempo em Recife; uma espécie de congresso de plantadores de soja estava programado para as semanas seguintes. Não havia tanto trabalho lá quanto no Rio, ela comentou, mas certamente era mais fácil conseguir sobreviver.

– Não se lembra do que acabou de acontecer? – perguntei. – O aluguel? Nossa briga? Beatriz me ameaçando?

– Nossa Senhora, que drama! Como disse antes, aqui fazemos o que é possível e seguimos em frente. Na verdade, não aconteceu nada de mais. Ninguém se machucou ou morreu, certo? Acho que poderia até desculpar você – ela afirmou.

– *Você*, *me* desculpar?

– Poderia tentar. Além do mais, é um bom apartamento. Tenho certeza de que Beatriz não recusaria o dinheiro. Ela tem seus problemas financeiros; a empregada me contou que não recebe há dois meses. Posso conversar com ela.

Não tinha certeza de qual era o verdadeiro nome de Inara, quantos anos ela tinha, de onde ela era, se pretendia me enganar desde o início ou se apenas agira conforme as coisas foram acontecendo. Acreditarei nas palavras de Andreia e presumirei que Inara realmente é honesta. Ela estava tentando fazer algo, tentando sobreviver enquanto se encontrava à beira de um precipício. Aquela garota tinha força. E um corpo fantástico. Desejei sorte a ela em sua carreira de modelo, agradeci, mas não, obrigado por mais um mês no apartamento, e em algumas horas já estava de volta à estrada.

A viagem para a costa me deixou quebrado. Física, moral e financeiramente. Não demoraria muito para que isso acontecesse, uma vez que eu já estava bem perto do meu próprio precipício. Por aproximadamente uma semana, passei de um lugar para outro em uma série confusa de paradas por cidades costeiras brasileiras, transportes cheios de areia e centros comerciais. Lembro-me de passar muito tempo nos ônibus, nas rodoviárias, indo de um lado para outro, das estações para os centros urbanos e depois voltando. Reuni uma pilha enorme de folhetos turísticos que pretendo adaptar para o guia e inúmeras anotações absurdas. Como mencionei antes, a vida na estrada geralmente rende um fluxo de circunstâncias excitantes e surpreendentes que o mantém ligado a toda hora. Mas assim como acontece com tudo que é feito em excesso, eu já ultrapassei todos os meus limites. Nunca fui muito moderado, e meus sentidos parecem estar saturados de informação e vida dura.

A fim de manter um pouco de sanidade na estrada, tentei seguir uma espécie de padrão de organização que pudesse orientar meu processo de viagem. Como os soldados que praticam a higiene no campo de batalha apenas para ter algo que possam controlar em meio à anarquia, a organização incessante da minha mochila, dobrando roupas, empilhando e reordenando folhetos e informações turísticas, me deu uma pretensa sensação de normalidade. Caso contrário, é provável que eu tivesse entrado em colapso diante da depressão matinal: o peso da quantidade de trabalho que ainda precisava realizar e a culpa por saber que possivelmente não conseguiria fazê-lo. Além disso, silenciava o pânico com um consumo regular de álcool.

Todas as noites antes de dormir, eu reservava um tempo para escrever ou para, pelo menos, inserir alguma informação no computador. Na maioria das vezes era apenas um registro do dia, treinando como criar um modo prático para escrever sobre hotéis e imaginando como seria diferente com um restaurante ou ponto turístico. Para piorar ainda mais as coisas, não consegui arranjar um quarto sequer que tivesse uma mesa. A solução era me abaixar próximo à beirada da cama e usá-la como uma mesa adaptada. Eu me ajoelhava no chão de cerâmica em cima das sandálias para evitar que meus joelhos ficassem dormentes.

Devido à ausência de ventilação natural e de ar-condicionado em todos os quartos, era preciso posicionar o ventilador perto do rosto, mas não tão perto a ponto de espalhar todas as anotações e folhetos. Eu amarrava uma bandana azul na testa, à Axl Rose, para evitar que o suor escorresse pelas sobrancelhas e pingasse no teclado, e entornava diversas latas de cerveja brasileira aguada. Ficava ajoelhado assim por pelo menos uma hora todas as noites. Um suplicante diante de uma tela de cristal líquido, rezando para que no dia seguinte encontrasse coragem para fazer tudo aquilo de novo.

Escrever sobre viagens funciona de modo cíclico. Escrevemos sobre um lugar, as pessoas vão lá, e depois precisamos continuar a escrever sobre esse lugar, pois ele se tornou um destino turístico. Infelizmente, com o sucesso e o desenvolvimento vêm as mudanças, e aqueles lugares tão hospitaleiros passam a ser lotados, caros e mais turísticos. Geralmente se transformam em locais onde eu não gostaria de passar minhas férias, mas, mesmo assim, precisamos reconhecer sua popularidade. Às vezes, locais com boas perspectivas de êxito são acrescentados porque foram listados em um guia concorrente, porque um autor, como eu, acha que eles são únicos e os enfia no guia, ou porque se tornaram boas opções devido à lotação de outros destinos do guia. A maioria das cidades, casas noturnas e restaurantes que não se enquadram nessas categorias é ignorada ou recebe pequenas menções. Assim, apesar de os guias criarem a ilusão de infindáveis aventuras cheias de possibilidades, e de alegarem que atendem ao viajante independente, na maioria das vezes não são mais do que uma seta de papel que indica uma rota turística superdivulgada, ou uma trilha de gringos, por assim dizer.

Ao chegar a João Pessoa, reparei que o guia priorizava o insípido centro comercial, e não a região litorânea de Tambaú, que recebe a maioria dos turistas brasileiros da cidade. Em vez de desperdiçar dias valiosos redefinindo a seção sobre João Pessoa, uma cidade provavelmente visitada por apenas alguns mochileiros em longas viagens pelo país, tive de dedicar tempo e energia a lugares mais procurados. Durante dois dias, fiz algumas alterações na seção e até desenhei um novo mapa para Tambaú, mas considerando o meu prazo final, esse era todo o tempo que eu tinha.

Hospedei-me na praia da Pipa e fiquei desconcertado com o enorme número de acomodações e restaurantes (sem falar nas lojas) em uma cidade praiana tão pequena. Seriam necessários pelo menos três dias para realizar até mesmo uma resenha básica, mas eu só podia gastar uma única noite. Um agradável casal sueco-brasileiro, dono de um albergue na cidade, me convenceu a ficar por mais uma noite, a fim de ir a uma "festa local". Tentei recusar, mas como não havia tirado uma hora sequer de folga durante a última semana, perdi a motivação na hora de ter de refazer a mochila. Porém, ter ido à festa me fez chegar tão cansado e com tanta ressaca a Natal que mal conseguia andar. Fui para um albergue/bar *heavy metal* temático sobre o Halloween. Ele fora construído para se parecer completamente com um castelo, com ponte, uma espécie de fosso e decoração de bruxas sobre vassouras por toda parte. Não visitei o bar, cuja entrada ficava a alguns metros da janela do meu quarto. Da minha cama, entretanto, pude comprovar que, sim, era um bar que só tocava *heavy metal* (bem alto), e confirmei que não conseguiria me recuperar da ressaca nem da minha falta de sono neste albergue.

Natal era um foco importante do guia. Possui um próspero centro urbano e é um grande destino turístico que recebe voos da Europa e chegadas diárias do Rio de Janeiro e de São Paulo. Os visitantes não são mochileiros nem viajantes independentes, mas com o novo formato da LP, eles repentinamente passaram a ser o meu público-alvo também. Deveria explorar os hotéis e restaurantes sofisticados da cidade para atender aos turistas de elite que comprassem o guia. Era importante fazer bem a seção sobre Natal. Ainda que consideravelmente menor que Recife e

Fortaleza, a cidade mereceria uma semana ou mais de pesquisa. Se não me engano, gastei apenas três dias.

É claro que não fui capaz nem de chegar perto de alguns lugares. Em uma parada de um dia, levando em consideração o tempo gasto com a viagem e com outras tarefas do cotidiano, raramente conseguimos visitar mais do que cinco ou seis restaurantes e quatro ou cinco hotéis. Esses números diminuem ainda mais se você visitar algum ponto turístico pelo qual a cidade é conhecida. Os números diminuem se o transporte atrasar, se o tempo estragar tudo, se você se sentir mal ou ocorrer qualquer outro dos milhares de contratempos que podem surgir em uma viagem internacional. E, além disso, há também a necessidade de analisar a vida noturna local depois de estar destruído por um dia inteiro de trabalho, e com a consciência de que no dia seguinte você terá de se levantar e começar tudo de novo.

Fiz um esforço para parar na cidade de Mossoró, pois ela recebe uma grande cobertura do *Rough Guide to Brazil*, enquanto o guia da LP traz poucos detalhes. Descobri que é uma cidade comum bacana, que também exigiria vários dias de pesquisa... e eu não pude justificar uma estadia maior que uma noite. Até onde sei, a única coisa verdadeiramente interessante sobre o lugar é que foi a única cidade do Nordeste que expulsou Lampião, o Robin Hood brasileiro, na ocasião do ataque, na década de 1930. Chequei o meu e-mail e minha conta bancária em Mossoró e peguei o ônibus para Aracati, a conexão para Canoa Quebrada.

Foi lá em Aracati que encontrei Franklin ou Anderson, ou seja lá qual for o nome dele, e segui para Canoa Quebrada na garupa de sua mototáxi, exatamente na hora que começava um pôr do sol alaranjado.

Canoa Quebrada não é mais a pitoresca cidade *hippie* que visitei em 1996. Antes uma colônia de alternativos, ela se transformou em uma versão malcuidada e comercial de centro boêmio. A rua principal, conhecida como Broadway, foi pavimentada com paralelepípedos. Existem novos hotéis com piscinas, um restaurante japonês, lojas que vendem chapéus com falsos *dreadlocks* e ônibus privados que se preparam para retornar a Fortaleza levando excursões de pacotes turísticos.

Acontece uma espécie de jogo no centro da Broadway, uma versão do jogo do bicho, com uma roda giratória e uma multidão de apostadores locais – ele existe desde quando estive lá. Fora isso, não consigo identificar nenhum prédio ou ponto turístico. Lembro-me de que amei este lugar da primeira vez – e o recomendei com exaltação a outras pessoas por vários anos. Um grupo de pescadores locais nos convidou para um passeio de jangada a fim de pescar alguns camarões com rede. Cozinhamos numa fogueira, bebemos cachaça e dançamos *reggae*. A extremidade norte da cidade, onde os pescadores moravam, agora é propriedade de um hotel. Um cenário carnavalesco está se revelando na Broadway, com luzes brilhantes e multidões de festeiros pós-adolescentes e turistas brasileiros extremamente bêbados.

Não quero ser aquele tipo de autor que visita um local pela segunda vez apenas para reclamar sobre como as coisas mudaram com o tempo, mas está claro que, assim como em mim, a decadência se instalou em Canoa. E não sei se há algum jeito de contornar essa situação.

Meu prazo final se aproxima. Meu fracasso me assombra. Estou perdido e desiludido; todos os meus grandes planos para o livro e para esta viagem se desintegraram. Sou o único cara que falhou assim nesse tipo de projeto, ou fui pouco realista em relação ao que acreditava poder realizar? Gostaria de justificar meu fracasso como um fenômeno mais amplo da sociedade moderna, mas só posso presumir que seja um problema meu. Eles deveriam ter selecionado alguém mais cuidadoso e organizado. Alguém que fosse para a cama na hora certa e levantasse cheio de energia todos os dias. Alguém que não se afetasse por papos furados idealistas e que não tivesse receio de contribuir para a uniformização do turismo das massas.

Nunca conheci outros escritores, mas imagino que sejam homens brutos, equipados dos pés à cabeça por causa do trabalho, em roupas de safári confeccionadas com fator de proteção solar e milhares de bolsos para anotações, rolos de filmes fotográficos, gravadores digitais de voz, bússolas, aparelhos de GPS e canetas marca-texto à prova d'água. Eles usam viseiras sensíveis ao sol, carregam fitas vedantes e mosquetões de escalada (por precaução), não dividem quartos com prostitutas e sempre correspondem às expectativas dos leitores. Não se esquecem de nenhum detalhe e, quando trabalham, parecem profissionais.

Em breve descobrirei que tais personagens só perambulam as terras da minha imaginação. Mas por enquanto, não tenho perspectiva de que isso aconteça. E não recebi muitas instruções da minha editora – que é o meu único contato de fato com a empresa. Há muito tempo, enviei a ela perguntas sobre o que deveria estar fazendo, e como deveria fazê-lo. Eram perguntas que poderiam me dar uma ideia melhor da minha situação, cuidadosamente formuladas para não denunciar o trabalho pobre que eu estava realizando, mas claras o suficiente para me ajudar a determinar se eu poderia entregar o material com a cara limpa ou se deveria seguir em frente e cometer um haraquiri profissional. Imaginei que ela deveria estar elaborando bem as respostas, certificando-se de responder a todas as questões. Somente isso justificaria uma demora tão grande.

O e-mail finalmente chegou quando eu estava em Mossoró. Abri a mensagem com um pouco de ansiedade. Li todo o texto. Não havia sido enviado apenas para mim, mas para muitas pessoas. Havia muitas coisas nele. Gracejos. Quanto havia sido bom trabalhar com todos nós. Agradecimentos. Algo sobre um novo emprego com música ou tecnologia, talvez tecnologia musical, ou outra coisa que não compreendi.

Tudo que realmente entendi é que ela estava deixando a empresa. Um gerente editorial logo surgiria para ajudar a encaminhar o trabalho do livro até que outro editor pudesse assumir o cargo, mas por enquanto eu estava por minha conta.

O abandono da editora me fez querer checar a minha conta bancária *on-line* enquanto estava em Mossoró. Durante as últimas semanas, eu havia me mantido propositadamente distante de transações bancárias. Dela constavam 283 dólares. Conferi diversas vezes para ter certeza. Sem ter um apartamento quando voltasse aos Estados Unidos, sem salário e sem previsão de receber a outra parcela do adiantamento nos próximos meses, aquele número tomou a forma de um mau presságio. Duzentos e oitenta e três dólares seriam suficientes para eu retornar aos Estados Unidos desde que desistisse da pesquisa que faltava e não comesse durante o resto da viagem. Uma viagem de ônibus de vários dias para o Rio de Janeiro poderia cortar gastos também. Mas dane-se; devo sair em grande estilo. Decido passar duas noites em Canoa, com a barriga encostada no bar, e me admirar em minha angústia de morte. Depois talvez me sinta de fato como um verdadeiro escritor, ainda que seja uma espécie de Malcolm Lowry em *À sombra do vulcão*, cujo personagem principal passa a maior parte do tempo alcoolizado.

Uma vez hospedado em Canoa Quebrada, dividi meu tempo entre beber no bar e tentar dormir pelo maior número possível de horas. Às vezes, recupero um pouco de esperança e fantasio vários esquemas para sair dessa confusão – mas não tenho muitas opções. Talvez consiga fazer algum tipo de acordo com o dono do hotel para enviar o dinheiro a ele depois, ou consiga trocar alguns dos meus pertences pela estadia. Isso me ajudaria a pagar o meu retorno para casa. Minha câmera não é digital, mas é uma Leica e ainda tira umas fotos decentes. Foi uma das poucas coisas que estavam comigo no dia em que meu apartamento foi roubado. Sento-me no bar do hotel, tentando atenuar a culpa, a situação financeira e meu fracasso como autor de guias de viagem.

Certo dia, busco ser simpático com um outro hóspede do hotel que começa a beber às dez da manhã e não quer nada além da minha companhia. Conheço caras assim todos os dias, em todas as cidades. Hoje o meu amigo é o Nils: carregador de malas do aeroporto de Copenhagen de dia e cantor da banda *grunge* Synthetic Jesus à noite. Como nasci em Seattle, fico feliz em saber que, mesmo que a música esteja morta em minha cidade natal, ela ainda vive em algum local da Europa. Os antebraços corpulentos de Nils são tatuados com letras góticas pretas que dizem algo sobre dominação mental e controle de ideias; o cabelo loiro, sujo e longo cai sobre os ombros, escondendo metade do seu rosto angelical. Ele está aqui de férias para refletir um pouco depois que uma overdose matou seu baixista e um acidente de carro acabou com a vida do baterista.

– Essas coisas acontecem com qualquer banda bacana. Tudo faz parte do processo criativo – ele diz.

Gostaria de conseguir manter aquele nível de otimismo.

Tocamos o CD do Synthetic Jesus no aparelho de som do bar e lhe prometi que, se algum dia ele for a Seattle, eu o levarei para conhecer a casa de Kurt Cobain em Leschi. Faz tempo que não moro em Seattle e não sei quando voltarei para lá, mas para Nils essa é a melhor notícia que ele recebeu em anos.

Bebedores da manhã costumam se tornar amigos rapidamente. Nils e eu não somos exceção. Conto a ele que possuo 283 dólares, menos agora, por dever a estadia do hotel e a conta do bar. Conto a ele que ainda faltam quinhentas das mil milhas da costa do Nordeste brasileiro que devo cobrir de barco, ônibus e *buggy*. Conto que não tenho mais uma editora, que nunca serei recontratado pela LP, e que talvez nunca volte a escrever. Pergunto o que ele acha das minhas chances de me instalar em Canoa, de me casar com uma beldade de pele morena e abrir uma loja de suvenir, ou talvez um pequeno bar.

– Sabe o que você deve fazer? – ele pergunta.

– O quê?

– Vá para Roskilde.

– O que é isso, uma clínica de reabilitação na Dinamarca ou algo parecido?

– Quase isso. É um festival de música. Nunca esteve lá?

– Não, mas reconheço o nome agora. Não é lá onde todo mundo morreu no show do Pearl Jam?

– É, em 2000. Mas dane-se. Se você nunca esteve em Roskilde, não sabe o que é viver, cara.

– Roskilde?

Ele toma um longo gole de cerveja.

– Em 1992, minha mãe morreu, eu larguei a escola e fui preso. Naquele verão, fui pra Roskilde pela primeira vez. Três palavras para você: Nirvana, Megadeth e Pearl Jam. Os maiores. Falo de ter uma perspectiva na vida, cara. Não importa que eu tenha terminado como morador de rua, carregador de malas ou primeiro-ministro, nunca seria um fracasso – lá, naquele lugar, dediquei a minha vida ao rock.

Ele olha para mim sem nenhum traço de sarcasmo.

– Roskilde? – pondero.

– É.

– É.

Por que não pensei nisso antes?

Enquanto Nils tagarela sobre a situação atual do *speed metal* da Escandinávia, termino de beber e considero as minhas opções. Uma loja de suvenir pode ser limitante, particularmente porque não gosto de suvenires, e ter um bar seria suicídio. Talvez eu apenas diga "dane-se" para tudo e siga para Roskilde. Poderia substituir o baterista ou o baixista da Synthetic Jesus e conseguir um emprego público na Dinamarca com dez semanas de férias remuneradas. Mas primeiro tenho de descobrir como sairei do Brasil. E, mesmo antes disso, preciso saber o que farei com a minha conta do hotel.

Já sei por experiências passadas o que é se dedicar a um ideal romântico e depois assistir sua vida se desintegrar à sua volta. Alguns anos atrás, desisti de tudo e me mudei para Londres por causa de uma mulher, imaginando que o amor superaria todos os obstáculos ou algum clichê parecido. Em questão de semanas, ela passou uma noite com um banqueiro sofisticado, me disse para sair da casa dela, e me deixou em um estado de pânico que me fez perder quase um ano da minha vida antes que eu conseguisse me recuperar como vendedor de loja no Club Monaco em Manhattan.

Prometi que nunca mais deixaria que algo assim acontecesse comigo de novo. Não seria mais tão vulnerável. Lutaria. Improvisaria.

Recordo-me de todo o tempo que gastei tendo pena de mim mesmo depois do fiasco. E aqui estou novamente, chafurdando em autopiedade porque minhas ideias românticas e fantasiosas sobre um escritor de viagem foram destruídas. Não posso deixar que isso aconteça de novo. Manterei a minha promessa antiga e não relaxarei como um peru que admira as nuvens, com a boca aberta para se embebedar com a água da chuva. Como dizem os brasileiros: *pra tudo tem sempre um jeito*.

E então me vem a ideia, o grande plano. Ele chega como um tapa na cara; esteve diante de mim o tempo todo. Só precisava me recordar de que estava lá. Olho para Nils. Ele ainda está falando. Eu o interrompo ao erguer a minha garrafa e fazer um brinde.

– Ao processo criativo – anuncio.

– A Roskilde – ele brinda, e pede mais uma rodada.

Vamos por partes. Eu me aproximo do dono do hotel, um jovial marinheiro escandinavo que ancorou por aqui na década de 1970 e nunca mais foi embora. Explico a minha situação e peço-lhe que aceite a minha câmera como pagamento ou como um pagamento parcial da minha conta. Espero que ele seja flexível, já que não tenho outra alternativa. Ele ri da minha cara e diz que gosta do meu senso de humor.

– É sua primeira vez trabalhando pra Lonely Planet, não é?

– Como você sabe que eu trabalho pra Lonely Planet?

– O que você acha, que eu sou algum estúpido? Sei quem você é. Qualquer dono de hotel inteligente da cidade sabe que você está aqui. Fico feliz que tenha decidido se hospedar conosco.

– Você foi bem recomendado nos guias anteriores – comento.

– Sim, é porque ____________ [um escritor da LP que fez esta seção do guia] ficava hospedado aqui todas as vezes que vinha à cidade, e eu sempre dispensei um cuidado extra a ele. Darei a você atenção especial também – ele gargalha histericamente. – Cobrirei sua conta do bar, de alimentação e hospedagem.

– Tem certeza? Quer dizer...

– Olhe, garoto, você é tranquilo. Você é tão tranquilo que eu quase não acreditei que você trabalhava pra um guia de viagem. Quando ___________ esteve aqui, ele bebia duas vezes mais que você, comia duas vezes mais que você... o que mais você imaginar. Os malandros dos outros guias de viagem são muito piores, sempre exigindo a melhor suíte do hotel ou me pedindo que arranjasse alguma garota pra eles. Você não me custa nada em comparação aos outros.

– Bebia duas vezes mais que eu?

– Pelo menos o dobro. Mas ___________ era um bom rapaz. Ainda nos falamos por e-mail.

– Você acha que poderia me dar o e-mail dele?

– Claro. Você deveria falar com ele. Você está no Brasil, garoto, aprenda a ser um pouco mais brasileiro. Quer dizer, eu ficarei com sua câmera, mas caramba... – ele cai na gargalhada de novo.

– Estava brincando.

– Eu sei. Bem, escute, você pode usar o computador do meu escritório hoje à tarde; se quiser, posso levar você de carro até os melhores hotéis da cidade. Você dará conta de sua pesquisa em duas horas. Também sou dono do principal bar na Broadway, então você devia dar uma conferida hoje à noite. Toda a sua bebida será por minha conta. Avisarei o *barman*.

– Aprecio muitíssimo, mas preciso lhe dizer que não posso... não posso aceitar coisas em troca de resenhas favoráveis no guia. Você sabe, a nossa política... – afirmo embaraçado.

– Claro, como quiser, garoto. Tenho certeza de que você gostará de tudo. Me certificarei disso. Só quero que você gaste um tempo pra conhecer um pouco melhor as minhas casas.

– Por que não mencionou nada disso antes pra mim? – me surpreendi falando num tom de voz alto.

– Você parecia estar tentando ser sério ou algo do tipo. Não havia entendido qual era a sua. Conheci alguns poucos escritores realmente sérios que chegam levantando bandeiras, mas eles nunca duram muito tempo. Nenhum deles volta aqui.

Sento-me no escritório com ar-condicionado do dono do hotel e envio um e-mail para o escritor antigo, pedindo algum conselho inteligente, uma porção de sabedoria transmitida pelos autores dos guias anteriores. Então o dono do hotel me leva pela região em seu *buggy* e eu consigo cobrir um grupo representativo das hospedagens da cidade em três horas, conversando com os donos de hotel, ostentando o meu cartão e aceitando graciosamente quase tudo que me oferecem. É claro que acabo tendo de visitar todos os hotéis dos amigos dele, mas é o preço a pagar por uma hospedagem gratuita. E, creio eu, a consequente perda de objetividade é o preço que a Lonely Planet tem de pagar por não dar dinheiro suficiente para que seus autores realizem uma pesquisa mais ampla.

Ao retornar ao hotel, checo o meu e-mail em busca de uma resposta do outro escritor. Meu mentor respondeu. Seu conselho é:

Lembre-se de que, se você fica em seu quarto à noite escrevendo, não está fazendo pesquisa suficiente de bares.

Ele também me direciona para Autores da Lonely Planet, o Yahoo! Group e a comunidade *on-line* privada dos escritores da LP. Gasto um tempo vasculhando o site e percebo que ele é uma espécie de salinha do café, onde aproximadamente trezentos participantes – entre eles, os revoltados que foram dispensados pela LP, os empregados comprometidos e fiéis à editora, os diletantes e os novatos – podem se encontrar e papear, discutir estratégias e deixar suas reclamações sobre o trabalho de um escritor de guias de viagem. Não é minha intenção expor aqui as conversas privadas do grupo, mas posso dizer que li todo tipo de discussão vindo de todo tipo de gente envolvida com a mesma porcaria que eu. Os projetos impossíveis de tão grandes e o pagamento baixo são tópicos frequentes das discussões. Algumas correntes discutem as "atualizações de dados", que significa não pagar para enviar um autor para determinado destino.

Enquanto muitos reclamaram da empresa, a minoria guarda segredo sobre as técnicas pessoais para finalizar o trabalho. Aparentemente, o que acontece na estrada permanece na estrada. Ninguém escreverá algo comprometedor, mas há rumores sobre outros escritores que não estão mais associados à editora – pessoas que contrataram outros picaretas para executar a pesquisa para eles, discussões e baixarias com editores, alcoólatras, loucos, matronas, psicóticos, vigaristas. Começo a perceber que não estou sozinho. Talvez a minha situação nem seja a pior.

Se por um lado eu talvez não saiba fazer resenhas sobre lugares e seja um pesquisador claramente incapaz, meu verdadeiro eu sabe muito bem viajar e como se divertir. Pelo menos eu costumava acreditar nisto. Como Tony Little, o guru dos exercícios diz: "Sempre acredite em você". Se o físico e o império da ginástica de Tony podem ser tomados como algum indicativo, ele é um homem que conhece o caminho para o sucesso. Acabarei com a minha viagem de pesquisa. Agora passo a viajar por prazer, e me esforçarei ao máximo para transmitir essa novidade para o meu texto. A Lonely Planet que faça o que quiser com isso.

Não perderei mais tempo tentando entrar em vão pela porta da frente dos lugares. Deixarei que meus amigos e contatos me deixem entrar pelos fundos. Não gastarei mais o dinheiro que não tenho, negociando com donos de hotéis e restaurantes que nunca ouviram falar da Lonely Planet, nem me sacrificarei por causa de detalhes obscuros. Não gastarei mais tempo tentando seguir as atualizações do manual da editora. Posso fazer isso depois que terminar a viagem. Se o guia anterior foi com base em pesquisa de hotéis e bares, não entendo por que não posso continuar com essa tradição.

Agora percebo que apenas tenho de jogar o jogo. Preciso identificar outros donos de hotel como este cara, que agirão como meus patrocinadores, e então, talvez, eu consiga passar pelo resto desta viagem. Infelizmente, tais táticas não remediam completamente a minha situação financeira. Minhas finanças precisam de alguma ajuda séria e imediata, e é aí que entra o meu plano maior.

Enquanto eu permanecer em Canoa Quebrada, serei um homem sustentado. Aproveito a bebida de graça no bar da cidade naquela noite, depois caminho até o restaurante de sushi vizinho para ter uma ideia do cardápio e ver se consigo alguma amostra grátis. A garçonete sugere que eu retorne mais tarde, depois que ela fechar o restaurante, por volta da meia-noite. Então poderemos conversar melhor.

Não experimento nenhum sushi, mas terminamos fazendo sexo em uma cadeira e depois sobre uma das mesas no fundo do restaurante. Faço uma observação em meu caderno de notas, para depois passar com mais detalhes para a resenha do guia, dizendo que o restaurante "é uma agradável surpresa... e que o serviço é simpático".

Pela primeira vez, o sucesso parece estar a meu alcance.

9
Contravenção

28 DIAS PARA O PRAZO FINAL

A fim de apreciar verdadeiramente a viagem, uma pessoa deve receber com satisfação as peculiaridades, os contratempos, os aborrecimentos que acontecem em um dia típico na estrada. Perdeu um ônibus? Boa oportunidade para absorver a cultura agitada de uma rodoviária estrangeira. Giardíase? Malária? Dengue? Sem querer diminuir a gravidade da coisa, todas essas são oportunidades de aprender sobre sistemas médicos anacrônicos e, pelo menos, você terá uma experiência inacreditável que irá superar a história de qualquer outro turista com uma simples diarreia. Não basta apenas levar os golpes; você precisa se deleitar com eles.

Dito isso, quando se trata de trabalho, é quase impossível se deleitar com as peculiaridades, os contratempos e os aborrecimentos. Trabalhar implica planejamento e produtividade. Portanto, se o seu trabalho é viajar, você está em uma situação precária; pelo menos é assim que me parece. É evidente que encarar uma viagem como trabalho só pode ser um caminho rumo à frustração e à exaustão. Há pouco espaço na indústria dos guias de viagem para os cansados, os de meia-idade ou os fracos. Eles ficam de escanteio. Este barco é para os jovens, idealistas e maleáveis.

Nas palavras de Peter Tosh, o pioneiro da música *reggae*: "Vou me desenvolver, jogar fora a poeira e começar tudo de novo". Mas seguirei a direção oposta. Usarei somente o mínimo esforço necessário para finalizar o trabalho. Se estou de fato me divertindo, devo ser capaz de escrever algumas introduções decentes e criar um perfil do lugar que expresse por que um viajante deve realmente querer visitar aquele destino. Deverá ser o suficiente – mesmo que eu não registre corretamente todos os horários de funcionamento e preços de hotéis. Quanto a esses detalhes, o que eu não puder plagiar, sempre poderei inventar.

Chegou a hora de colocar o meu plano em ação. No que parece ser uma garagem reformada, encontro um cibercafé estreito com fileiras apertadas de monitores manchados de nicotina. Mochileiros fedendo a suor, maconha e vinil de assento de ônibus sentam-se ao lado de crianças hiperativas que vestem roupas de praia e jogam video games. Tomo meu lugar junto ao único computador disponível e espero enquanto a conexão se abre letargicamente. Digito um e-mail para unamoscaenmisopa@____________.com.

Escrevo:

Ei, cara. É o seu amigo autor de guias de viagem do Rio.

Lembra de mim? Gostaria de discutir com você sobre algumas oportunidades de trabalho.

Ficarei neste café por mais uma hora, portanto, me responda assim que puder.

T

Mato um pouco de tempo lendo um e-mail de Knute. Ele diz que está viajando com Karla, a garota israelense que conheceu no Villa. Estavam viajando para o Norte com o sr. Coca e Max Buckman. O sr. Coca foi pego por policiais enquanto tentava comprar pó em Porto Seguro e resolveu sair do Brasil. Max conheceu uma brasileira em Trancoso e decidiu ficar com ela. Knute e Karla agora estão em Morro de São Paulo, praticando ioga e se divertindo. Ele está pensando em ir com Karla para a Austrália. Estão considerando a hipótese de economizar algum dinheiro e construir um futuro juntos.

Eu me ocupo escrevendo e-mails para outros amigos e parentes, e, dentro de meia hora, recebo uma resposta de unamoscaenmisopa, também conhecido como Robert Fishman.

> Bom receber notícias suas. Não vamos entrar em detalhes aqui. Vamos abrir um canal de comunicação limpo. Uma nova conta com o nome do melhor time na história da NBA (e do mundo) combinado ao nome da praia em que nos conhecemos. Uma palavra. No __________.com.
>
> De lá não faremos referência a estes e-mails, nomes etc.
>
> Vou achar um cibercafé agora mesmo e falo contigo no seu novo e-mail em vinte minutos.

Fãs alucinados dos Lakers. Sempre disse que torcer para os Lakers era como aplaudir a Microsoft ou, se estivesse em um dia ruim, diria até que era como apoiar a Alemanha nazista. Os fãs dos Lakers dizem que isso se parece mais com ser fã dos Yankees (o que ainda é bem semelhante a aplaudir a Alemanha nazista), mas não estou totalmente convencido.

Relutante, abro uma nova conta em lakerscopacabana@____.com e uso o nome de Jeff Renner: o querido homem do tempo de Seattle, conhecido por seus ternos bege e seu formidável bigode. Gosto de imaginar que em seus dias de solteiro ele dava algumas festas insanas dos anos 1980 regadas a cocaína, e seduzia repórteres e funcionárias internas de cabelos longos e ombreiras. Hoje, ele é uma versão mais grosseira e inchada do seu eu anterior. O bigode foi domado e ele passou a ser um homem de família que perdeu muito do seu charme, mas que, em minha mente, será sempre um cara selvagem, exibindo seus tufos de cabelo no peito e um cigarro dependurado casualmente entre os dedos.

Recebo um e-mail na nova conta de alguém chamado Victor Maitland:

> E aí?
> Como vai, cara? Está interessado em pegar algumas fotos ou o quê?
>
> Victor

Victor Maitland? Uma rápida busca no Google confirma que Maitland era o inimigo do policial Axel Foley em *Um tira da pesada*, um impassível executivo fraudulento de Los Angeles. Descubro que em algum momento posterior em sua carreira o ator que representou Maitland, Steven Berkoff, também fez John Roebling em uma minissérie de tevê. Deve ser um sinal, um momento auspicioso para embarcar em uma nova aventura profissional.

Respondo:

> Sr. Maitland,
>
> Estou no Norte. Ainda trabalhando ou, pelo menos, tentando trabalhar. Reconsiderei a sua oferta. Estive pensando se você não poderia me enviar algumas cópias das fotografias da viagem. Que tal quatro fotos? Estou muito apertado atualmente. Existe alguma chance de você me adiantar elas agora e eu ressarci-lo assim que possível? Sinceramente,
>
> O Homem do Tempo

Sentado à minha direita, um adolescente fuma um cigarro atrás do outro enquanto olha pornografia leve. À minha esquerda, um grupo de três mochileiros europeus se aglomera diante de um monitor, aparentemente tentando fazer uma reserva de hotel. O guia de viagem deles está fechado próximo ao teclado. A fumaça pende pesadamente sob a iluminação de tubos fluorescentes, imprensada entre as paredes de concreto pintado. Como faço todas as vezes que uso a internet, escrevo um e-mail para a minha família, dizendo a eles que estou bem, trabalhando muito, seguindo o meu sonho. Meus pais apoiam as minhas viagens, ainda que sempre me alertem para o meu jeito impulsivo de tomar decisões. Escrevo também um e-mail para a minha ex-namorada Sydney. Já enviei alguns e-mails para ela durante a viagem, mas não recebi nenhuma resposta. Ela provavelmente está muito ocupada para escrever.

A resposta de Bobby finalmente chega:

Renner,

Você já viu que pechincha está o VHS hoje em dia? Estou estocando todos os clássicos por quase nada. Assisto a *Rambo II* bem agora. Esse filme é muito insano, cara. Não fazem mais filmes assim. Sabia que o Steven Berkoff faz o cara do exército russo que tortura Stallone? Também percebi que ele era o general Orlov em *Octopussy*, lembra daquele com o circo e os ovos Fabergé? Aquele foi o último grande filme com Roger Moore. Lembra do lugar onde Octopussy vivia com todas aquelas gostosas em volta, e os gêmeos atiradores de faca? Cara, vou ter que sair e comprar esse também.

Mas eu desviei. Posso adiantar duas fotos. Não costumo fazer isso, mas às vezes abro exceções para amigos que parecem confiáveis. Você é inteligente o suficiente para saber que, se não me pagar duas fotos agora, perderá um interminável su-

> primento de fotos no futuro. E talvez leve um clássico chute na bunda também.
>
> Por quanto tempo pretende ficar aí em cima?
>
> Mr. Maitland

Duas fotos obviamente não são quatro, então, se eu me lembro bem do esquema de fotos dele, isso seria cinquenta em vez de cem. Mas, de novo, estou negociando de uma posição enfraquecida. Estou desesperado. Pergunto a ele de quanto estamos falando por comprimido. Bobby é lento em sua resposta – as coisas sempre ficam estranhas quando falamos em dinheiro. Por fim recebo um e-mail que afirma simplesmente:

> Desculpe pela demora. Estou certo de que sabe como funciona. Teremos que fazer 12 dólares cada porque esta é a primeira vez e eu estou adiantando. Dez normalmente. Oito para grandes números de fotos. Pague-me em dólares ou euros, não reais. Taxas de câmbio são problemas seus. Absolutamente nada menor que um Jackson [presidente norte-americano cuja imagem estampa a nota de 20 dólares]. Preferência por Franklins [presidente norte-americano cuja imagem estampa a nota de 100 dólares]. Quando tiver o dinheiro, entre em contato e nós abrimos novas contas. Passo para você uma caixa postal para enviar o dinheiro. Coloque entre papel ou cartolina no envelope e não será problema. Nunca perdi um centavo no correio.
>
> Onde e quando você quer que eu envie as fotos?
>
> Victor

Abro o meu fiel *Lonely Planet Brazil*, ou pelo menos as páginas que cortei e coloquei em meu diário. Passo o olhá-las em busca de um hotel confiável. Finalmente decido ficar com o hotel executivo no qual me hospedei na primeira noite em que cheguei a Fortaleza. Não é confiável, mas pelo menos sei que o recepcionista da noite é confiavelmente subornável.

Envio o nome do hotel e o endereço a ele. Ele responde que me enviará o envelope pelo Fedex naquele mesmo dia, e que me passará o número de rastreamento por e-mail.

Cinquenta comprimidos são melhores que nada. Preciso reaver todo o dinheiro que deixei sangrar enquanto batia cabeça tentando levar esse projeto conforme as exigências da editora. Se eu conseguir passar todos os comprimidos para os mochileiros holandeses e israelenses pela costa, possivelmente conseguirei esticar meus 200 e tantos dólares até o fim da pesquisa.

Agora, se eu pelo menos tivesse alguma ideia sobre tráfico de drogas... mas, que saco, eu costumava ser um aluno de doutorado em Filosofia. Será que isso é muito difícil?

Pego o meu caderno de notas e faço uma conta rápida:

Cinquenta comprimidos

12 dólares/cada para Victor
50 X 12/cada = 600 dólares — custo fixo

50 X 20 dólares/cada = 1.000 dólares bruto
Lucro = 400 dólares

Por um lado, isso acaba se revelando um lucro miserável de 400 dólares para quebrar um número incontável de leis. Entretanto, se eu jogar corretamente, acho que 400 dólares podem me sustentar até o final da viagem. Ou esses 400 dólares podem servir como dinheiro inicial, de investimento, e eu posso obter mais a partir daí. Com esse dinheiro eu poderia comprar mais quarenta comprimidos, ou, se tiver sorte, mais cinquenta comprimidos a 8 dólares cada. Poderia revendê-los por mais mil dólares. Então subiria para 600 dólares de lucro. Com esses 600 dólares eu poderia comprar mais 75 comprimidos e ter um lucro bruto de 1.500 dólares, o que daria cerca de 8 dólares de lucro por comprimido. Neste ponto eu poderia fazer um dinheiro considerável.

Feliz ou infelizmente, minha vida não acontece em uma sala de economia. Nada é previsível e o preço não é constante. Não posso confiar que serei capaz de vendê-las a 20 dólares cada. Se eu começar a vendê-las em três, cinco ou dez, os compradores certamente pedirão algum desconto. Além disso, para fazer com que todo aquele esquema dê resultados, teria de vender um total de 175 comprimidos. É muito trabalho. Se eu for a uma grande festa *trance* com israelenses ou algo do gênero, talvez seja possível, mas isso costuma acontecer bem mais ao sul, na costa de Trancoso ou em Morro de São Paulo.

Sinto que a coleção *Essência de...*, de imagens motivacionais da loja Successories, que tem sempre palavras motivacionais para completar a frase, definitivamente teria algo para a ocasião. Talvez a foto de uma sublime águia-de-cabeça-branca voando ao amanhecer, com a palavra "resolução" inscrita abaixo dela. "Acima de tudo, você deve acreditar em si mesmo, encarar os seus objetivos e depois lutar como se sua vida dependesse disso", me diria uma frase motivacional. Certo, essa é a primeira parte da equação, mas não consigo imaginar uma mensagem da Successories que foque a segunda parte: restrição. A palavra restrição se encaixaria em algum lugar da definição por nós aceita de *sucesso*? Sem restrição, atributos como determinação, resolução e audácia acabam se transformando em completa estupidez, ou em algo até pior. Eu deveria saber disso.

Audácia é algo que pode variar entre erguer a gola de sua camisa polo rosa e dirigir um Nissan X-Terra amarelo *neon* ou disparar um antigo revólver como Teddy Roosevelt, levar uma bala no peito e ainda fazer o seu discurso político antes de ir para o hospital.

Devo ter moderação. A essa altura, não corro apenas o risco de ter uma dívida no cartão de crédito e de ser despedido ao encher o saco de um chefe arrogante. Preciso prestar atenção ao precipício. Não há cercas de segurança, sinais de CUIDADO COM O DESPENHADEIRO, nem ninguém para apelar se algo der errado. Sequer tenho um editor em quem pôr a culpa. Como norte-americano, estou desorientado com a absoluta falta de responsabilidade civil de terceiros nessa situação.

Tomei uma decisão muito clara. Essa medida será somente um tapa-buraco, algo para viabilizar o resto desta viagem. Eu me livrarei da primeira leva de comprimidos e usarei o lucro para finalizar o projeto da melhor forma possível. Serei audacioso, mas vou parar enquanto estiver em posição de vantagem. Abro o laptop e escrevo a minha própria frase motivacional sobre restrição. Ela diz SEMPRE CAIA FORA ANTES DE SER TARDE DEMAIS. Eu a sublinho e depois deixo as letras coloridas. Abaixo da frase, rabisco um homem observando através de uma janela de prisão. Ele agarra as barras com os punhos cerrados. Minha família ficaria feliz em saber que estou mostrando tanta moderação e equilíbrio nas minhas tomadas de decisão.

Apanhar os comprimidos é mais simples do que eu havia imaginado. Consigo uma carona com um amigo do dono do hotel de Canoa Quebrada para me levar de volta a Fortaleza e, ao chegar à cidade, fico hospedado de graça em um local que pertence a um dos seus contatos. Perto da meia-noite, sigo para o hotel onde passei minha primeira noite na cidade, o lugar de onde fui expulso para dar lugar aos executivos que vinham de Teresina. Como imaginava, meu vigia noturno favorito, o sr. Gorjeta, está sentado atrás do balcão. O brilho bruxuleante de um videoclipe musical exibido por um pequeno televisor cobre o seu rosto.

– Preciso pegar um envelope para Jeff Renner – digo com as mãos trêmulas. Ele enxuga os olhos lacrimejantes, irritados pela luz do aparelho de tevê, e diz que não tem permissão de entregar correspondência. É apenas o vigia noturno e pode ter muitos problemas se acontecer alguma reclamação. Dou alguns reais a ele de gorjeta e garanto que ninguém mais perguntará sobre a correspondência. Ele vasculha um armário por um minuto e volta com o envelope. Está endereçado a Jeff Renner, Ph.D., de um *señor* Victor Maitland, no Chile.

Enfio o envelope dentro da minha camisa e saio pela porta, entro no táxi que me espera e cruzo a cidade em questão de minutos. De volta ao meu quarto, abro o envelope e encontro duas folhas de papel fotográfico pesado. Uma das páginas possui uma folha adesiva dupla face. Grudados à folha adesiva estão cinquenta comprimidos, todos branco-acinzentados, com um desenho do naipe de espadas em relevo na face superior. Os comprimidos estão dispostos em cinco fileiras de dez, todas as pequenas espadas apontando cuidadosamente para a mesma direção. Desgrudo cada comprimido da página e coloco todos eles dentro de um vidro âmbar de remédios que antes havia sido de Allegra. Assim que amanhece, parto para Jericoacoara.

Sentado no que talvez seja o meu centésimo ônibus desta viagem, estou imprensado entre a janela e um cara germano-suíço com um chapéu da marca de artigos de golfe Titleist, Reeboks brancos com meias curtas e um óculos sem aro que lhe escorrega pelo nariz. Ele trabalha com câmbio internacional, ou pelo menos trabalhava até acontecerem algumas mudanças na empresa. Ele é o admirável aluno de uma faculdade norte-americana de Administração, cujo nome esqueci imediatamente.

Ele me chama a atenção para o fato de que o real brasileiro caiu em relação ao euro e ao dólar, de modo que o meu dinheiro valerá mais aqui no Brasil. Simples assim. Passei de aproximadamente 200 dólares para cerca de 215 reais em valor líquido.

Ele me conta que assim que soube da mudança da taxa de câmbio, logo saiu e dormiu com uma prostituta de alto nível em Fortaleza – um presente bem merecido para ele.

– Um bom negócio também, o equivalente a aproximadamente 65 dólares pela noite inteira – ele explica, tão casualmente quanto se fosse uma conversa sobre diárias de hotel. Foi um negócio muito melhor do que os 110 dólares que ele gastou na Help no Rio. Agora é a hora de consumir bens e serviços no Brasil, ele me diz. Será uma época difícil para comprar produtos estrangeiros, no entanto.

– Duro para os brasileiros, mas bom para nós – ele solta uma gargalhada. Como devemos registrar os preços de tudo em dólares norte-americanos no guia, terei de recalcular o preço de cada hotel, atividade e restaurante que pesquisei até agora. Tenho certeza de que, quando tiver organizado tudo, o câmbio já terá mudado de novo.

O ônibus se arrasta por seis horas de Fortaleza até a cidade praiana de Jericoacoara. Pela minha janela, observo os subúrbios se transformarem em cidades que por fim são sucedidas por arbustos e areia. Meu colega de ônibus me mostra em sua câmera digital fotos das mulheres que ele compensou financeiramente há pouco tempo por terem feito sexo com ele – sorrisos forçados e poses faceiras, uma abundância de fotos no chuveiro, felizmente nenhuma delas exibindo a sua barra de Toblerone.

Quando a estrada termina e o ônibus não pode ir mais adiante, os passageiros saem e entram em uma carreta de quatro rodas que os espera e os leva pelas dunas até a pequena vila global de Jericoacoara. Livro-me do cara suíço e sento-me em um dos longos bancos da carreta ao lado de um casal brasileiro amigável vindo da praia do Forte, na Bahia. Eles me explicam que não existem estradas dentro ou fora de Jericoacoara, exceto ao longo da praia ou sobre as dunas. Esta é a oitava vez que eles retornam a Jeri. Apaixonaram-se pela aldeia incrustada entre a série de dunas, pelo mar e pela grandiosa duna Pôr do Sol, situada na extremidade da cidade. Jeri fica maior, mais agitada e mais lotada de visitantes a cada ano, eles me contam.

Assim que chegamos, vou direto ao hotel recomendado pelo meu patrono de Canoa Quebrada. Ele me assegurou que seria "bom para o meu projeto". Eu lhes apresento meu cartão de negócios azul-brilhante com o logo da Lonely Planet, e eles me dizem que possuem um quarto livre reservado para mim. Faço o *check-in*, prendo o meu laptop à cama com o cadeado, escondo os comprimidos e o passaporte no banheiro e saio para explorar esse destino turístico moderno com um senso renovado de confiança.

Um *South American Handbook*, guia de bolso de 1991 (capa dura, 67ª edição) que roubei da biblioteca de um albergue em Natal, diz que Jericuacuara [*sic*] é uma das praias mais primitivas e reclusas do Brasil... cada vez mais popular entre os turistas e brasileiros. É tão exótica que "porcos, galinhas e macacos perambulam livremente pelas ruas".

A última versão do *Lonely Planet Brazil*, a 5ª edição, de 2002, diz que Jericoacoara é uma pequena vila de pescadores bastante popular entre mochileiros, brasileiros modernos e praticantes de windsurfe – "um lugar lindo onde dúzias de palmeiras fincadas em dunas de areia estão diante de jangadas (tradicionais barcos brasileiros para uma só pessoa) paradas em uma ampla praia cinza. Cabras, cavalos, vacas, touros e cães perambulam livremente pelas ruas arenosas".

Isso é exatamente igual ao que a 4ª edição, de 1998, diz sobre a cidade. A única diferença é que a 4ª edição traz uma advertência sobre os bichos-de-pé, enquanto na 5ª edição as coisas parecem ter evoluído nesse aspecto. Parece-me que esta não é a única coisa que mudou nesta *pequena vila de pescadores*.

Atualmente, essa cidade, formada por quatro ou cinco ruas principais de areia, possui mais donos de hotéis usuários de cocaína, *kitesurfers* israelenses e *playboys* argentinos perambulando livremente pelas ruas do que cabras, cavalos, vacas, touros ou cães. Os moradores nativos presenciaram a vila charmosa, ainda que soporífica, que sequer possuía eletricidade até 1998, transformar-se em um destino turístico internacional, com ioga na praia e restaurantes de crepe. Os nativos são excluídos como se fossem obstruções indesejáveis ao desenvolvimento de Jericoacoara e moram cada vez mais longe da parte central da cidade. Alguns tiveram oportunidades com o crescimento e tornaram-se proprietários de restaurantes, vendedores de suvenir, funcionários de hotéis ou namoradas profissionais. Entretanto, a maioria dos proprietários brasileiros vem de municípios maiores da região ou de grandes cidades do Sul do país.

Uma criatura que surgiu a partir de um turismo independente, Jeri agora está atingindo um estágio de maturidade em que pacotes turísticos começam a chegar, e o lugar se estabelece como centro turístico da região. A vanguarda mochileira pode ter aberto e fixado o caminho, enfrentando obstáculos e o desconhecido para chegar até aqui, mas agora são as operadoras de turismo que dominam o lugar com seus ônibus e reservas de hotéis. Faz parte do meu trabalho intensificar/apresentar/descrever/relatar essa expansão: escrever sobre o cara que está criando uma frota de motos para fazer *tours* pela região, as aulas de *kitesurf*, o novo restaurante de sopas ou o novo restaurante italiano com risoto de cogumelos e saborosas sobremesas de chocolate.

Seria ilusório afirmar que todo esse crescimento foi estimulado pela Lonely Planet, ainda que seu impacto seja inquestionável. O selo de aprovação da Lonely Planet significa que a pequena vila de pescadores recebe um golpe estimulante de publicidade global, quer a cidade queira, precise e possa lidar com isso, quer não. É raro fazer uma refeição sem avistar uma cópia do guia sobre uma das outras mesas do restaurante ou ver um grupo de banhistas sem que pelo menos um deles esteja folheando as páginas do guia.

Enquanto os guias chegam primeiro, ao lado da primeira fila de mochileiros, os jornais e revistas não ficam muito atrás no frenesi para alimentar a divulgação do lugar. Outras publicações de viagens têm visitado Jericoacoara por uma década. A seção de viagens do *The New York Times* fez seu primeiro artigo sobre Jericoacoara em 1994. No mesmo ano, a revista do *The Washington Post* aumentou a aposta com um artigo que declarava que Jericoacoara tinha uma das "dez praias mais bonitas do mundo". Ainda que o local inteiro seja lindo, a praia em si não está nem entre as dez mais bonitas do Brasil. A máquina publicitária dos artigos sobre viagens já estava funcionando.

O primeiro hotel de luxo abriu as portas recentemente. Existem projetos de reconstruir a maior parte da região litorânea, a fim de livrar a cidade dos albergues e cabanas para substituí-los por hotéis sofisticados com piscinas e bares. Em Manhattan, no começo do ano, eu havia bebido um coquetel pseudobrasileiro de rum, gengibre e mel chamado Jericoacoara. Foi servido em um bar de nome francês do Lower East Side por algo como 7 ou 8 dólares. Mesmo lá, a cerca de 4 mil milhas de distância, sabia que já havia chegado o fim para a pequena vila de pescadores. Por causa de sua localização remota, Jericoacoara é ainda menos desenvolvida que Canoa Quebrada (que, de acordo com aquele *South American Handbook* de 1991, "foi descoberta e está se tornando uma atração turística"). O terreno também tem um *status* de região protegida, que supostamente limitaria o seu desenvolvimento, mas é claro que a moeda forte sempre vence no final. Os próximos passos serão estradas pavimentadas e linhas diretas de ônibus, um website oficial em inglês, caixas eletrônicos de bancos, jovens em férias escolares, uma participação num programa de vídeos com mulheres desinibidas em pontos turísticos ao redor do mundo, como o *Girls Gone Wild*, condomínios de veraneio e aposentados canadenses em chinelos de borracha. Posso sentir isso no ar. Posso ver isso nos olhos vorazes dos donos milaneses e paulistanos dos hotéis e restaurantes. Fico em conflito sobre o meu papel nisso tudo, mas o processo já estava bem adiantado antes de eu chegar à cidade.

Sento-me na praça de areia diante da praia, ao lado de Júnior, dono da única loja de surfe da cidade. Alto e magrelo, com olhos claros e uma gargalhada que beira à hiperventilação, ele passa a maior parte do dia com uma sunga azul-marinho e com óxido de zinco branco sobre o nariz, bebendo garrafas grandes de cerveja Antarctica guardadas em um isopor. Ele bebe com os amigos e os transeuntes, dando atenção aos clientes ocasionais da loja e escutando repetidas vezes a canção popular do momento, *Zoio de lula*, da banda brasileira com influências de *reggae* e *hip-hop* Charlie Brown Jr.

A música toca de novo. Júnior levanta-se da mesa e canta junto o refrão, fios de saliva saltando de seus lábios:

"Meu escritório é na praia

eu tô sempre na área..."

Soa bem melhor em português que no inglês, e rima, também, mas em qualquer língua o sentimento captura os ideais de Júnior e os meus. A praia é o escritório dele. É onde ele está, então lide com isso. Exatamente.

Se por um lado ter o escritório na praia é algo sedutor, este não parece ser o tipo mais previsível ou estável de trabalho. Após alguns copos, tento iniciar uma conversa com Júnior sobre as condições para fazer negócios em Jericoacoara – a fim de averiguar meu potencial de vendas. Trata-se do meu escritório também, de certo modo, por isso imagino que devo fazer um pouco de pesquisa de mercado. Antes que eu aborde claramente o assunto, ele já está me perguntando se não posso comprar mais cervejas. É baixa temporada, ele me diz. O dinheiro está curto para toda a cidade.

– Aqui as pessoas não ficam guardando dinheiro extra em suas contas bancárias ou qualquer coisa do tipo. A cidade nem possui um banco. Nós ganhamos, nós gastamos, e precisamos de mais para continuarmos. Nesta época do ano estamos muito pobres.

Mesmo para uma baixa temporada, parece haver um razoável número de visitantes na cidade. Eu escuto inglês, francês, hebraico, espanhol, japonês, escocês e português com sotaques do Rio e de São Paulo.

– Os hotéis estão com cerca de 10% a 15% de sua capacidade agora, mas precisamos que cheguem a 50% ou mais pra que realmente comecemos a ganhar dinheiro – explica Júnior.

Passa um grupo de três gringos. Todos fortes, tatuados e torrados de sol. Festeiros certamente. Talvez eu deva bater um papo com eles. Um quarto gringo vem em seguida, a alguns passos dos outros. Ele escuta um *MP3 player* cinza e sacode os cabelos loiros presos em um rabo de cavalo ao som de uma música desconhecida.

– Otto – eu grito.

Sem resposta.

– Otto.

– Thomas? – ele tira os fones de ouvido e se aproxima. – Ah, cara, não acredito. Acho que esta é a primeira vez na vida que fico feliz por encontrar um norte-americano. Mano, mal posso esperar pra sair desta cidade. Aqui é tão Lonely Planet – ele sorri maliciosamente. – O que está fazendo aqui? Vamos subir pra São Luís amanhã.

– Acabei de chegar, cara. Não posso sair ainda.

– Vamos. Podemos pegar um Land Rover e subir a costa até o parque nacional das dunas de areia.

– Parece uma aventura, mas... mas preciso fazer alguns negócios antes de ir pra qualquer outro lugar. Me dê alguns dias, certo? E então nós subimos pelo litoral.

– Certo, mas se apresse, porque já fechei nesta cidade.

– O que você quer dizer?

– Sabe, como em Olinda. Estou preso a uma garota aqui. A cidade está fechada, não há mais oportunidades de mulheres nem futuro pra mim. Você não pode trocar de cavalo no meio do rio, ou seja lá o que diz o ditado. Especialmente em uma cidade deste tamanho. E não vou me fixar aqui eternamente. Por isso, já é hora de sair. Este lugar está fechado.

– Há quanto tempo você está aqui?

– Três dias, eu acho. Bastante tempo.

– Certo. Bem, você terá que se segurar mais um pouco e me deixar resolver algumas coisas. Depois disso, eu tô livre.

Passo os meus dias praticando *sandboard* nas dunas, passeando em *buggies* de areia e vivenciando a cultura local, fazendo anotações mentais para o guia enquanto tento encontrar compradores que financiem o restante da minha pesquisa. Não é tão fácil quanto eu havia imaginado. Além do mais, tenho vergonha do que estou fazendo e mantive isso em segredo, até para Otto.

A pesquisa, particularmente sobre restaurantes, é muito mais fácil quando se possui todos os contatos e tudo está pré-arranjado. O dono do hotel o coloca em contato com o dono de um restaurante, e, assim que as coisas começam a andar, você se vê com a agenda cheia de planos para o almoço, o jantar, degustações de cardápio e coquetéis de graça. Consigo conhecer os gerentes, os *chefs* e os proprietários; visito as cozinhas; papeio com alguns clientes. Uma pizzaria que estava fechada durante a baixa temporada abre e acende seu forno a lenha para que eu possa experimentar a comida deles. O gerente, um canadense, até me acompanha durante o jantar.

Estou aprendendo com a prática, e está cada vez mais claro que esse jogo possui o próprio conjunto de regras. Alguns proprietários tentam depreciar outros estabelecimentos, por isso é importante não levar ao pé da letra tudo que falam. Você sorri, fala ambiguamente, mostra que está agradecido (mas nunca impressionado demais), e, o mais importante: aceita a assistência deles sem fazer nenhuma promessa. Boa parte do trabalho consiste em reconhecer em quem você pode confiar e quem você pode usar, mas nunca confiar. Sim, aceito cortesias e indicações, mas elas apenas ajudam a tornar a pesquisa possível. Juro que nunca escreveria algo mentiroso sobre um lugar simplesmente porque eles me deram um quarto de graça ou um prato de massa. Entretanto, devo reconhecer que, ao trabalhar com essa rede de indicações, necessariamente limito o campo de pesquisa a estabelecimentos mais conhecidos, provavelmente aqueles que já estão listados em outros guias. Gostaria de poder acreditar que todo o processo me faz economizar algum dinheiro para gastar em refeições pagas em outros locais mais desconhecidos, mas agora não há muito dinheiro para economizar de qualquer maneira.

Encontro o cara germano-suíço do ônibus mais duas vezes. Ele ficou hospedado em três hotéis durante quatro noites e me passa seu relatório detalhado sobre as diferenças de valores dos quartos. Como nenhum deles o satisfez, ele se mudará para um outro hotel esta tarde. Indica-me um restaurante que oferece uma "boa porção de carne de 350 gramas por 325 reais, além do arroz com feijão". Estou aprendendo a colher a pesquisa alheia e a identificar se eles sabem ou não sobre o que estão falando. Tento perceber se ele se interessaria por *ecstasy* ao lançar uma história sobre "um amigo que tem alguns", mas ele me garante que já possui vícios suficientes.

Quatro noites se transformam em cinco e eu ainda possuo exatamente cinquenta comprimidos – minhas cinquenta espadas. Talvez não seja um bom vendedor, mas vivi como um viajante nesta cidade e agora tenho uma ideia do que atrai as pessoas para cá, por que elas ficam, o que faz a cidade se movimentar. Quanto à minha incipiente carreira de vendas, estou muito constrangido para começar a negociar. Sou como uma virgem tentando passar das preliminares para a penetração. Isso deveria ser discutido abertamente? Deveria acontecer com naturalidade? Ofenderei ou assustarei alguém se levantar a questão?

O mais perto que cheguei foi quando escutei um grupo de australianos e escoceses em meu hotel conversando sobre DJs e clubes noturnos em Rotterdã e Melbourne. Parecia ser a porta de entrada perfeita para a minha oferta. Mas eles alegaram que já possuíam um punhado de comprimidos. Disseram que comprariam alguns meus por 5 dólares cada – apenas para reabastecer o estoque. Infelizmente, não valia a pena para mim.

A pequena vila de pescadores vive em um fluxo constante. Durante o dia, o ônibus leva dúzias de turistas embora e reabastece Jeri com um novo lote de recrutas a cada final de tarde. Isso tem de funcionar mais cedo ou mais tarde, eu proclamo sozinho. Alguém morderá a isca. Algo acontecerá.

É uma cidade de noitadas onde nada acontece antes da meia-noite. Enquanto me arrumo e faço a barba antes de sair para o Planeta Jeri, a principal casa noturna da cidade, digo alguns conselhos para mim mesmo diante do espelho.

– Você precisa sair e conseguir algum dinheiro. Assim como Inara. Você tem as mesmas necessidades que todo mundo. Você precisa, acima de tudo, acreditar em si mesmo, encarar seus objetivos, e então lutar como se sua vida dependesse disso – emendo mais alguns clichês motivacionais. – A noite é sua.

O Planeta Jeri é uma casa noturna que fica parcialmente ao ar livre, onde uma multidão de moradores locais e turistas dançam e sentam-se em mesas a céu aberto diante de um logo pintado e plagiado do Planet Hollywood. Carrocinhas enfileiradas na rua cheia de areia diante do local vendem caipirinha, cuba-libre e todos os tipos de coquetéis de frutas com preços bem menores que os do bar. O DJ toca de tudo, de Jackson 5 a Roni Size – até algo que só posso definir como um péssimo *acid trance*. Preciso tomar uma resolução e perguntar se as pessoas querem comprar um pouco de *ecstasy*. Preciso fazer as coisas se movimentarem. Trata-se de um negócio e exige trabalho, como qualquer outro. Antes que eu seja capaz de abordar alguém, sou encurralado por uma garota francesa aparentemente alcoolizada.

– Ouvi dizer que você escreve para a Lonely Planet – ela diz em um inglês com sotaque, porém impecável, cambaleando para trás.

– Mesmo? Quem te falou?

– Ouvi por aí.

– Certo. Talvez seja verdade – será esta a minha chance com a minha primeira fã francesa?

– Quer saber? – ela soluça.

– O quê?

– Estava viajando com alguns amigos. Nós nos separamos por algumas semanas, mas combinamos de nos encontrar em um bar em Salvador em uma data específica. Escolhemos o bar pelo guia da Lonely Planet. Estava altamente recomendado. Quando cheguei lá, descobri que havia fechado. MUITOS ANOS ATRÁS. Alguém me contou que ele havia fechado há QUASE DEZ ANOS. Não vi mais os meus amigos desde que você arruinou a minha viagem, *senhoooor Lonely Planet de Merda* – ela grita, desequilibrando-se sobre as pessoas que estão sentadas na mesa de trás.

Pelo menos umas doze pessoas estão nos fitando. Foi demais para passar desapercebido. Tento explicar que não trabalhei para a última edição e que não cobri nenhuma informação sobre Salvador, mas isso não surte efeito. Peço a ela que me passe o nome do lugar e eu prometo que passarei para a pessoa responsável. Em alguns minutos, estou rodeado por uma horda de viajantes me perguntando como é trabalhar para a Lonely Planet, como devem fazer para se candidatar ao emprego, se eu realmente visito todos os lugares, se já conheci o Tony Wheeler ou o cara do programa de tevê da Lonely Planet. Dizem que trabalhar para a Lonely Planet é o emprego dos sonhos. Que a Lonely Planet está destruindo as viagens independentes.

Meu disfarce foi desfeito. E, mais uma vez, não tenho sorte alguma ao conversar com alguém sobre meus propósitos comerciais. Mas acabo conhecendo três membros de uma empresa australiana de windsurfe e seus dois anfitriões brasileiros. Caminhamos para uma pequena padaria que fica aberta ao público apenas durante as horas em que se assam o pão, das duas às seis da madrugada. Existem exatamente três coisas no cardápio. A padaria está cheia de festeiros do mundo todo tentando ingerir calorias e acalmar o estômago com algo sólido antes de retornar aos seus albergues e pousadas para desmaiar. Exceto a possibilidade de fazer sexo com uma estranha sob o céu estrelado, posso dizer que aquela padaria oferece a mais típica experiência da madrugada em Jeri. Certamente eu não descobriria aquele lugar se tivesse passado apenas uma noite na cidade ou se tivesse ficado em meu quarto escrevendo em vez de sair para fazer uma pesquisa de bares.

Ser traficante de drogas é um trabalho bem mais difícil do que eu havia imaginado. Sempre fui levado a pensar que era um jeito de obter dinheiro rápido e com pouco estresse, o tipo de emprego em que os delinquentes acabam caindo depois de não conseguir se encaixar em lanchonetes ou qualquer outro trabalho do "mundo real" a que têm acesso. Não. Traficar drogas é um trabalho duro. Não estou dizendo que é uma profissão nobre, apenas que não é um dinheiro fácil. Na verdade, exige bem mais habilidades organizacionais e empreendedoras, pensamento independente e inteligência do que a maioria dos empregos. Trabalhar no mercado negro é a forma mais autêntica de capitalismo. Não há uma rede de apoio. Não há regras. Não há regulamentação. Não há recursos. Não há um profissional de Recursos Humanos para quem você possa reclamar. A competição é desenfreada e, pelo menos nos primeiros estágios, você é o único responsável por proteger o seu negócio.

Sou um vendedor relutante e tenho mais dificuldade ainda em administrar um negócio difícil. Karrass teria vergonha de mim. DB Cooper ficaria constrangido. Roebling me acharia patético. Eu mesmo tenho vergonha de mim. Não sou um traficante de drogas. Não sou um homem de negócios. Audácia? Mal conseguia vender roupas no Club Monaco.

Se toda essa experiência fosse um daqueles livros *Escolha sua aventura*, com base nos quais o leitor decidia qual o desenrolar da história, podendo chegar a finais diversos, digamos, *As joias de Nabuti*, eu teria 37 finais diferentes para escolher. Perceberia que havia selecionado a página errada e voltaria para as opções anteriores, faria tudo diferente até que desse certo. Mas não posso voltar atrás. Estou em treinamento enquanto já exerço a função – espontaneidade, ação e aventura, exatamente tudo o que desejei uma vez na vida dentro daquele cubículo do meu escritório. É claro que na época a minha visão romântica não imaginava que, além de ser demitido e entrar em falência, essa aventura poderia acabar resultando em prisão ou morte. Agora não tenho dinheiro nem para retornar ao Rio ou mesmo para voltar para casa. Tudo que tenho são as espadas.

Fico imaginando se as cidades de Jericoacoara ou Canoa Quebrada alguma vez já sentiram o mesmo; se já desejaram voltar a uma época mais inocente e descompromissada. Pois agora os hotéis e restaurantes foram construídos e precisam ser ocupados. No mínimo 50% de sua capacidade. Eles precisam se sustentar, precisam se comprometer, se adaptar e se desenvolver. Devem crescer, apesar de tudo. Copacabana já foi uma remota comunidade praiana também, na periferia da cidade do Rio de Janeiro. Então chegaram os visitantes de fim de semana, o túnel, os hotéis sofisticados, Orson Welles, a favela, Carmem Miranda, a cocaína, e assim foi. Às vezes não há retorno.

Após vários dias participando do circuito local, eu me canso de tudo. Canso de comer em restaurantes. Canso de ser político. Canso de ficar rodeado por turistas. Vivo me encontrando com o dono de uma agência de turismo próxima ao hotel e estou convencido de que ele está me seguindo. A pesquisa vai bem, mas estou ansioso por causa dos meus problemas financeiros. Preciso me afastar da cena turística e desacelerar as coisas para poder pensar mais claramente. Preciso de perspectiva, por isso vagueio pela praia e para fora da cidade. Ainda estou quebrado, e tudo o que mudou é que agora eu devo um punhado de dinheiro que não tenho a um traficante de drogas no Chile. Recentemente, ao checar meu e-mail, encontrei uma mensagem de Bobby, destituída de sua típica eloquência, em que ele dizia esperar ver seu dinheiro em breve, muito em breve, caso contrário teríamos problemas. Primeiro Beatriz, agora isso.

Depois de cerca de vinte minutos andando a pé no norte da cidade, avisto dois homens, ambos com quarenta e poucos anos, sentados de pernas cruzadas na praia ao lado de um *buggy* azul. Um deles é europeu, muito bronzeado e com cabelos loiros compridos até os ombros; o outro, um latino de pele clara com barba e bigode de pirata e o cabelo preto preso em um pequeno rabo de cavalo. Duas latas vazias de cerveja estão semienterradas na areia entre eles. Um olhar mais atento me revela que as latas não são de cerveja, mas de cachaça Pitú. Por um instante me pergunto por que a lata de alumínio com bebidas mais fortes não pegou em outros lugares do mundo. A garrafa de um litro de refrigerante de laranja parece estar acompanhando a cachaça.

Uma moto bem usada está parcialmente amarrada na traseira do *buggy*. A roda da frente está solta e, julgando pela longa trilha marcada na areia atrás do *buggy* estacionado, ela deve ter sido arrastada por pelo menos uns 45 metros antes de o carro parar. De repente, o homem de cabelos pretos dá um salto para trás e se levanta, enquanto o loiro começa a vomitar violentamente na areia. Uma fileira de palmeiras finas se agita suavemente com a brisa. O sol estende-se sob uma nuvem silenciosa em formato de cogumelo nuclear cor de laranja bem baixo no horizonte.

Conforme caminho, o homem de pé, aquele com aspecto de pirata, olha para mim e grita em minha direção:

– O QUE FOI, MEU IRMÃO?

O outro tenta lavar a boca com o refrigerante de laranja, o que acaba provocando mais vômitos.

– Você pode nos dar uma mão? Temos que dar o fora daqui, rápido – declara. Em seguida, reconsidera: – Você não é um tira, é?

– Olhe pra ele – o outro interrompe o vômito para comentar. – É apenas mais um gringo; ele não é tira.

– Você também não é da CIA, é, gringo?

– Acho que não, cara.

Não sei de mais nada. Só sei de uma coisa: como vendedor de drogas, eu sou quase tão bom quanto como autor de guias de viagem.

10
Emprego dos sonhos

21 DIAS PARA O PRAZO FINAL

Não fale com estranhos é provavelmente o pior conselho que recebi nas escolas públicas de Seattle – este e: *Apenas diga não*. Não falar com estranhos só faz sentido se você tem 10 anos de idade e um cara barbudo pelado para perto de você dentro de uma van; caso contrário, alimentar essa paranoia traz a longo prazo efeitos negativos sobre a psique das pessoas e, em minha opinião, sobre a personalidade de uma nação. Cada vez mais, a interação social dos norte-americanos se limita a relações de trabalho ou a algum tipo de atividade com objetivo definido, como esportes ou organizações religiosas. Do contrário, as pessoas tendem a se grudar a amizades que fizeram antes de completar 20 anos, e suas únicas interações sociais espontâneas acontecem após diversos estados de intoxicação em bares pouco iluminados.

No meu livro de espanhol do sexto ano, fomos apresentados a Marisa Jiménez e Elena Ochoa, duas estudantes espanholas com largos sorrisos que gostavam de livros, gatos e de passar o tempo nas *plazas* também. Estava enjoado da tevê depois da escola e dos esportes de times organizados. Queria conhecer Marisa e Elena, e passar o tempo na praça da cidade com seus paralelepípedos e palmeiras, onde as pessoas têm um contato casual com toda a sociedade. Assim começou o meu interesse pela América Latina.

Os dois bêbados, o de cabelos compridos e o com aspecto de pirata, não são tão fascinantes como Elena ou Marisa, mas estou na América Latina e eles são estranhos em apuros.

– O que estão comemorando? – pergunto, acenando em direção ao homem destruído na areia.

– Estamos deixando a cidade. Meu amigo Micky está tendo uma festa de despedida e eu, tentando amarrar a droga da moto dele na traseira do meu *buggy* – ele diz em um inglês com um leve sotaque espanhol. – Eu me chamo Arturo.

– Para onde vão? – continuo.

– Segredo.

– Segredo?

– É, irmão. Segredo. Tem certeza de que não é da CIA? – Ele gargalha e vira um gole da cachaça em lata, o que lhe provoca um arrepio espasmódico em todo o corpo. De aparência desolada, ele parece ter um alto metabolismo, característico de alguém que está quase insensível aos efeitos do álcool e dos sedativos.

– Somos fugitivos... – o cara loiro, Micky, levanta de novo a cabeça para comentar. Ele tira o cabelo dos olhos e seca a boca com as costas do braço bronzeado. Recobrou-se o suficiente da náusea para conseguir jogar alguns punhados de areia sobre o vômito e me lançar um sorriso cheio de saliva escorrendo pela boca. Apesar do estado deplorável, ele ainda possui um belo conjunto de dentes clareados a laser.

Arturo interrompe:

– Não sou fugitivo, cara. Ele. Ele é o fugitivo. Eu sou apenas o... como se diz? O cúmplice, o motorista babaca que ajuda na fuga.

– Espero que essa confusão valha a pena, porque parece que a moto está destruindo o seu *buggy*. Isso que vocês estão tentando colocar ali em cima não é uma Vespa, cara.

– Você está certo. O CIA é esperto, não, Micky? Esse é o problema. VÊ O QUE ESTOU ME FERRANDO PRA TE MOSTRAR, MICKY? – Arturo grita com seu camarada caído. A traseira da enorme moto BMW, a parte que ainda está atada à barra estabilizadora do *buggy*, amassou a traseira do carro e está criando rachaduras na lateral.

– É, bem... não é questão de pensar se a situação vale a pena ou não. Meu colega holandês aqui não consegue se controlar e agora está prestes a passar alguns anos na cadeia. Eles vieram prendê-lo, e ele tentou fugir de moto. Mas o bastardo bêbado a enfiou em uma duna de areia. E, como conheço esse babaca estúpido desde sempre... bem, você sabe como é...

– Ele não pode subornar alguém? – pergunto, cavando um buraco na areia com meu pé descalço.

– Já subornou dois, mas agora eles querem mais. É só corrupção. Já têm tudo planejado desde o início. Conheço bem esse golpe porque o meu primo costumava aplicá-lo em executivos estrangeiros na ilha de Margarita. É um truque velho, pra quando o dinheiro diminui durante a baixa temporada. Se ele pagar mais, pedirão que outros venham atrás dele, até que fuja ou vá pra prisão. Nós vamos pra fronteira.

– Venezuela?

– Não posso dizer.

– Mas você não é venezuelano?

– Sou, CIA. Eu sou. Você faz perguntas demais, cara. Morei na Espanha a maior parte da minha vida. Também estudei em

Miami por dois anos quando o meu pai trabalhava nos Estados Unidos. Fui expulso da escola primeiro, depois fui expulso do país – ele solta uma risada. – Eu e meu pai. Isso já é informação suficiente pra você, gringo?

– Ei, cara, foi você quem me chamou.

– Certo – ele dá outro gole, seguido pelo mesmo espasmo violento. – Este é o meu amigo, Micky. Nós nos conhecemos desde... tipo, desde sempre.

– Você já me contou isso.

– Só checando se você está realmente escutando, garoto.

Micky começa a se recompor e diz:

– Ei, cara... meu nome é Micky – ele cospe um catarro amarelo na areia. – Sou de Amsterdã. Conheço esse bastardo desde sempre, costumávamos dominar Ibiza. Não credite [*sic*] em nada que ele diz.

– Tá certo... Sou Thomas. O que rolou com a moto?

Arturo começa a resmungar:

– Levou uma eternidade pra conseguirmos amarrar essa droga no carro. E ela tá quebrando toda a traseira. A porcaria é pesada demais. O *buggy* é feito de fibra de vidro, sabia? Dez minutos depois que amarramos tudo, a corda arrebentou e a parte dianteira da moto caiu. Se puder nos ajudar a colocar isso de volta, podemos chegar até a cidade mais próxima, pelo menos.

Arturo abaixa a voz.

– Micky não conseguirá ajudar muito agora.

Começamos a erguer a moto de volta sobre o *buggy*. O para-lama entorta e se quebra com o peso. A corda estourada é muito curta para amarrar apropriadamente o chassi da moto à barra estabilizadora. Fazemos algumas tentativas de amarrar os pedaços de corda. Faço um esforço para relembrar minhas lições de escoteiro. O nó da corda do arco: o coelhinho corre ao redor do buraco, depois sobe pelo buraco, seja lá o que isso for: dane-se o método do coelhinho.

Arturo fala palavrões em espanhol conforme nós dois tentamos mais uma vez içar a moto e colocá-la no lugar. Micky não ergue um dedo para ajudar, mas cuida gentilmente da garrafa de refrigerante de laranja e reflete em voz alta sobre como as coisas deram tão errado. Ele já dominou Ibiza. Dominou Mustique. Dominou Nova York. Dominou Amsterdã. Agora isso. Por que ele agora tem de fugir de uma vila miserável de pescadores para se livrar da polícia local? Ele deveria dominá-los também.

– Conheço a realeza europeia. E celebridades norte-americanas. Costumava ir a festas na mansão Playboy com Jon Bon – ele relembra.

– Você nunca me contou que conhecia Le Bon – Arturo exclama.

– Não, *Bon Jovi*.

– Caramba, eu já ia falar, eu me lembro de Simon Le Bon. Ele era o cara... nunca entendi todos aqueles caras de batom, mas você sabe...

Micky então me relata uma versão resumida de sua vida, de como ele chegou a Mustique, uma ilha caribenha, como empregado de um iate, conheceu Mick Jagger e David Bowie no Basil's Bar, famoso bar da ilha, e tornou-se amigo de um inventor de alguma máquina de óleo e ajudou-o a construir pistas privadas de Fórmula 1 no Sul da Espanha. Em algum outro momento de seu currículo, antes ou depois do Caribe, ele também concebeu novas fontes de lucro para a tevê, incluindo a interface das mensagens de texto que se tornou a base para programas como Big Brother.

Ele faz uma pausa para vomitar de novo, agora laranja como o pôr do sol. Naquela época ele morava em um *loft* no SoHo "durante os dois únicos meses do ano suportáveis em Nova York, abril e novembro". Ele tem uma casa de praia em Formentera e também divide com um sócio um local em uma ilha sem nome do Pacífico Sul. O resto do tempo ele vive na estrada.

Micky estava no desafio de atravessar de moto toda a costa norte do Brasil. Ele salientou mais uma vez que era amigo de Jon Bon Jovi e que a maior parte da criatividade mundial proveniente da Holanda era resultado direto da maconha de alto nível que vinha sendo cultivada por lá.

– Vivo do dinheiro da família – Arturo solta outra risada. – É o jeito sul-americano de fazer as coisas.

– O que está fazendo aqui? Férias? – Micky me pergunta.

– Estou tentando escrever. Eu acho.

– Bacana. Sou escritor também. Estou escrevendo um roteiro de cinema chamado *Calor em Tatajuba*. Ou, pelo menos, tenho a ideia para um roteiro de cinema.

Tatajuba é uma pequena cidade mais ao norte na costa que começa a crescer graças à influência de Jericoacoara.

– Quer dizer, a locação é Jericoacoara, mas eu pensei que *Calor em Tatajuba* soaria melhor que *Calor em Jericoacoara* – ele se volta para tomar um pequeno gole de cachaça. – É sobre a linda filha de um dono de hotel que faz com que cada visitante acredite que ela está apaixonada por ele.

– Parece interessante.

– Ela seduz os homens e os encoraja a tirar fotos polaroide com sua câmera, depois dá as fotos pra eles. O pai da moça vai até a polícia, que, é claro, encontra as fotos no quarto dos caras no dia seguinte. Os policiais e o pai então tentam extorquir dinheiro deles porque ela, na verdade, tem apenas 15 anos, apesar de aparentar 23 e de ser uma selvagem na cama.

– Boa história. Ficção?

– É. O que você está escrevendo?

– Não é *Calor em Tatajuba*. Apenas um guia.

– Guias. Que saco! Um dia eu gostaria de encontrar um escritor da Lonely Planet e dizer a ele como esses livros são uma merda. Quer dizer, eu ainda os utilizo, mesmo sendo muito rico, mas as recomendações de bons hotéis deles são muito ruins. Fiquei em um lugar em Fortaleza que estava no Lonely Planet e eles nem mesmo carregaram minhas malas até o quarto.

– Jesus. Que burguês.

Com um estalo, a moto cai de novo da traseira do *buggy*, quase levando o meu braço junto. Arturo está exasperado e começa a chutar o pneu. Ele repete para si mesmo:

– Que merda, Micky... pior do que ter inimigos...

– Ei, Tim, você já esteve em Ibiza? – Arturo pergunta. – Conheci esse filho da mãe em San Antonio, Ibiza, décadas atrás.

– É Thomas, não Tim. Não, nunca estive lá. Parece que está um pouco agitado hoje em dia.

– Ah, cara, aquele lugar, ou pelo menos San Antonio, está péssimo agora. Cheio de garotas inglesas acima do peso com os peitos voando pra fora das camisetas. Mas deixe-me dizer a você, irmão: antigamente, no final dos anos 1970 e início dos 1980, costumava ser o paraíso – ele enfia dois cigarros na boca, acende ambos com um só fósforo e passa um para Micky. – Agora são apenas voos baratos e passes múltiplos pras boates no fim de semana. Estivemos lá quando aquela porcaria estava começando, quando as primeiras garotas chegavam da Holanda com meio quilo de MDA e uma prensa de comprimidos. Nunca mais vi nada parecido na minha vida. Escute isso, a garota disse: "Você quer experimentar a droga que o fará amar o seu inimigo?". Como eu poderia falar não pra aquilo?

Desatamos o pneu da moto que ainda estava bem amarrado no lugar e colocamos a moto no chão.

– Tim, por que você não vai nessa moto atrás da gente até a próxima cidade? Micky está bêbado demais pra andar, quanto mais pra dirigir. Nós pagamos você. Podemos enviar algum dinheiro pra você depois ou algo parecido.

– Cara, honestamente, não sei dirigir uma moto, muito menos na areia. E, você sabe, está escurecendo.

– Você pode dirigir o *buggy*, então, e eu vou de moto.

– Não é isso. É que, você sabe, vocês parecem caras bacanas e tal, mas não tenho certeza se somos tão íntimos assim a ponto de eu ajudá-los a fugir da polícia.

– Certo, CIA. Entendo o seu plano. Você quer comprar a moto do Micky, não é?

Tento forçar uma gargalhada.

– Não tenho dinheiro nenhum e nem sei dirigir isso. Nem sei como funciona.

– Ok. Farei um trato especial com você então – Micky interrompe, repentinamente lúcido. – Que tal trocá-la comigo por mil dólares e o seu passaporte norte-americano? Depois apenas vá até a embaixada e conte a eles que alguém roubou seu passaporte. Esse é o melhor negócio com uma BMW que você terá em toda a sua vida.

– Para mim isso soa a muita complicação, cara. E, quando digo que não tenho dinheiro, quero dizer que não tenho dinheiro mesmo... Poderia trocá-la com você por, digamos... por cinquenta comprimidos de *ecstasy*.

– E o passaporte?

Pense: Karrass.

– Sem passaporte.

Eles se olham e gargalham. Arturo pula dentro do *buggy*.

– Esse *ecstasy* que vocês, garotos, têm, esse MDMA, são como M&MS se comparados ao verdadeiro MDA. Deixe-me contar pra você: eu me lembro de tomar MDA junto do Harrison Ford na festa do quimono do Roman Polanski em Ibiza em 1983... ou 1981. Dane-se. O ano que for, cara.

– E todo mundo vestindo quimonos?

– Exatamente. Harrison ficava lá sentado diante de uma mesa com 1 quilo sólido de maconha, enrolando baseados. Não há mais nada assim. Eu o vi, o próprio Harrison, eu o vi depois daquilo, você sabe, ele estava com a família voando de helicóptero pra Canaima, você sabe, pra ir a Salto Angel, na Venezuela. Bem, cara, eu tive a chance de falar com ele e disse: "Ei, Harrison, você se lembra de mim?", e ele respondeu: "Não, eu deveria?". E eu disse: "É, eu estava com o Carmelito na festa do quimono do Roman na época em que você era Hans Solo". E ele me olha de perfil com a cara toda transtornada como ele faz nos filmes, você sabe, ele tem aquele nariz torto, assim como você. E ele diz: "Por favor, faça um favor a mim e à minha família, e vamos fingir que isso nunca aconteceu". Aquele sujeito babaca. Ele conheceu o verdadeiro MDA, mesmo que não admita. Eu e Micky conhecemos isso muito bem. Vocês, garotos, não sabem droga nenhuma. Que saco, eu introduzi pessoalmente o *ecstasy* em Miami quando a Flórida ainda estava tomada pelos caubóis da cocaína – ele alisa o bigode e o cavanhaque com o polegar e o indicador.

O sol quase se pôs e o vento começa a aumentar.

– Bem, olhem, rapazes, preciso sair daqui. Querem tentar colocar a moto lá em cima pela última vez?

– São cápsulas ou comprimidos?

– Comprimidos prensados.

– O que tem neles?

– Espadas.

– O quê?

– *Espadas*. Como ouros, copas, paus e *espadas*.

– Ah, *Schoppen*. Bom. De Amsterdã? – Micky pergunta, ainda sentado na areia.

– Holandeses, sim. Ou algo do tipo, pelo que me falaram. Globalização, eu imagino.

– Acho que conheço quem os fez. Não valem muito por lá, mas posso vendê-los em Caracas ou no Caribe por alguns euros. Art, você pode me passar o endereço do seu primo em Margarita? – ele cospe algo escuro e espesso que parece mais sangue do que refrigerante de laranja. – Talvez eu mesmo os tome, estou farto de cachaça.

– Tenho que dar uma corrida até o hotel. Estacionem o *buggy* ali atrás da duna pra que ninguém os veja. Volto em menos de meia hora – digo. – Virei com um amigo, um israelense. Não se preocupem com ele.

E, assim, fechei o meu primeiro negócio. Não é bem uma venda, parece mais uma troca, mas está apontando para a direção certa.

Retorno com os comprimidos e Otto a tiracolo, meu discreto guarda-costas e avaliador de motos. Arturo já está sentado no banco do motorista, fumando um cigarro atrás do outro e apertando o volante. Micky está prostrado na areia ao lado do carro, respirando pesadamente. Felizmente para ambos, existe algo entre zero e dois policiais na cidade num dia como este. Já que a cidade mais próxima ficava a meio dia de viagem e só se escutava o barulho das ondas. Ele balança a cabeça em reprovação enquanto seguro a moto pesada debaixo do céu com um milhão de estrelas.

No dia seguinte, sento-me diante de uma pequena escrivaninha comandada por um negro robusto de cavanhaque e boina pretos. Seus olhos cor de café se apertam por causa da luz intensa que atravessa a janela atrás de mim. Pilhas de papel – solicitações, escrituras e formulários – cobrem a mesa sem computador. Otto está de pé com a moto do lado de fora, próximo à janela. É um belo pedaço de engenharia alemã, eu digo ao homem. Talvez um pouco surrada, mas ideal para viagens longas com pneus apropriados para enfrentar a areia, continuo.

Havia flertado brevemente com a ideia de eu e Otto irmos de moto até a costa. Mas há um terreno muito grande para percorrer. Uma aventura de motocicleta exigiria planejamento, mapas, informações sobre passagens de rios, mais gasolina, uma bússola, roupas para chuva, talvez uma nova vela de ignição. Duas pessoas sobre uma única moto com duas mochilas não me parece uma boa ideia, especialmente porque estarei na garupa. E, o mais importante: preciso liquidar minhas dívidas o mais rápido possível.

Dudu, o pirata do outro lado da mesa, é um dos poucos moradores locais que ascendeu socialmente e virou dono de um negócio com a economia do turismo de Jeri. Tento explicar a ele que trabalho para um guia de viagem, mas ele não conhece nada sobre guias ou sobre a indústria turística que existe fora de Jericoacoara. Publicidade e marketing, coisas que provavelmente não trazem lucro a ele agora, mas que poderiam beneficiá-lo a longo prazo, são conceitos alienígenas. Ele sabe sobre o seu pequeno negócio e só – não haverá cortesias por aqui.

Quanto à moto, ele diz:

– É muito grande. Preciso de uma menor, mais leve – o tipo que é confortável para os turistas em viagens curtas no final da tarde.

– Confie em mim, este é o melhor negócio com uma BMW que você terá em toda a sua vida – argumento. – Se não quiser ficar com ela, poderá trocá-la com alguém por duas motos menores e montar sua frota. Que tal se você nos der uma viagem pela costa até as dunas do Parque Nacional dos Lençóis Maranhenses em seu Land Rover, parando de vez em quando pra que eu possa checar algumas coisas em umas cidades pelo caminho? Isso e mais mil dólares pela moto.

– Você está maluco. Isso aqui não é Beverly Hills, gringo. Não tenho mil dólares pra jogar assim.

– Certo, então o que é que você pode fazer por mim?

Na noite anterior à nossa saída de Jericoacoara, me confino em meu quarto e tento escrever. Esta noite não haverá distrações. Estou preparado com meus chinelos, um ventilador e a bandana apropriadamente amarrada na cabeça. Também não esqueci de substituir as latas de cerveja de costume por 1 litro de água gelada.

Otto bate à porta. Ele conheceu uma garota da cidade. Comprou algumas cervejas. Ela e sua amiga querem ir à praia conosco. As garotas estão esperando na estrada. Tudo o que falta é a minha presença.

Digo a ele que aprecio o convite, mas que tenho um negócio importante para resolver. Além disso, nem posso pensar em beber.

– Faça como quiser, bundão – ele diz, ajustando e apertando o rabo de cavalo. – Autor de *viagens de aventura*, não é? – fica emburrado e sai.

Meus dedos são estalados um a um, as notas são organizadas, as páginas, formatadas; finalmente estou pronto para escrever.

Alguém bate brutalmente à porta. Otto entra com a expressão de um mercenário insensível.

– Quer saber? Pensei sobre isso, e é tudo uma DROGA. Falei pra você que esta cidade já estava fechada pra mim; estou fazendo uma delicada manobra tática aqui. Você vem comigo, AGORA – ele abaixa o tom. – As garotas estão esperando pela gente e eu preciso da sua cobertura.

– *É que eu...*

– AGORA – seus punhos estão fechados.

– *Mas...*

– Eu ajudei VOCÊ antes. Agora é a SUA vez de ME ajudar. Você pode escrever outro dia.

Otto me puxa em direção à porta e me passa um pacote com seis latas de cerveja.

– Agradeço por ter me ajudado, mas você precisa entender que estou realmente tentando parar de beber e que o meu prazo está se aproximando, e eu finalmente tenho a chance de...

– Eu o ajudei a quebrar todos os tipos de leis e tudo que quero de você é que tome duas cervejas na praia, faça companhia a essa garota e talvez transe com ela, de modo que eu possa passar um tempo a sós com a amiga dela.

Ele está certo. Nunca poderia abandonar um amigo em necessidade. Sou esse tipo de cara. Além do mais, ele está me assustando. Quanto à bebida, posso parar outro dia e reservar uma cama em algum centro de reabilitação para quando eu voltar para casa. Será um desembarque suave, pelo menos.

Felizmente, consigo voltar ao meu quarto a tempo de fazer a mala e lavar a areia do saco, das costas e do cabelo antes de partir, assim que o sol nasce, no Land Rover do Dudu.

Dirigimos para o norte acompanhando a costa na mesma direção de Arturo e Micky. Em poucos minutos, nos encontramos em faixas desertas de praia, cercados pelo mar e por grandes dunas de areia. Arbustos, uma gigantesca tartaruga marinha morta e algumas cabeças de gado aleatórias são os nossos únicos obstáculos nesta paisagem. Dudu, com sua boina virada para trás, fuma cigarros sem filtro um atrás do outro, enquanto acelera sobre a faixa de areia compacta próxima ao mar.

Parte do combinado com Dudu era que teríamos de arranjar mais três outros passageiros antes de partir, portanto, precisávamos aguardar mais um dia em Jeri. Felizmente, o grupo se formou rapidamente e consistia em um casal inglês expatriado que morava no Rio e uma mulher brasileira que trabalhou em Jeri durante a última alta temporada e agora estava se mudando para o Norte a fim de fugir da invasão de turistas. Daniela, ou Dani, como ela é chamada, está à procura de um lugar mais calmo. Já trabalhou em um restaurante no sul, na cidade litorânea de Paraty, por vários anos, e mudou-se para Jeri em busca de um ritmo mais tranquilo. Ela queria algo mais simples e menos desenvolvido, mas descobriu que mesmo Jeri estava bem distante disso.

Metade dos 500 dólares que eu e Dudu acertamos está no meu bolso da frente, e a outra metade está escondida na minha mochila. Incluindo o valor da viagem até a costa, lucrei aproximadamente 600 dólares com o meu negócio *ecstasy*-por-motocicleta-por-transporte-e-dinheiro. Em um primeiro momento, Dudu me propôs apenas os 500 dólares, mas ele me procurou depois e ofereceu a viagem de Land Rover. Ele disse que o dono de uma agência de turismo em Jeri havia subsidiado parcialmente a viagem, já que eles queriam que eu tivesse a oportunidade de "conhecer e escrever sobre" a cidade de Atins no parque nacional. Devo 600 dólares a Bobby pelo que ele me adiantou. Pagarei metade a ele, 300 dólares, assim que chegar à cidade grande mais próxima, e depois pago a outra metade dos Estados Unidos, se algum dia conseguir chegar lá. Isso me deixa com cerca de 200 dólares no bolso. Não é um lucro muito grande (quase nada, na verdade, já que ainda devo a outra metade a Bobby), mas dobrei temporariamente meu patrimônio líquido e fiz algum progresso ao viajar para a costa.

Fazemos paradas em Tatajuba, Camocim e Parnaíba, de modo que consigo sair do carro e rapidamente ver um hotel e pegar cardápios de um ou dois restaurantes. Menciono aos outros passageiros que estou fazendo uma pesquisa, mas deixo o assunto vago, sem querer revelar o meu exato trabalho. Os ingleses leem em voz alta o guia antigo da Lonely Planet – a "Bíblia", como eles chamam – e não param de citar o sempre confiável autor da última edição. Mordo a língua para não ser massacrado por uma sessão de perguntas e respostas.

Faço apenas rápidas pesquisas na maioria das paradas, mas mesmo assim consigo ganhar uma torta de siri grátis em um restaurante, uma ou duas cervejas em outro e alguns litros de água e refrigerantes para dividir com os outros passageiros.

As cidades terminam e as dunas reaparecem. Atravessamos córregos rasos com o Land Rover, mas precisamos subir em balsas para cruzar os rios maiores que cruzam a praia. Essas simples barcaças de madeira, equipadas com um ou dois motores portáteis e guiadas por velhos balseiros, não parecem ser capazes de suportar o peso de grandes carros 4 × 4, mas elas cruzam sem nenhum problema. Passamos por igrejas e vilas antigas que foram cobertas pelas dunas e deixaram apenas a ponta de alguma torre ou o teto de uma construção se projetando para fora do monte de areia. Passamos algumas horas no mercado frenético da cidade de Tutoia e ajudamos compradores idosos a colocar sacolas de arroz e outros grãos em caminhões durante o longo e lento caminho de volta às vilas mais remotas.

Dani enrola e fuma um cigarro de maconha toda vez que fazemos uma parada. Sua risada é contagiante. Ela quer apenas um emprego tranquilo em uma cidade calma. Objetivos de vida claros e legítimos. Algo que eu respeito. Devo estar me apaixonando de novo.

As dunas aumentam gradualmente de tamanho até ficar parecidas com uma cadeia de montanhas brilhantes no horizonte. Devemos estar nos aproximando da cidade de Atins e do Parque Nacional dos Lençóis Maranhenses. Maranhenses é meramente uma referência à localização do parque, no estado do Maranhão, mas *Lençóis* é uma metáfora para os aproximados 960 mil quilômetros quadrados de dunas enrugadas que se erguem e se abaixam ao longo da paisagem litorânea. Estou sentado ao lado de Dani e fico feliz quando ela adormece com a cabeça sobre o meu ombro. Os ingleses, ainda lendo o guia de viagem, contam que, depois de uma chuva, a água é filtrada através da areia das dunas, criando pequenas piscinas cristalinas nos espaços entre elas. São perfeitas para nadar. O acesso ao parque é obstruído por rios e pântanos que cortam a maior parte do terreno, e toda a margem norte dá para o oceano Atlântico. É uma paisagem lunar feita de areia, um pequeno Saara carregado pelos ventos e depositado aqui neste canto perdido da América do Sul.

Estamos nos aproximando do parque pelo leste e planejamos ficar na pequena cidade vizinha de Atins, de onde é possível acessar o parque a pé. O lado leste do parque é praticamente não desenvolvido. A maioria dos visitantes entra nos Lençóis Maranhenses pela outra extremidade, através da cidade maior de Barreirinhas, que é ligada por uma rodovia à capital estadual de São Luís. Ouvi dizer que Barreirinhas possui uma infraestrutura turística decente, mas é de fato mais distante das dunas e exige um passeio de barco para se chegar aos Lençóis Maranhenses.

– Será que encontraremos um local pra ficar lá? – o homem pergunta à esposa.

– Pergunte ao Thomas. Ele é um *expert* na região, mundialmente conhecido – Otto sugere. Eu me afundo no assento e finjo estar dormindo também.

– O que quer dizer? – o homem pergunta olhando em minha direção.

Eu resmungo:

– Nada. Eu... eu tenho certeza de que haverá lugares em Atins.

– Bem, sei que o Land Rover só consegue nos levar até Caburé. De lá precisaremos pegar um barco pra Mandacaru e então pra Atins. Não tenho certeza. O guia LP só traz uma frase sobre Atins.

– Certo, é claro – digo. Na verdade, eu só ouvi falar de Atins, e não reconheço os outros locais que ele menciona.

– É, não sei, meu caro. E se não houver nenhum lugar pra gente ficar em Atins? A *Bíblia* aqui menciona um local, Filhos do Vento. Acho que poderíamos tentar ligar, mas não espero encontrar um telefone lá fora.

– Parece que você é que deveria escrever o novo guia da Lonely Planet, e não o Thomas – Otto solta uma risada.

– Lonely Planet? Tá bom... – ele também ri. – Você está tirando uma, certo?

Lanço meu melhor olhar cala-essa-boca-de-merda para Otto, o que inclui arquear as duas sobrancelhas e trincar os dentes.

– Tirando uma? Não entendi – Otto continua.

– Você sabe... Me sacaneando.

– Ah, sim. Nunca entendo vocês, ingleses. Deveriam falar inglês melhor... como os norte-americanos.

– Agora estou entendendo você, cara – ele ri e se vira para mim. – Mas fala a verdade, você trabalha pra LP? É por isso que visitou aqueles hotéis lá atrás?

Otto interrompe:

– Olhe pra ele, acha mesmo que esse cara estaria escrevendo *a Bíblia*?

– Tá certo. Engraçado, sempre achei que vocês israelenses eram caras indiferentes a tudo – o inglês comenta, e volta a ler o guia.

Chegamos a Caburé, que consiste em um pequeno grupo de cabanas de palha, uns dois galpões e um pequeno hotel desocupado na margem de areia do rio. É o fim da linha para Dudu e seu Land Rover. Passamos a noite no hotel e somos os únicos hóspedes. Existem poucas opções no cardápio, então pedimos o jantar e passamos a noite conversando na varanda, bebendo cerveja e fumando a maconha da Dani sob as estrelas. Nossas vozes são os únicos sons em toda a cidade. Quando as nuvens surgem e escurecem o céu noturno, os outros vão para a cama. A privação de sentidos trazida pela completa escuridão e ausência de barulho me provoca uma leve vertigem, enquanto cambaleio para chegar ao quarto.

Na manhã seguinte, Dudu retorna para Jeri. Os outros sobem em uma jangada e seguem para Atins. Não é possível levar todos nós na embarcação, então, me ofereço para pegar uma jangada menor, pilotada por uma criança local. A vela da jangada é feita de sacos pretos de lixo amarrados com barbante. Embrulho minha mochila dentro de outro saco de lixo, já que o vento faz a água entrar pelas bordas mais baixas do barco e encharcar seu interior. Durante a maior parte do passeio, retiro a água de dentro do barco com uma garrafa velha de água sanitária.

Fazemos uma parada em Mandacaru e colhemos duas caixas de suprimentos no píer que deixam o barco ainda mais pesado, mas nos arrastamos pelo rio e terminamos por chegar às margens do que me dizem ser Atins. Não há nada para ver além de um porto meio destruído e um pântano encharcado. Um homem vem até mim enquanto tento caminhar com água pelos joelhos em direção à terra firme e me guia até uma estrada empoeirada. Aqui, os limites da cidade já começam a mostrar novas construções. Existem três hotéis, de acordo com o meu colega de caminhada, e ele também me conta já ter sido avisado de que um escritor estaria chegando. O centro da cidade parece ter permanecido intocado pelo turismo, mas há placas de TERRENOS À VENDA em todos os lugares, com pequenas cercas pontudas dividindo as propriedades. Fico sabendo que todos os terrenos dentro e ao redor de Atins estão sendo comprados, especialmente por empresários bem-sucedidos em Jericoacoara.

– Aquele ali pertence àquela senhora que é dona de uma loja de chocolates em Jeri – ele aponta. Pergunto se alguma vez ele esteve na loja, esperançoso de conseguir a opinião de um morador local para o meu guia. Nunca, ele me conta. Ele nunca foi a Tutoia, muito menos a Jericoacoara.

Decido ficar sozinho no hotel mais próximo da cidade. Dani está lá conversando com o proprietário sobre algum emprego de meio período. Parece que na última hora ela já arranjou um trabalho no lado mais distante da cidade, no hotel onde as outras pessoas do Land Rover se hospedaram. Ela espera conseguir algumas horas extras aqui também. Ela fala um pouco de inglês, espanhol e italiano graças à sua estadia em Paraty e Jeri. Seria bem conveniente para o local, uma vez que é apenas questão de tempo até Jericoacoara se tornar uma estância repleta de turistas em excursão e Atins virar o novo destino dos mochileiros antes de se transformar, ela própria, no mais novo *resort* da região.

Depois de passar os dois últimos dias trancado no Land Rover, sinto a necessidade de ter um tempo sozinho. Peço a Dani para dizer a Otto que o encontrarei em um ou dois dias. Ele entenderá, tenho certeza. Passo o primeiro fim de tarde caminhando sozinho pelas praias nos arredores da cidade, sentindo-me agradavelmente solitário, mas notavelmente íntimo das estrelas e das galáxias distantes – com a sensação de entender a interconexão dos milhões de grãos de areia sob os meus pés e a vastidão da Via Láctea acima. Respiro o perfume da maresia, do pântano e da areia. Sinto a calma voltar ao meu corpo.

No dia seguinte, combino com um guia e, juntos, entramos a pé no parque. Caminhamos por trilhas através de densas florestas e ao redor de lagos até o terreno se abrir em um deserto ondulado, pontuado apenas por piscinas claras de água da chuva. Paramos na casa em que o guia foi criado para beber água de coco. Sua microscópica vila, enfiada em um vale dentro do parque, consiste de apenas algumas casas de um quarto, uma fileira de palmeiras, meia dúzia de cabras, um pouco de areia e uma mesa de bilhar. A cidade tem autorização de estar ali, dentro dos limites do parque, apenas porque ela já existia antes de o parque ser instituído, mas mesmo assim não é permitido que novos moradores se mudem para lá. Continuamos a avançar e a paisagem se abre mais uma vez. Parece que estamos em alto-mar, a areia ondulando até o horizonte em todas as direções. Assim que chegamos a uma faixa de dunas altas, o oceano reaparece ao longe: azul-marinho, quase preto ao contrastar com a areia pálida.

Caminhamos em velocidade constante e no final da tarde o guia me deixa em um pequeno restaurante de três paredes na extremidade do parque. Ele me diz que é um retorno fácil até Atins. Os proprietários daqui passam o tempo descansando em redes e mandam buscar provisões apenas quando algum cliente chega. Peço um peixe frito com arroz e passo a bebericar uma água de coco enquanto aguardo a comida ser comprada e entregue, a cozinha ser ativada e o prato, finalmente preparado.

Aproveito o tempo para pensar, para clarear minha mente repleta de hotéis, bares e mochileiros. Aprecio a oportunidade de não precisar falar uma só palavra por horas. Quando estou terminando a refeição, os ingleses aparecem com um guia e me cumprimentam com alegria.

– Thomas, sei quem você é.

– O que quer dizer?

– O dono do hotel em que estamos nos contou que um escritor da Lonely Planet está aqui em Atins. É verdade? É você?

– O quê?

– Alguém de Jeri contou a ele que o escritor estaria vindo. Pensei que o israelense estava brincando. Você realmente escreve pra Lonely Planet?

– Bem... sim, mas, você sabe, esta é a minha primeira vez nesta região...

– Meu Deus, é você mesmo. Este é o meu EMPREGO DOS SONHOS, cara.

– Não é tudo isso que você imagina.

– Ah, cara, gostaria de saber. Ei, escute, tenho algumas perguntas pra você. Perguntas sobre logística. Você sabe quanto tempo leva pra pegar um ônibus pra São Luís, do outro lado do parque? Três horas ou quatro? Nós o pegaremos daqui a dois dias.

– Ahn... três horas e meia?

– Você está me perguntando?

– Não, estou afirmando. Três horas e meia – falo, chegando a uma média entre as duas possibilidades.

– E quanto custa o voo de São Luís pra Fortaleza, ou de volta pro Rio?

– Ah, aí depende, realmente. Você sabe, depende dos horários e da temporada, e tal. Farei uma pesquisa mais precisa sobre isso logo.

Ari Fleischer ficaria orgulhoso das minhas táticas.

– Ei, você sabe como posso me tornar um escritor de guias de viagem?

– Não faço ideia, cara.

– Escute, temos um plano pra esta tarde e você deveria vir com a gente.

– O que é?

– Gosta de festas?

Talvez ele queira que eu transe com sua esposa nas dunas enquanto ele assiste. Nunca tenho muita certeza sobre os ingleses: corretos na superfície e selvagens depois de um ou dois copos de bebida. Acabo concordando com certa hesitação.

– O que você tem em mente?

– Na verdade, compramos umas pílulas em Morro de São Paulo. Pretendíamos tomá-las em alguma danceteria de lá, mas a música era uma porcaria em todos os lugares, então, as guardamos pras dunas.

– É?

– *Yeah* – ele diz, e mostra a palma da mão com quatro pequenas pílulas, cada uma com a estampa de um naipe de espadas.

– Onde você disse que conseguiu isso?

– Morro de São Paulo, com um maluco norueguês. Nós o conhecemos com a namorada israelense em uma aula de ioga.

No início vem devagar: uma necessidade de fechar as mãos, um tremor quente na mandíbula inferior, uma moleza nas coxas e nos joelhos. Corremos para cima e para baixo das dunas, escorregamos, pulamos dentro das piscinas lá embaixo assim que a coisa bate.

E, quando bate, bate forte. Este não é o tipo de *ecstasy* com o qual você fica papeando e se sacudindo com a música, mas o *ecstasy* em que o seu estômago estremece e ondas de prazer orgásmico sobem do seu abdome inferior, fazendo com que você agite os ombros para a frente, aperte o esfíncter e feche os olhos. O suor escorre pelas minhas têmporas. Posso ouvir, provar e sentir o pôr do sol. Percebo o meu contentamento. Não são M&M.

Flutuo de barriga para cima na piscina entre as dunas, fitando o céu. Atins é um paraíso. É o local tranquilo, perfeito. Posso entender por que a Dani quer se mudar para cá. Não quero incluir Atins no guia. Isso só provocará a vinda de mais e mais turistas, e 90% dos lucros irá para investidores estrangeiros. Além disso, surgirá mais uma série de problemas. O mundo é bom em seu estado intocado e natural, das areias até as estrelas. Só preciso encontrar um equilíbrio entre mim e a natureza a fim de descobrir a verdadeira harmonia, a forma perfeita de ser. Apenas tenho de mudar minha compreensão sobre o universo. Preciso me recordar disso.

Os ingleses se contorcem em um nó de abraços e beijos desesperados, deitados na areia. Uma demonstração pública de afeto muito imprópria para os padrões ingleses, eu acho. Ainda que eu não possa dizer que me incomodaria em estar no lugar deles.

Agradeço ao casal pela generosidade da festa e tomo o meu caminho de volta para a cidade.

Paro a fim de me acalmar, e a minha visão clareia, ainda que as pupilas estejam extremamente dilatadas. Diante de vários outros pensamentos, passa pela minha mente que o *ecstasy*, aliado ao calor tropical, formam uma receita perfeita para a desidratação. Preciso beber água, urgentemente. Em meu caminho de volta ao centro da cidade, entro no único bar ao ar livre. Peço uma garrafa de água e eles me dizem que só servem cachaça e cerveja. A cerveja deve servir. A cerveja daqui é praticamente só água mesmo.

Homens estão vadiando pela periferia, bebendo no gargalo de garrafas grandes. Começo a conversar com alguns moradores locais: trabalhadores e autênticos filhos da terra. Quero falar com todo mundo, saber suas histórias, seus desejos, suas ambições, seu entendimento sobre o universo. Saber como é viver neste oásis paradisíaco. São todos pescadores, com mãos grandes e musculosas. Alguns são vagamente amigáveis, outros são claramente indiferentes, mas mesmo os simpáticos são taciturnos. O maior do grupo, Bonitão, tem a aparência de um jovem Cassius Clay. Obviamente é o "homem alfa", e age como o embaixador cultural da região.

– Você é de São Paulo? – ele me pergunta.

– Não, sou estrangeiro. Não percebe meu sotaque?

– Sim, mas as pessoas de São Paulo são brancas e têm sotaque também.

– Sou dos Estados Unidos – digo, e instintivamente seguro minha respiração, já que nunca sabemos que tipo de reação isso provocará atualmente.

– Hum, sim, eu sei. Não é tão longe assim de São Paulo, não é?

Há apenas uma mulher adulta no bar. Ela está visivelmente bêbada e dança com o que parece ser a sua filha adolescente – não deixo mais que essas coisinhas cheguem perto de mim.

Bonitão divide uma cerveja comigo. Ele fala sobre peixes. Pergunta quantos filhos tenho. Ele quer saber se é verdade que existe um novo gravador que toca cem músicas. Tento descrever um iPod, mas desisto assim que ele me pergunta como é que funciona. Depois de mais uma bebida, ele se afasta e começa a dançar com a mulher. A filha, que não tem mais que 14 anos, passa a vagar pela rua em frente.

De repente, um homem de vinte e poucos anos, mais baixo, sem camisa e com um aspecto de índio, entra cambaleando no bar e esboça uma reação ao avistar a mulher – sua mulher – dançando com o enorme pescador. Ele berra com voz de bêbado:

– POR QUE VOCÊ ESTÁ DANÇANDO COM O MEU PRIMO, SUA VADIA?

Ainda que somente poucas pessoas estivessem conversando antes, o bar agora fica silencioso como um túmulo. O homem ao meu lado sussurra:

– Marido dela... muito bêbado.

Bonitão, que tem o dobro do tamanho do primo, afasta-se da mulher como se não tivesse nada com a situação e caminha até o bar.

Conforme a mulher vira o rosto para o marido, ele dá um passo para a frente e enfia um soco na boca dela. A cabeça da mulher bambeia para trás. Um fio de sangue – quase preto sob as lâmpadas descobertas – escorre pelo seu rosto e se espalha ao bater no chão cheio de areia. Ele avança mais uma vez, suportando os arranhões que ela lhe faz no rosto e no pescoço, e passa a socar a esposa, agarrando a cabeça dela com um dos braços.

Dou uma olhada em volta; alguns homens estão assistindo, outros não. Ninguém está fazendo nada, nem olhando como se fosse fazer alguma coisa; mesmo o Bonitão, que está de costas para a briga. O homem continua a urrar e a sufocar a esposa. Ela, é claro, continua a berrar.

Conversas baixas recomeçam pelo bar. Escuto a bola branca ricochetear na mesa de bilhar. Questões pessoais, eu acho. Mas eu não deveria fazer algo? Certamente sou maior que o agressor. Ele tem quase a minha idade, talvez seja mais novo. Isso poderia terminar com todos do bar me atacando. Provavelmente essas pessoas são quase todas parentes e ficariam do lado do cara, não importa em que situação. Aprendi essa lição do modo mais duro quando era adolescente, em uma cidade praiana em Montenegro, onde, diante da minha mãe, levei um chute na bunda de um homem que provavelmente trabalhara em algum campo de extermínio étnico na Bósnia. Talvez essa droga de violência conjugal aconteça todas as noites em Atins. Entretanto, não importa quanto eu tenha aprendido sobre relativismo cultural, isso está errado.

Então a filha invade o bar pela porta principal. Com as duas mãos e toda a força que pode reunir em seu pequeno corpo, ela enfia uma garrafa na cabeça do homem – seu pai? Seu padrasto? Ele cai de joelhos e solta a mulher; sangue e espuma escorrem de seu couro cabeludo até as costas nuas. Um corte profundo se abriu sobre a orelha do homem, cobrindo o cabelo com um sangue espesso e brilhante. A garota chora histericamente e sai correndo do bar.

– Deixe-a ir – alguém fala do fundo da multidão, ainda que ninguém tivesse tentado impedi-la.

O homem ensanguentado berra "Nunca mexa comigo" várias e várias vezes na cara da esposa. Com a boca cheia de dentes vermelhos, ela suplica a qualquer homem que possa ouvi-la:

– O que fiz para merecer isto? Eu mereço isto?

Um a um, cada homem se afasta. É problema dela. Ela não possui plateia aqui, exceto talvez pelo gringo medíocre no canto que deve ter pensado em fazer algo, mas não fez. Ninguém quer se envolver.

Ela cambaleia para fora do bar e para dentro da noite, com as mãos cobrindo o rosto espancado. O marido vai para o bar e pede uma cerveja. O homem ao meu lado se curva em minha direção de novo:

– Mulheres não devem sair à noite – ele diz. – Ela *sabe* como ele é quando bebe.

Talvez Atins *possa* se beneficiar com um pouco de desenvolvimento. Devo ter caído na velha falácia do bom selvagem, imaginando que existia algo de excepcional nesse estilo de vida tradicional. O que acabou de acontecer parecia bem mais selvagem que bom. Quem sou eu para decidir se devemos ou não colocar esta cidade no mapa? Ainda que eu odeie ter de retornar daqui a cinco anos e encontrar uma casa noturna cheia de prostitutas, hotéis no lugar das casas e os habitantes locais morando nos subúrbios da cidade, Deus sabe que isso deve acontecer com ou sem a divulgação do guia – certamente minha contribuição apenas contribuiria com o inevitável.

Além do mais, quem sou eu para dizer que este lugar deve continuar do mesmo jeito, como uma espécie de atração de zoológico? Tenho certeza de que algumas pessoas daqui gostariam de ver a chegada do desenvolvimento, particularmente sob a forma relativamente agradável do turismo, ao contrário de outras maneiras mais comuns: como as chaminés de fumaça, plantações de soja, ranchos de gado ou minerações de ferro.

O mundo não permanece em equilíbrio por muito tempo.

Naquela noite, permaneço acordado na cama refletindo sobre o meu trabalho. Decido tomar o caminho do meio – darei a Atins o seu pequeno título próprio no guia, mas não a exaltarei muito. Mencionarei que é o único local em que você pode passar a noite e entrar no parque a pé. Evitarei o "colorido e a originalidade" com que se espera que eu escreva sobre um destino. Talvez desse modo ela atraia mais viajantes corajosos.

Se eu evitar a hipérbole de que ela "é considerada a nova Jericoacoara", quem sabe contribua apenas com um pouco de desenvolvimento, sem exagerá-lo.

No dia seguinte, Otto e eu nos encontramos e tomamos um barco a motor em Atins e subimos o rio para longe do parque, até a cidade maior de Barreirinhas. Bonitão dirige o barco e nenhuma menção é feita ao incidente respingado de sangue da noite passada.

Barreirinhas não é tão próximo ao parque como Atins e carece muito de seu charme de lugar isolado, particularmente as praias desertas, que parecem ilhas perdidas sob o céu noturno, mas possui uma rede decente de hotéis e restaurantes, com uma espécie de calçadão às margens de um rio, ruas agitadas, bancos com longas filas de espera para utilizar caixas eletrônicos, quiosques vendendo passeios ao parque e, o mais importante para nós, um ônibus direto para a capital do estado do Maranhão, São Luís.

Em um restaurante às margens do rio, Otto e eu nos deliciamos com um longo e bem-vindo almoço feito de filé de robalo grelhado sobre molho cremoso de maracujá acompanhado de suco de caju fresco com gelo. Como a fruta é altamente perecível, é raro encontrá-la em regiões onde o caju não é cultivado. O que é uma pena, já que ela combina particularmente bem com uma dose de cachaça.

O restaurante foi recomendado pela proprietária do Atins Hotel, que, por acaso, é parente do dono do hotel em Jeri, que conhece o dono do hotel de Canoa Quebrada, e assim por diante. Na hora de entregar a conta, o restaurante também é solidário à minha causa.

Não possuo nenhum contato de lugar para me hospedar em São Luís, então, compro um cartão telefônico e ligo para um hotel que encontrei no guia da LP, a fim de confirmar um quarto com desconto para a noite seguinte. Antes do telefonema, eu já havia enviado um e-mail de Jericoacoara. Começar a negociação com um e-mail cria um tempo para que a informação possa chegar ao gerente. Agora sei que se eu apareço na recepção e surpreendo o atendente com um pedido de desconto, eles provavelmente não o oferecerão, ou talvez nem saibam sobre o que você está falando. Um telefonema após o e-mail, em geral, dá resultados.

Assim que estiver plenamente instalado no quarto, entrarei em contato com o gerente e pedirei sugestões de restaurantes e outros hotéis que possam ser úteis para mim. Delegarei a partir de lá, encontrarei pessoas que já estiveram nesses lugares e abrirei o cérebro delas para colher informações. Os dias em que me forcei a tentar conhecer todos os locais pessoalmente, a vê-los com meus próprios olhos, estão distantes. Agora a parte mais importante do trabalho é determinar quem sabe e quem não sabe sobre o que está falando e descobrir qual o melhor modo de fazer o meu dinheiro durar até o fim da viagem. O jogo está sendo jogado, e talvez esteja até sendo vencido.

Repasso a Nota do editor, a doutrina sagrada sobre a redação dos guias de viagem, presente na primeira página de cada livro, que alega que os autores não recebem cortesias em troca de resenhas positivas. Sob uma inspeção mais atenta, ela traz uma brecha cuidadosamente redigida, já que permite a aceitação de cortesias, desde que não sejam em troca de resenhas positivas, como em "Se você me hospedar aqui de graça, escreverei bem sobre o hotel". Qualquer dono de hotel com o mínimo de experiência nos negócios prefere que o escritor se hospede, coma e beba em seu estabelecimento em vez de nem aparecer para conhecê-lo. Ao se hospedar por uma noite ou ao ter uma refeição gratuita, o escritor pode conhecer melhor o lugar e escrever com um maior grau de detalhamento.

Portanto, as cortesias são legítimas, no sentido de que "Se você me hospedar aqui de graça, eu conhecerei melhor o seu estabelecimento". Os fins são os mesmos, ainda que os meios sejam ligeiramente diferentes.

Há uma grande lacuna entre o que é exigido do autor e o que o autor pode realmente executar com o tempo e o orçamento a ele atribuídos. Isso se deve a um fraco direcionamento editorial ou a uma ignorância intencional dos editores de guias de viagem, que preferem desconsiderar como os autores são mal pagos e quanto é exigido deles a fim de manter os custos baixos? Não sei dizer. Um pouco de ambos, imagino. Um escritor bem-sucedido de guias de viagem deve manter as aparências e fazer o jogo corretamente pelos bastidores. Não há tempo nem dinheiro suficientes para agir de outro modo. Devemos finalizar o livro sem expor nenhuma das pessoas do escritório aos detalhes sujos. É a clássica política do "não pergunte, não fale".

A triste verdade é que os autores de guias de viagem são descartáveis e podem ser facilmente substituídos por novos autores caso não aprendam a fazer o jogo, ou peçam dinheiro demais. Afinal de contas, é um "emprego dos sonhos" e sempre há alguém na fila.

A longo prazo, entretanto, forçar os autores a uma situação que os torna dependentes da infraestrutura turística existente apenas contribui para o subsequente estabelecimento de uma estreita Trilha da Lonely Planet. Essa trilha não apenas engana os leitores e compromete a qualidade do produto, mas fundamentalmente altera e, não raro, corrompe as pequenas cidades pouco desenvolvidas que caem em seu caminho, sem mencionar as pessoas que lá vivem.

11
FÉRIAS PAGAS

15 DIAS PARA O PRAZO FINAL

São Luís marca o início do fim de minha viagem solitária como autor de guias de viagem. Otto e eu chegamos de Barreirinhas no arejado terminal rodoviário fora da cidade de São Luís. Levamos três horas e meia, exatamente como havíamos previsto – minha falsa autoridade para adivinhar coisas está cada vez melhor. Pegamos um táxi até o limite do centro histórico, de onde então seguiremos a pé.

Originalmente fundado pelos franceses, o centro antigo da cidade exala um esplendor colonial em ruínas. A cidade está agora no processo de se reestruturar sob a forma de um gueto turístico; parte da arquitetura colonial foi convertida em hotéis com restaurantes ao ar livre, enquanto prédios vizinhos sucumbiram a trepadeiras e galhos de árvores que atravessam as janelas em busca da luz do sol. A batida inconfundível do *reggae* vem de dentro das mercearias, bares, restaurantes turísticos, lojas e casas coloniais abandonadas que foram ocupadas por moradores. O som grave soa de todas as direções, sacudindo os paralelepípedos e afrouxando os azulejos.

A cidade antiga é para onde os viajantes vêm quando visitam São Luís. A outra São Luís, a cidade viva com prédio do HSBC e projetos habitacionais, condomínios recém-construídos, favelas e revendedoras de carro, encontra-se logo depois da ponte. Faço o *check-in* de meu quarto duplo e negocio um desconto considerável para Otto. Em seguida, envio um e-mail para Bobby e pego o endereço da caixa postal chilena. Coloco metade do dinheiro que devo a ele entre páginas de jornal e cartolina dentro de um envelope do correio e envio. Asseguro a Bobby que conseguirei a diferença e a entregarei a ele em breve. Sua resposta para o meu e-mail pergunta onde e quando eu gostaria de receber a minha próxima leva de fotografias. Agradeço a oportunidade, mas, de coração, sou um autor, não um homem de negócios. Desejo a ele o melhor em seu empreendimento e prometo que manterei contato.

Começo a pesquisar São Luís e a cidade vizinha de Alcântara, que é muito visitada por barco. São Luís não é tão grande quanto Fortaleza ou Recife, mas ainda é uma cidade importante e merece mais de um dia de trabalho. Sigo uma dica de visita após outra, buscando hotéis e restaurantes que possam funcionar para mim.

Por fim, consigo realizar o suficiente e posso apreciar a viagem sem o temor da prisão de um devedor. Vou a festas de rua, aproveito refeições de cortesia em restaurantes e me divirto em um show de *reggae* no Bar do Porto. Acordo com pilhas de convites de festas, cartões pessoais, anotações em guardanapos e outros pedaços de papel enchendo os meus bolsos. Começo a atingir um equilíbrio e encontro tempo para prospectar novos hotéis, restaurantes e outros estabelecimentos para acrescentar ao texto. Estou descobrindo aquele esquivo e útil caminho do meio bem perto do fim da viagem.

Começo a noite como todas as outras, ao lado de alguns amigos do albergue em um bar no Beco Catarina Mina. Entretanto, não é uma noite como as outras. Esta será a minha última noite em São Luís, uma das minhas últimas noites da viagem. Meu prazo final está se aproximando e preciso me retirar para um refúgio seguro onde possa finalizar o texto. O voo ainda não foi reservado, mas guardei dinheiro suficiente para retornar ao Rio e, de lá, já tenho uma passagem de volta para casa.

Beco Catarina Mina é uma vila colonial que consiste em uma escadaria de longos degraus baixos, cada um grande o suficiente para acomodar várias cadeiras e mesas. A passagem é ladeada por alguns bares e restaurantes com trepadeiras enrolando-se para cima e sobre a alvenaria deteriorada. Tomo nota dos nomes dos bares, pego o cartão de um deles e escrevo o preço das bebidas no verso.

A multidão aumenta, músicos de rua chegam, e as pessoas começam a dançar entre mesas e cadeiras. Absorvo a vibração de liberdade do local; estou realmente me divertindo sozinho. Otto e eu nos enfiamos em um carro com quatro brasileiros do bar e partimos. Atravessamos a ponte e cruzamos a maior parte da cidade até as praias de São Luís. Chegamos ao Bar do Nelson, uma pequena, porém popular, casa noturna de *reggae* ao ar livre de frente para a praia.

Ainda é cedo e a pista de dança está vazia. Os músicos estão montando os equipamentos, conectando-os a amplificadores e afinando guitarras enquanto um DJ toca *reggae* de raiz ao fundo. Otto e eu pegamos uma bebida e começamos a conversar com alguns viajantes argentinos que, por sua vez, nos convidam para andar pela praia e fumar um baseado. Havia acontecido algum tipo de protesto lá mais cedo durante o dia, e avistamos um número considerável de policiais durante nossa vinda da cidade antiga. Eles estavam parando carros e incomodando as pessoas, fazendo tudo que a polícia nesses locais faz. Seja lá o que for, tenho certeza de que não estão interessados em nós, por isso, concordamos em fumar. Você simplesmente não pode ir a um bar de *reggae* em um local remoto da América do Sul e não fumar maconha – é tudo parte da experiência do viajante.

Cruzamos a rua e vagamos pela areia, próximos a um restaurante fechado na orla marítima. Um dos argentinos saca um baseado de tamanho considerável e um isqueiro. Ele passa tudo para mim e me pede para que faça as honras.

Começo o negócio, dou um pega profundo e ofereço para outro argentino ao meu lado.

– Há algo de errado com isso? – ele pergunta, visivelmente preocupado.

– Não. Não mesmo. Por quê? – menciono em meio à tosse.

– Por que você só fumou uma vez?

– Cortesia, eu acho.

Minha visão se altera, imperceptivelmente primeiro, depois começa a se normalizar. Estamos todos de pé, bem perto um do outro em uma semiescuridão. O ar é espesso e salgado, mas quente o suficiente para me fazer suar desconfortavelmente.

– Na Argentina, fumamos quanto queremos. Fume mais. Você deve apreciar este *porro* que estamos dividindo com você.

Tento imaginar como eu poderia explicar – em espanhol –, sem parecer grosseiro, que não fumo muito. Levei cerca de dez anos para finalmente entender que o uso pesado de *marijuana* e a interação social não são boas misturas para mim, especialmente quando preciso me comunicar em uma língua estrangeira. Um pouco de álcool me ajuda a falar outros idiomas, pois diminui minhas inibições, mas mesmo um pouquinho de maconha me deixa constrangido e me atrapalha com a conjugação verbal e a sintaxe estrangeira. Além disso, meu espanhol e meu português pareciam ser mutuamente excludentes e, depois de tantas semanas no Brasil, meu cérebro estava tendendo para o português. Conforme tento reunir as palavras, minha embaraçosa queda no abismo sem língua entre o espanhol e o português é interrompida pela chegada de um pequeno camburão que estaciona ao lado do poste na estrada diante da praia.

– Ei, olha lá – eu digo, metade em inglês, metade em algo próximo ao português.

– É uma *blitz* – um dos argentinos grita. Antes que eu possa perguntar o que é uma blitz, eles já sumiram e estão correndo em direção à escuridão da praia. Eu, é claro, sou abandonado com o baseado na mão, queimando entre os dedos.

– Droga, cara, estamos encurralados – Otto me diz. – Minha sugestão profissional é que você corra o mais rápido possível.

Policiais militares de uniforme azul começam a descer do camburão como palhaços saindo de um carro de circo. Eles surgem com armas e cassetetes já em punho.

– Calma, cara – eu digo. – Estou jogando o baseado fora. Eles não viram nada.

– Aqui isso não funciona assim. SEM CHANCE, não vou deixar que esses fascistas de merda coloquem as mãos em mim. VAMOS EMBORA.

– Espere. Eles estão armados. Não seja estúpido; eles vão atrás de você.

Os argentinos já haviam desaparecido na escuridão próxima ao mar. Olho para trás a tempo de avistar os policiais abordarem dois jovens brasileiros na orla marítima, batendo na canela deles com os cassetetes.

– Faça como quiser – Otto murmura sobre o ombro, já em disparada em direção ao restaurante.

Em uma questão de segundos, eles chegam aonde estou. Não tenho sequer tempo de mover os pés, embora consiga cobrir o baseado com a areia. Não há nenhuma preocupação com causas prováveis, direitos pessoais ou procedimentos corretos de prisão. Eles imediatamente agarram os meus braços e enfiam um 38 na minha boca.

A arma tem sabor de óleo, aço e suor. Volto à minha infância: ao gosto de fumaça amarga depois de soltarmos fogos de artifício no dia 4 de julho; ao cheiro metálico em minhas mãos depois de brincar com as ferramentas do meu pai.

– Está chapado, seu maluco? – um policial adolescente berra, esticando todo o braço que segura a arma. Seus olhos são pretos e aquosos, e os pelos esparsos ao redor da boca ficariam cômicos se não fosse pelo uniforme azul e o revólver na minha boca. Se ele fosse norte-americano, não se sentiria deslocado no meio de uma torcida de luta livre.

Uma gota de suor escorre de seu boné e para na ponta do nariz esculpido a socos. O suor encharca a minha camisa e escorre pelas costas. Continua descendo por dentro das minhas calças, pelo meio das pernas, e forma poças nos sapatos. Meus dedos dos pés estão molhados.

– Está chapado, seu gringo filho da mãe? – ele grita de novo, as palavras enroladas em um sotaque tão forte que me pergunto se ele sabe ler e escrever. Enquanto isso, alguém atrás de mim começa a me fazer uma daquelas revistas antes da prisão, busca a minha próstata com as mãos através do jeans, esvazia meus bolsos e retira todo o dinheiro. Estremeço e fico na ponta dos pés. O policial com a arma ergue a pistola a fim de manter o cano firmemente grudado em meu palato.

Isso dificilmente poderia ser chamado de uma batida organizada da polícia. É mais uma oportunidade para que uma gangue de adolescentes armados faça o que quiser. O homem que me faz a suspeitosa revista percebe algo na areia e descobre o baseado quase apagado. Chega perto do meu rosto. Este é ligeiramente mais velho, o rosto marcado de varíola e com um bigode preto aparado. Parece o tipo de cara que cresceu admirando Franco, Pinochet e Norris.

Os outros policiais se espalharam pela praia. Estou completamente sozinho com os meus dois novos amigos. Otto evaporou dentro da noite. Os policiais o perseguiram um pouco, mas perderam seu rasto. Dois deles seguiram em direção ao local para onde Otto correu e estão fazendo uma busca na área escura abaixo do piso do restaurante que se projeta sobre a praia.

O oficial bigodudo segura o resto de baseado entre os dedos calejados. A ponta do papel ainda está levemente fumegante. Com um olhar de sadismo entediado, beirando a indiferença, ele sopra a extremidade do cigarro – aquecendo-o de novo e reacendendo a chama vermelha. Neste mundo, a justiça não é feita de processos prolongados, papeladas, tribunais e burocracia. Aqui, eles vão direto ao ponto.

Otto sempre disse que, ao ser confrontado por um grupo de agressores, você deve escolher um e levá-lo ao chão. Eles não esperam que você tome a ofensiva. Não importa o tamanho do seu oponente, ele diz, aproxime-se bem dele e o golpeie forte em seu centro de gravidade. Ao assumir o controle, faça algo tão horrível, tão audacioso, que choque os outros, paralisando-os temporariamente: tire um pedaço do nariz dele com os dentes, esprema sua traqueia, arranque seu olho fora. A mordida de nariz provavelmente é a que tem o efeito sanguinário mais visível.

Mas não estou me sentindo tão corajoso assim. Não estou me sentindo nem um pouco corajoso. Estou muito chapado. Tento explicar a situação, me livrar dessa. Mas é uma *blitz*, afinal de contas: uma horda de policiais em um embate de forças, combatendo a desordem. Quem sabe se eu conseguisse persuadir um deles, este que é o líder... posso contar a ele que estou aqui realizando um trabalho importante para o desenvolvimento da infraestrutura turística local...

O oficial mais jovem me segura pelo pulso enquanto o pequeno ditador agarra os dedos da minha mão direita, estendendo-os para baixo e expondo minha palma. Ele não faz nenhuma ameaça, não cria nenhum suspense; apenas afunda o baseado – apagando-o – na pele do meu dedo do meio. O cigarro chia ao tocar a pele suada. A chama escurece. Minha pele borbulha e queima: uma broca perfurando minha carne. Meus joelhos amolecem.

– Vocês, gringos ricos, acham que podem fazer qualquer coisa aqui, não é? Temos leis no Maranhão – ele começa a assoprar a brasa novamente. Sem sucesso. Então retira um isqueiro do bolso, acende a chama e a segura sob a ponta esmigalhada. – Você terá que pagar pelo seu crime. O que tem nos bolsos não paga a sua fiança.

Minha cabeça e minha mão direita latejam de dor simultaneamente. Seguro a respiração e tento me abaixar até o chão, querendo apenas me fazer de morto, fingir que não estou aqui, que isso não está acontecendo.

De repente, escuto um golpe abafado a cerca de 25 metros. Um dos homens enviados para seguir Otto está deitado de costas na areia, agarrando o peito e chiando, esforçando-se para respirar. Por um momento, todos permanecem em silêncio. Então, nos entreolhamos como se nos perguntássemos: que porra foi aquela? O que faremos agora?

Eles decidem por nós. O primeiro soco acerta direto o meu estômago, seguido de uma série de golpes e chutes. Caio no chão. Tudo que consigo enxergar são os coturnos pisando na minha cara. Encolho-me a fim de proteger o rosto, o pescoço e as orelhas. Nem dá para pensar na dor agora – há tanta adrenalina percorrendo o meu corpo que mal sinto os chutes. Mas eles continuam vindo, cada qual acompanhado de um facho de luz – ou talvez de um facho de escuridão, é difícil determinar.

O mundo, a praia, esta briga... tudo começa a ficar cada vez mais distante. Cada vez mais silencioso. Minha visão fica turva e perco o tênue fio de consciência que possuía. Estou indo... indo... e, então, tão rápido quanto começou, está terminado.

Permaneço lá, ofegante, latejante, limpando a areia dos meus olhos, boca e nariz. Posso vê-los ao longe, correndo, tentando perseguir o misterioso agressor israelense que eles nunca alcançarão. Estou sozinho na beira da praia, o barulho das ondas quebrando suavemente ao longe.

Não pretendo esperar que retornem. Esforço-me para me levantar e corro com dificuldade de volta à casa noturna no fim da rua. Misturo-me à multidão e acabo entrando no banheiro fétido para me recompor. A dor precipita-se pelo meu corpo como uma manada, golpeando com uma forte pressão as costas e o topo da minha cabeça. Minhas mãos sacodem descontroladamente. Estou cego de náusea e enjoo e, conforme a adrenalina abaixa, sou tomado por uma exaustão sufocante.

Teria eu me tornado o tipo de viajante que abominava? Sou igual ao sr. Coca? Aqui estou eu, fumando maconha com um grupo de estrangeiros privilegiados, sem consideração pelas leis locais, achando que o mundo se resume à minha estreita trilha turística. Penso que imaginávamos que, por sermos de fora, não estaríamos sujeitos à mesma realidade de todos os outros. Estaria participando de um *reality show*, desses em que os participantes viajam por um país estrangeiro, ocupado com a suposta realidade de dramas caseiros, ignorando o fato de que estou em um país onde as taxas de homicídio são comparáveis a uma pequena guerra civil; um país onde o crime, a corrupção e o medo da violência são elementos constantes na vida cotidiana da maioria das pessoas? Acho que ganhei um novo ponto de vista necessário, e também algum incentivo para deixar a cidade, rapidamente.

Consigo uma carona para voltar ao albergue, onde encontro um bilhete rabiscado em um guardanapo de papel e enfiado debaixo da minha porta. Foi escrito com rapidez e a letra está quase ininteligível. Consigo identificar as palavras *amadores*, *plexo solar*, *mão* e *deveria ter corrido*. Diz algo sobre certificar-se de incluir tudo isso naquela "merda de guia" e está assinado "fique longe de confusão, OTTO".

Ele não deixou seu e-mail ou nenhuma outra forma de contato. Mais um adeus – ainda que eu suspeite de que ele seja capaz de me encontrar de novo se quiser. Provavelmente poderia invadir minha casa, me amarrar e me sequestrar se tivesse vontade.

Quero estar em casa com minha família. Em casa e confortável, com uma geladeira cheia, um chuveiro limpo, uma bela namorada, um cachorro. Seguro. Normal. Comum. Calmo.

Olho-me no espelho do banheiro. Felizmente, não há marcas visíveis da briga, exceto pela bolha vermelha em minha mão. As outras partes inchadas estão cobertas por cabelos ou são internas. Passo as mãos no topo da cabeça a fim de mapear qualquer irregularidade. Não estou mijando sangue, portanto, tomo isso como um sinal de que meus órgãos vitais estão intactos.

Duvido que os policiais estejam atrás de mim, mas considerando que o meu amigo bateu em um deles, essa é definitivamente uma possibilidade. Considero diferentes hipóteses de itinerários de ônibus, mas não posso gastar mais dias com deslocamentos. De qualquer modo, a essa altura, não tenho mais esse tipo de paciência.

Troco-me e faço a mala em questão de minutos. É claro que todas as minhas roupas já estavam dobradas e empilhadas, apenas para o caso de uma situação dessas acontecer. Finalmente, minha rotina de organização vale a pena. Pago alguns gastos extras na recepção do albergue, pego um táxi para o aeroporto e, lá perto, solicito um quarto em um local que cobra por hora. Peço gelo na recepção, mas só consigo subir para o quarto com três latas geladas de cerveja. Deito na cama ainda tremendo pelos chutes que recebi, lutando contra um cansaço que se agiganta, mas sem tranquilidade suficiente para adormecer. As latas de Brahma são posicionadas sobre o travesseiro, ao redor da minha cabeça, a fim de aliviar o inchaço. Pelo menos posso permanecer escondido neste quarto de tijolos. Permaneço assim por horas, inspirando, expirando, sonhando com a minha casa, onde quer que ela esteja.

Logo que o balcão da empresa de avião abre, vou ao aeroporto e compro uma passagem para o Rio. Sento-me calmamente em um dos cantos do restaurante do aeroporto e espero pelo aviso de embarque. Também negocio pelo telefone com a empresa do meu voo internacional e consigo mudar a passagem de volta para mais tarde, no mesmo dia. Estou me retirando. Caindo fora antes que seja tarde demais. Fui tão longe quanto precisava, e é hora de ir embora – isso está bem claro. Agora, a principal pergunta é: para onde?

Não me enganarei: a casa dos meus pais não é um local para um homem em minhas condições. Agora não é hora de testar os limites do amor incondicional. Não, decido que só tenho uma opção realista, apenas uma pessoa que realmente entenderia a minha condição.

12
PORTA DE ENTRADA

8 DIAS PARA O PRAZO FINAL

Sob circunstâncias normais, Nova York é um lugar nada hospitaleiro. Ao chegar a esta cidade sem a chave de um apartamento ou dinheiro para um hotel, você se sente como um camponês que foi trancado do lado de fora da propriedade durante um período de guerra.

Paro diante da casa e retiro a mochila das costas. É a única casa isolada, sem prédios vizinhos, neste quarteirão em Washington Heights. Circundado por um pequeno terreno com grama alta saindo de rachaduras no concreto, ao lado de duas caçambas transbordando de entulho, o prédio de três andares revestidos por um vinil azul-esverdeado seria mais condizente com o distrito do Queens do que com esta, que é a região mais alta de Manhattan. A casa em si parece algo que cresceu entre as rachaduras da calçada, um intruso, uma espécie perigosa de dente-de-leão ou um rato norueguês.

Nos degraus da entrada, três adolescentes estão sentadas demasiadamente perto de garrafas quebradas de cerveja. Ainda não são 9 da manhã e elas já estão ocupadas, enviando mensagens pelo celular e fazendo tranças umas nas outras. Falam espanglês com um rápido sotaque dominicano.

A minivan ainda está parada diante da casa. É um bom sinal de que as coisas não mudaram muito desde que fui embora. Fios elétricos saem pela janela da van e são conectados à base de um poste de luz. Através das janelas coloridas do veículo geralmente é possível enxergar a luz de um monitor de tevê, enquanto os jovens proprietários disputam uma partida de Mortal Kombat e esperam para vender vinte pacotes de anfetamina para traficantes a pé e carros que chegam da via expressa Cross-Bronx. Agora a tevê parece estar desligada; provavelmente ainda é cedo para fazer negócios.

Bato na porta da casa. Não há resposta. A campainha, como todo o resto do local, está quebrada. Pergunto às adolescentes se elas viram alguém sair da casa esta manhã.

– Não vi ninguém hoje. Mas eles deram uma puta festa aqui ontem.

Caminho até o mercado da esquina, que mostra um grande cartaz de loteria na vitrine. Pilhas de jornal estão acomodadas entre plantas, limões e latas de cerveja. E mesmo nessa esquina perdida da cidade, as bananas são grandes, de um amarelo fluorescente, e completamente sem manchas se comparadas às frutas que vi nos trópicos.

Portões de metal são erguidos nas entradas das lojas conforme o bairro começa a despertar. Uma das 12 barbearias com nomes de cidades da República Dominicana recebe seu primeiro cliente do dia, que entra a fim de dar um rápido retoque antes de ir para o trabalho. É possível sentir que uma multidão de pedestres histéricos está prestes a surgir.

Volto à entrada da casa e bato de novo, repetidamente. Escuto alguém tendo dificuldade para mexer na fechadura. A porta se abre e um cara sai cambaleante, vem direto para o meu ombro, e depois segue.

– Mil desculpas – ele diz em uma espécie de sotaque britânico, o hálito denunciando todo o álcool da noite anterior. Abaixa o chapéu até cobrir os olhos e caminha rapidamente para a esquina, cabeça baixa, joelhos rígidos. A porta da frente está entreaberta.

Entro no *hall* escuro. Passo por um barril de cerveja dentro de uma tina de plástico azul e copos de plástico vermelho espalhados pelo chão de madeira manchada. A cada passo dado, as solas dos meus sapatos descascam o chão.

Desço a escadaria e chego ao quarto no porão. Bato. De novo, não há resposta. Inspiro profundamente e entro. Contarei o meu caso, implorarei por abrigo. O pior que pode acontecer é me expulsarem dali.

Meus olhos focam diretamente os seios nus de uma garota, seus cabelos cobrem o rosto. Não é o que eu esperava ver. Viro a cabeça para outra direção e decido sair, fechar a porta e bater novamente, mas dou uma segunda olhada rápida antes de fechá-la.

– Sim? – diz uma voz mansa atrás da porta.

– Ei, é o Thomas. Posso entrar?

– Quem? Ah! Certo, só um segundo...

Espero um instante e então entro de novo no quarto. Ela puxou os lençóis para se cobrir até o pescoço e me fita com um olhar perplexo de ressaca.

– Desculpe – começo a explicar. – Eu apenas... – paro ao me dar conta de que não faço a menor ideia de quem seja aquela garota. Nunca a vi antes e ela definitivamente não é quem eu imaginei que fosse. Começo a pensar que entrei na casa errada ou no quarto errado. Mas um olhar de relance revela objetos familiares: pôsteres de surfe na parede, um esqui dependurado no teto e uma prancha velha de surfe apoiada sobre pilhas de camisas havaianas de poliéster dentro do armário aberto.

– Desculpe, estive fora da cidade por um tempo. O Doutor ainda mora aqui? – pergunto.

– Quem?

– O Doutor. Ele ainda mora aqui?

– Nunca ouvi falar.

– Todas essas coisas na parede são dele. Tem certeza de que este não é o quarto dele?

– Não. Poderia ser. É que... é que eu mesma não sei muito bem o que estou fazendo aqui – ela diz.

Bem, e eu, o que sei? É uma mulher que me atrai.

Antes de conseguir investigar mais sobre ela, escutamos passos pesados descendo a escadaria de madeira, batidas fortes de calcanhar que reverberam pelo porão.

– QUE DROGA VOCÊ ESTÁ FAZENDO AQUI, SEU PEQUENO SÁDICO PARASITA?

Viro-me para avistar o Doutor parado atrás de mim, vestindo um jaleco branco com um estetoscópio saindo do bolso. Ele me encara, os olhos vermelhos e os cabelos desgrenhados, vê a mulher desconhecida nua em sua cama e avista minha mochila no chão. Agarra a cadeira dobrável que está próxima à porta e a ergue acima dos ombros, pronto para lançá-la em minha direção.

– Ei, Doutor, que bom reencontrar você também – falo.

– Você me deixou bêbado, sangrando e semiconsciente no meio da rua. Nem TELEFONOU PRA SE DESCULPAR, e agora está aqui, um mês e meio depois, fornicando em minha cama com uma vadia. VOU TE MATAR.

– Não, cara, você não entendeu. Pensei que ela fosse sua namorada...

– VOCÊ ACHOU QUE ESTAVA SE ESFREGANDO NA CAMA COM A MINHA NAMORADA? Você é mais doente e sacana do que eu imaginava – ele levanta mais a cadeira.

– Não, quer dizer, eu pensei que fosse a Sandra, e que talvez você estivesse no banheiro, ou talvez tivesse uma namorada nova. Quer dizer, acabei de entrar. Nem sei o nome dela. CARA, EU JURO.

Ele abaixa a cadeira dobrável, mas não muda de expressão. Ficamos em silêncio por dois segundos.

– Mas, então, quem é você? – ele grita com a garota.

– Sou a Sara.

O edredom agora está puxado até o nariz.

– Oh, certo. Agora faz sentido – ele a fita sem compreender e depois volta o olhar para mim. – E que porcaria você está fazendo aqui, Thomas? Quer dizer, posso imaginar o que você está fazendo aqui, mas que droga você está fazendo *aqui*?

Olho o Doutor e ergo os ombros. Com o canto dos olhos avisto o sutiã, a camisa e as calças dela misturadas nas roupas dele, papéis, caixas de CD e pilhas de embalagens vazias de comida pelo chão.

– Sei que nós tivemos um pequeno desentendimento, mas eu esperava que...

– *Desentendimento*? Primeiro você me deixou com um olho roxo, seu canalha, depois partiu pra cima de mim naquela noite e me abandonou cheio de machucados na cabeça.

– Foi um problema de erro de cálculo – suplico. Não é meu interesse agora começar uma discussão tipo “foi você quem começou” ou “você pediu aquilo”.

– Somos velhos amigos, certo? Tudo isso é passado – olho a garota. – Não pareço um cara mau, pareço?

Ela balança a cabeça nervosamente, apenas seus olhos e as pontas dos dedos das mãos estão para fora do edredom.

– Você pode me entregar minhas roupas, por favor? – ela pergunta.

O Doutor sacode a cabeça e me fita, os olhos selvagens.

– Olhe como essa casa está um lixo. Eu trabalho a noite toda no hospital e tenho que voltar pra essa merda.

Eu o ignoro. Existem coisas mais importantes a ser feitas. Encontro a camisa da garota e a entrego a ela, mas ela parece ter perdido o sutiã e eu não consigo achar a calcinha. A raiva do Doutor começa a diminuir e ele se dá conta de que está falando com uma mulher nua em sua cama. Baixa a voz e volta ao seu tom de consultório.

– Então, posso perguntar o que você está fazendo aqui, minha jovem?

Percebo o Doutor empurrar de leve, com a ponta do sapato, o sutiã e a calcinha dela para debaixo da cama. Continuo a procurá-los no canto oposto do quarto.

– Vim pra uma festa de formatura ontem à noite. Eu... eu me formei na Universidade de Nova York. Minha amiga conhece o seu colega de quarto. Acho que o nome dele é Ali, certo?

– Não entendo – ele diz.

Ela continua:

– Bem... você por acaso viu um cara do País de Gales por aqui?

Assim que sua camisa está devidamente no lugar, ela abaixa o edredom até o pescoço.

– Ele estava com uma espécie de boné? – pergunto.

– É, ele estava de chapéu.

– Eu o vi correndo para fora da casa – comento.

– Você teve uma noite de sexo casual com um cara do País de Gales na minha cama? Que sacanagem! – o Doutor diz.

Sara começa a chorar. O edredom agora cobre todo seu rosto. Soluços abafados emanam do monte sob as cobertas. O monte balança para cima e para baixo durante o choro.

– *Muito bem* – murmuro para ele.

– *Dane-se* – ele retruca, e bate o dedo indicador no peito. – *Esta é a minha casa* – ele tenta agradá-la. – Você me parece uma jovem muito boa. Eu definitivamente não a abandonaria pela manhã. Quer dizer, este é o meu quarto, você sabe, de modo que eu não poderia fazer isso mesmo, mas você entende o que estou tentando dizer, certo?

– *Bem melhor* – murmuro novamente para ele.

– Por que está tão triste? Pensei que tivesse acabado de se graduar pela Universidade de Nova York – ele continua.

– É mesmo – acrescento. – Não é como se você tivesse acabado de descer do ônibus no maior terminal rodoviário do mundo sem conhecer ninguém. As pessoas, você sabe, como esse cara do País de Gales, podem ser sórdidas.

O monte debaixo do edredom fala.

– Sei, nem é tanto isso. Acabei de terminar a faculdade e não tenho emprego ainda. Minhas colegas de quarto estão começando daqui a algumas semanas como assistentes paralegais e analistas de *internet banking*. Meu ex é consultor – ela faz uma pausa para chorar por longos segundos. – Aparentemente estou desempregada. Saio pra me divertir e esse *filho da mãe* me larga.

O Doutor, que passou grande parte do último ano trabalhando em um centro de traumatologia, não tem paciência para esse tipo de drama cotidiano. Ele permanece ali, confuso e imóvel. Pelo menos isso tirou o foco dele de mim.

– Simplesmente não sei o que fazer comigo – Sara geme debaixo do edredom.

– Sem estrutura, é? Você tem dívidas com a universidade? – pergunto, tentando prosseguir a conversa de modo que ele não nos expulse dali.

– Não.

– *Não?* Está brincando? – o Doutor se vangloria. – Vou pagar a faculdade de medicina até você chegar à menopausa. Cheguei a comprar uma garrafa de rum de 300 dólares pra esse bundão como presente de despedida... com o meu dinheiro da *mensalidade*. Você não tem porcaria nenhuma com que se preocupar.

– Na verdade, eu paguei por aquela garrafa, cara. Ainda devo à Mastercard por causa disso.

– Seja como for. Mesmo assim, você quebrou a garrafa e depois me agrediu... uma desgraça.

Isso não terminará bem. Eu me volto para o monte sobre a cama.

– Talvez você devesse tentar aproveitar outros aspectos da vida enquanto possui liberdade pra isso. Acabei de destruir a minha existência pra ser capaz disso. Você não tem emprego, então, será bem mais fácil fazer essas coisas agora.

– É fácil pra você dizer isso. Você tem uma carreira pra retomar – ela retruca.

O Doutor se opõe:

– Não, na verdade, Thomas não tem um emprego. Não mesmo. Ele está aqui pra implorar pra dormir no meu chão. Não é?

Concordo com a cabeça.

Ele continua:

– E ele gosta disso, eu acho. Mas, você sabe, eu daria tudo por um tempo livre. Um dia. Uma semana. Dane-se, talvez um ou dois anos. Mal tenho conseguido dormir três horas nas últimas quatro ou cinco noites. Com certeza não tenho ficado bêbado, nem transado com estranhas nesta cama.

Tento esclarecer:

– Não estou exatamente satisfeito por ter que implorar pra dormir em seu chão, mas, sabe, estou feliz, ou, pelo menos, tranquilo em não saber o que acontecerá em seguida. Por ter possibilidades abertas. Você precisa tomar as rédeas da loucura e dominá-la. Certo, Doutor?

– Então o que está dizendo é que encontrou um jeito de justificar o fato de ser um inútil irresponsável? – o Doutor pergunta.

– Algo do tipo. Quer dizer, talvez eu não tenha escolhido o caminho de vida mais fácil ou sensato, mas funciona pra mim. E agora que experimentei, espero deixar isso cada vez maior e melhor.

– Bem, lá na clínica chamamos esse tipo de droga de "porta de entrada".

– Que clínica? – Sara pergunta.

– A clínica de abuso e dependência de drogas. Terminei minha residência lá algumas semanas atrás.

– *Residência*? Eles chamam assim agora? – provoco.

– Não, PENTELHO. Fiz uma residência na clínica pela faculdade de medicina e agora estou na psicologia pediátrica.

Isso faz mais sentido ainda.

– Caramba, se você pode trabalhar com abuso e dependência de drogas, não acho que é impossível eu ser bem-sucedido com algo como esse guia de viagem.

– Você já achou minha calcinha? – Sara me interrompe.

– Não, desculpe, ainda estou procurando. Não consigo encontrar o sutiã também. Podia jurar que estava em algum lugar por aqui.

– Vocês dois precisam dar o fora daqui – diz o Doutor. – Minha namorada chegará em meia hora pra tirar um cochilo entre os turnos dela. Preciso correr de volta pro hospital... Não estejam aqui quando ela retornar.

– Espere um segundo, você está saindo? – pergunto.

– Só vim pegar o meu palmtop.

– Você está realmente me expulsando?

– Não, meu pequeno parasita. Você pode deixar sua mochila aqui e voltar mais tarde, depois do cochilo dela. Tem um saco de dormir no armário. Pode ficar com aquele canto do quarto.

Ele aponta para o pequeno espaço ao lado da porta do banheiro. Sempre teve um bom coração.

– Obrigado, ó, benevolente.

– Se vocês dois resolverem transar, façam isso no saco de dormir, não na minha cama, por favor.

– Cara, eu sabia que você era grosseiro, mas realmente... Como pode dizer uma coisa dessas?

– É, eu nunca aceitaria fazer sexo com um estranho em um saco de dormir – Sara solta uma risada.

Sento-me em uma cadeira diante dela, perto de um empoeirado Mac transparente, branco e azul. O Doutor sai e eu tento confortá-la. Acho que ela já está se sentindo melhor quando finalmente encontramos sua calcinha e seu sutiã. Ela sai para pegar o metrô. Nós não transamos. Certo, transamos mais ou menos, por alguns minutos, mas isso nem conta. Eu agito o edredom azul-marinho e arrumo a cama do Doutor, de modo que ele nunca perceberá.

Agora tenho oito dias para terminar de escrever o guia. Se utilizar corretamente cada hora de cada dia, talvez seja capaz de cumprir o prazo. Talvez. Dormirei apenas o necessário para que meu corpo não pare de funcionar. Comerei somente enquanto estiver digitando. Devo manter o foco. Preciso avançar. Não pensarei em Sydney ou em como eu poderia pegar o metrô até o apartamento dela e implorar para que me aceite de novo. Sou um escritor agora e devo me transformar em um eremita rude e insone a fim de ter alguma chance real de sucesso.

Durante as semanas seguintes, subsisto com uma dieta à base de Gatorade, café, biscoitos salgados sabor cheddar, Red Bull e estimulantes. Às vezes permito-me um intervalo para ir ao mercado da esquina. Compro um dos sanduíches de frios e queijo derretido no pão francês que são populares nas *delicatéssens* dominicanas. Os sanduíches são para ocasiões especiais, quando eu termino um capítulo ou escrevo um texto particularmente bom.

À noite trabalho no chão, enquanto o Doutor fica na escrivaninha e sua namorada trabalha na cama. Às vezes, trabalho na mesa grudenta do andar de cima, quando consigo achar algum espaço entre as caixas de pizza, latas de cerveja e exemplares antigos do *The Times*. Mas o lugar é mal iluminado, tem uma corrente de vento gelado e recebe o barulho da rua. Prefiro o chão no quarto do porão, um dos pés dobrado debaixo do meu corpo, e o meu queixo sobre o outro joelho, curvado sobre o laptop. O Doutor me trata com o que ele chama de seu "programa especializado para pacientes não internos". Às vezes ele me prescreve uma garrafa grande de cerveja dominicana Presidente a fim de abaixar os níveis de ansiedade; outras vezes são dois litros de refrigerante, um comprimido de estimulante ou um tiro ocasional de cocaína. Tudo isso é feito a fim de aumentar o meu foco mental e minha produtividade. Ele controla cuidadosamente os níveis adequados de cada medicamento, testando-os previamente em si mesmo. Qualquer coisa para finalizar o projeto.

Escrevo sobre a minha experiência. Escrevo sobre a minha pesquisa. Escrevo sobre a minha imaginação. Escrevo sobre o programa espacial brasileiro. Escrevo sobre a história do forró. Escrevo sobre hotéis, restaurantes e cidades que nunca visitei. Escrevo sobre hotéis, restaurantes e cidades pelos quais me sinto culpado por nunca tê-los visitado. Escrevo sobre hotéis, restaurantes e cidades que nunca visitei e com os quais não me importo. Escrevo sobre praias nudistas, receitas de carnes salgadas tradicionais, hábitos de acasalamento das anacondas e sobre o peixe candiru de água doce, que, com duas polegadas, sobe pela sua uretra (a imprescindível história de horror amazonense que todo autor de guias de viagem deve relatar sobre o Brasil). Escrevo sobre coisas que descubro conforme as coloco no papel. E sobre coisas que ainda não entendo, mesmo depois de escrevê-las.

Parte do que escrevo é bom. Parte é horrível. Descubro que existem somente sete ou oito maneiras de descrever uma praia atraente. Em certos trechos, a escrita se corrompe em uma espécie de resenha "preencha as lacunas", como: a __________ (deslumbrante/esplêndida/linda) praia de areia __________ (branca/fina/perfeita) e água __________ (azul da cor do céu/cristalina/esverdeada) é circundada por __________ (palmeiras/montanhas/floresta tropical) e *seja lá mais o que for.*

Traduzir os terminais rodoviários brasileiros em tabelas sobre transportes com 250 palavras é, na visão mais otimista, um exercício de alquimia. Algumas delas não fazem sentido. Se eu tivesse de criar uma lista de horários para o guia, teria de inventar, mentir para me adequar aos padrões da Lonely Planet.

E isso é exatamente o que acabo fazendo. Uso um monte de cálculos estimados, aproximações e uma falsa autoridade para tomar certas decisões. Quantos ônibus por dia de Fortaleza para Aracati. Vinte? Vinte e cinco? Quarenta e cinco? Quem sabe? Quem se importa? Eles saem a toda hora.

Não durmo. Emagreço. Perco a sanidade.

Vomito milhões de pedacinhos de informação do meu cérebro, passo-as para o teclado através dos meus dedos e as insiro na memória eletrônica do computador. Organizo as informações em frases que às vezes fazem sentido, que dão uma noção sobre um local e que são apropriadamente formatadas de acordo com as tabelas do novo padrão Felix. Uma editora assistente regional passa a ser encarregada pelo livro enquanto um novo editor é selecionado ou recrutado, ou retirado das ruas, ou seja lá o que eles fazem. Ela lê um dos meus capítulos e me notifica de que está fora dos padrões, que eu preciso reaprender o Felix. É uma curva de aprendizado bastante íngreme, ela diz.

Conectei o cabo de internet do Doutor ao meu laptop e pareço ter contraído um vírus de computador enquanto tentava rastrear informações de hotéis e restaurantes *on-line*. Um vírus similar apareceu no Mac do Doutor. Tenho certeza de que foi causado por algumas das intermináveis pesquisas em sites brasileiros de baixa qualidade sobre turismo, graças à abundância de *pop-ups* e programas automáticos *spyware* e *adware*. Ou talvez tenha algo a ver com a pornografia de internet com que repetidamente topei durante os intervalos pessoais, enquanto o Doutor e a namorada estavam na faculdade ou no hospital. De qualquer modo, meu laptop invencível foi pego por uma desagradável DST de computador.

O padrão Felix se recusa a carregar e o computador trava toda vez que uso a internet. Preciso reformatar todas as páginas utilizando o "estilo" manual, com o cursor e o menu de fontes do

Word. Para aqueles que não gastam o seu tempo a fim de saber o que é isso, significa que eu preciso reformatar a coisa toda, linha por linha, selecionando uma palavra ou um grupo de palavras e depois procurando pelo menu, selecionando se elas devem estar como "corpo de texto", "texto de introdução", "lista B", "ícone", "título de box 2", "título 5" ou qualquer outra coisa. Controlo-me para não atirar o laptop na parede. Persisto.

Conforme me aproximo do fim do livro, tenho uma sensação semelhante à que tive ao correr os últimos 4 quilômetros da maratona de Nova York: eu mancando ao redor do Central Park, tentado a me deitar na grama ou a cambalear até um bar próximo, mas perto demais do final para desistir. Nessas situações, algum suprimento auxiliar do ego o empurra para o final. Em oito dias, de algum modo, termino de escrever e editar 112 páginas.

Dar os últimos retoques no arquivo é quase um anticlímax, já que todas as páginas estão presas dentro do meu computador infectado e não tenho meios de enviar isso para a editora. Ainda tenho de revisar também todos os mapas, preencher dúzias de tabelas e consertar os capítulos iniciais do livro sobre meio ambiente, mas terei de enfrentar essa tarefa após o meu prazo final.

Tento utilizar o Mac. Experimento passar a informação de dentro do meu computador para um computador na biblioteca da faculdade de medicina. De nada adianta. Um colapso nervoso se aproxima como uma esquadrilha de aviões de guerra no horizonte.

Compartilho uma bebida pré-comemoração com o Doutor. Brindamos às conquistas. Ele me conta que preciso encontrar um lugar para morar, rapidamente. Minha recuperação está quase completa e agora é hora de deixar o ninho. Além do mais, a minha presença no chão do quarto não é boa para sua vida sexual. Viajar é uma ótima oportunidade de conhecer pessoas únicas e interessantes, mas não há nada como os encantos de um velho amigo.

Felizmente, meu amigo David trabalha com computadores e me diz para aparecer em seu escritório na Broadway depois do expediente. Levo quase uma hora para chegar até o Financial District. David está trabalhando até mais tarde como sempre, tentando organizar tudo e correndo para o próximo dia de trabalho.

Ele me conta que o computador está infestado de vírus e que precisa passar por uma revisão completa. Começa a fazer um *back up* do meu arquivo e depois limpa e reinstala todo o sistema operacional. Terminado isso, é possível rodar o arquivo no computador.

Olho para o sul pela janela e avisto o edifício do meu antigo escritório. Conto os andares de baixo para cima e vejo que a luz ainda está acesa em minha pequena sala de conferências no 57º andar. Imagino que alguém está fazendo serão, colocando os documentos em ordem cronológica ou talvez explorando algum cliente por estar fazendo horas extras. Mais ao leste do edifício, vejo a Brooklyn Bridge e reflito sobre a minha proposição de que deveria tomar decisões e fazer mudanças na vida em um ritmo mais responsável e prudente – não deveria subir tão rapidamente à superfície.

Olho a casca preta da queimadura em minha mão direita e solto uma gargalhada. Nunca fui bom em seguir conselhos, especialmente os meus.

Ansiedade pelos resultados

Um ano depois, estou fazendo pesquisas na Patagônia e na Terra do Fogo para a Lonely Planet em pleno inverno. Embrulhado em uma jaqueta de esqui e com um capuz, tenho a permissão de utilizar 15 minutos de internet em um pequeno posto oficial do governo chileno próximo a Cabo de Hornos.

Sim, é isso mesmo. Repeti. E de novo. E, então, mais algumas vezes. Devo ser algum tipo de masoquista doente. Mas, no fim das contas, realmente amei tudo isso, cada triunfo e cada adversidade – pelo menos ao olhar em retrospectiva. Experiências foram vividas. Repertórios foram ampliados. Limites foram ultrapassados. Bebidas foram consumidas. Mulheres foram comidas. E diversas centenas de páginas foram escritas; todas elas potencialmente influenciaram algumas economias locais e o percurso de milhares de viajantes.

Por um tempo, imaginei estar recebendo mais contratos para escrever guias de viagem apenas porque a avaliação do meu primeiro livro havia ficado emperrada por algum tipo de burocracia. Fantasiava que, mais cedo ou mais tarde, tudo viria à tona. Quando a avaliação chegasse à mesa do todo-poderoso, eu seria descoberto como uma fraude e um mentiroso de terceira categoria.

Com a respiração suspensa no ar frio entre mim e o monitor, abro meu e-mail e descubro que finalmente recebi o meu Formulário de Avaliação de Performance de Autor pelo *Lonely Planet Brazil*. Eu o abro com certa hesitação, antecipando um banho de sangue. Mas esse não é o meu destino. O texto diz:

> Thomas é um excelente escritor e pesquisador com um profundo conhecimento sobre o Brasil. Este foi o seu primeiro projeto para a LP e ele fez um trabalho fantástico. Thomas é um profissional dedicado, disposto a se esforçar para que seu texto fique correto. Ele adicionou diversas informações novas ótimas aos capítulos e revisou substancialmente tudo o que decidiu manter. Ele se adequa ao perfil e ao estilo da LP, e é um prazer tê-lo como colaborador. Espero trabalhar com Thomas de novo. (——————, editor coordenador)

Que mais posso dizer?

Sou um talento nato.

Agradecimentos

Obrigado ao meu astuto agente, sr. Byrd Leavell III, por estar a bordo desde a primeira vez que conversei com ele e quando, entre goles de cerveja Guinness, me disse: "Definitivamente, venderei este livro". O modo proativo como administrou o projeto fez com que alguns rascunhos de capítulos se transformassem em realidade.

Muito obrigado à minha talentosa editora, Brandi Bowles, que também acreditou no meu texto e neste livro. Ela lutou para que ele acontecesse da melhor maneira possível. Muita gratidão vai para o meu outro editor talentoso, Adam Korn, que vislumbrou uma promessa nessa história e agilmente levou o livro até a sua conclusão. Jay Sones também merece o meu agradecimento pelo seu trabalho dedicado nas frentes de divulgação. Obrigado também a Carrie Thornton, por supervisionar o projeto, a Min Lee, pela revisão legal, e a todos da Crown/Three Rivers Press.

Também agradeço a meu amigo Mark Eisner (compre os livros dele), pelo apoio e edição; Shari Goldhagen e Anthony Doerr (compre os livros deles), pelos conselhos nas primeiras etapas deste projeto; Anthony Chatfield, um escritor em franca ascensão e ex-funcionário da *delicatéssen* QFC, pelo seu apoio técnico; Zohar Lazar, pela arte da capa; e meus amigos Becky e Billy Austin, que sempre foram excelentes anfitriões quando precisei retornar a Nova York a trabalho.

Um agradecimento final vai para os suspeitos de sempre: Ed e Linda Kohnstamm, James Kohnstamm, Joanna de Velasco, Dani Silva e Tábata Silva. Obrigado a vocês por todo o apoio que, apesar do que eu esteja fazendo, sempre mantém um dos meus pés no terreno da sanidade.

CONHEÇA OUTROS TÍTULOS DA PANDA BOOKS: